机器学习基础

第2版 · 题库 · 微课视频版

吕云翔 王渌汀◎主编

袁琪 许丽华 王志鹏 任昌禹◎副主编

清華大学出版社

北京

内容简介

本书以机器学习算法为主题，详细介绍算法的理论细节与应用方法。全书共19章，分别介绍了逻辑回归及最大熵模型、k-近邻模型、决策树模型、朴素贝叶斯分类器模型、支持向量机模型、集成学习框架、EM算法、降维算法、聚类算法、神经网络模型等基础模型或算法，以及8个综合项目实例。本书重视理论与实践相结合，希望为读者提供全面而细致的学习指导。

本书适合机器学习初学者、相关行业从业人员以及高等院校计算机科学与技术、软件工程等相关专业的师生阅读。

图书在版编目(CIP)数据

机器学习基础：题库·微课视频版/吕云翔，王渌汀主编.—2版.—北京：清华大学出版社，2024.5
(清华科技大讲堂)
ISBN 978-7-302-66409-3

Ⅰ.①机… Ⅱ.①吕… ②王… Ⅲ.①机器学习 Ⅳ.①TP181

中国国家版本馆CIP数据核字(2024)第107103号

责任编辑：贾 斌
封面设计：刘 键
责任校对：郝美丽
责任印制：刘 菲

出版发行：清华大学出版社
网 址：https://www.tup.com.cn，https://www.wqxuetang.com
地 址：北京清华大学学研大厦A座 **邮 编**：100084
社 总 机：010-83470000 **邮 购**：010-62786544
投稿与读者服务：010-62776969，c-service@tup.tsinghua.edu.cn
质量反馈：010-62772015，zhiliang@tup.tsinghua.edu.cn
课件下载：https://www.tup.com.cn，010-83470236
印 装 者：三河市科茂嘉荣印务有限公司
经 销：全国新华书店
开 本：185mm×260mm **印 张**：13.5 **插 页**：4 **字 数**：341千字
版 次：2018年11月第1版 2024年6月第2版 **印 次**：2024年6月第1次印刷
印 数：1～1500
定 价：59.00元

产品编号：104864-01

前 言

《机器学习基础》于2018年10月正式出版以来，经过了几次印刷。许多高校将其作为"机器学习"课程的教材，深受这些学校师生的钟爱，获得了良好的社会效益。但从另外一个角度来看，作者有责任和义务维护好这本书的质量，及时更新本书的内容，做到与时俱进。

此次作者对全书的内容进行了全面的修改，比第1版更加翔实，例子也更多，也更加利于教学。

为了帮助读者深入理解机器学习原理，本书以机器学习算法为主题，详细介绍了算法中涉及的数学理论。此外，本书注重机器学习的实际应用，在理论介绍中穿插项目实例，帮助读者掌握机器学习研究的方法。

本书共19章。第1章为概述，主要介绍了机器学习的概念、组成、分类、模型评估方法，以及sklearn模块的基础知识。第2～6章分别介绍了分类和回归问题的常见模型，包括逻辑回归与最大熵模型、k-近邻模型、决策树模型、朴素贝叶斯分类器模型、支持向量机模型。每章最后均以一个实例结尾，使用sklearn模块实现。第7章介绍集成学习框架，包括Bagging、Boosting以及Stacking的基本思想和具体算法。第8～10章主要介绍无监督算法，包括EM算法、降维算法以及聚类算法。第11章介绍神经网络与深度学习，包括卷积神经网络、循环神经网络、生成对抗网络、图卷积神经网络等基础网络。第7～11章最后也均以一个实例结尾。第12～19章包含8个综合项目实战，帮助读者理解前面各章所讲内容。

机器学习是一门交叉学科，涉及概率论、统计学、凸优化等多个学科或分支，发展过程中还受到了生物学、经济学的启发。这样的特性决定了机器学习具有广阔的发展前景，但也正因如此，想要在短时间内"速成"机器学习是不现实的。本书希望带领读者，从基础出发，由浅入深，逐步掌握机器学习中的常见算法。在此基础上，读者将有能力根据实际问题决定使用何种算法，甚至可以查阅有关算法的最新文献，为产品研发或项目研究铺平道路。

为了更好地专注于机器学习的介绍，书中涉及的数学和统计学基础理论(如矩阵论、概率分布等)不会过多介绍。因此，如果读者希望完全理解书中的理论推导，还需要具备一定的统计学、数学基础。书中的项目实例全部使用Python实现，在阅读以前需要对Python编程语言及其科学计算模块(如numpy、scipy等)有一定了解。

本书的作者为吕云翔、王渌汀、袁琪、许丽华、王志鹏、任昌禹、张凡、唐博文、冯凯文、杨云飞，曾洪立参与了部分内容的编写及资料整理工作。

由于作者水平和能力有限，书中难免有疏漏之处，恳请各位同仁和广大读者批评指正。

作　者

2024年4月

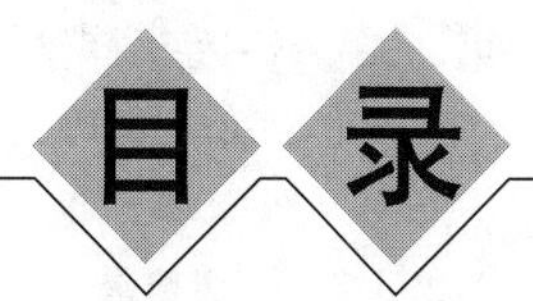

随书资源

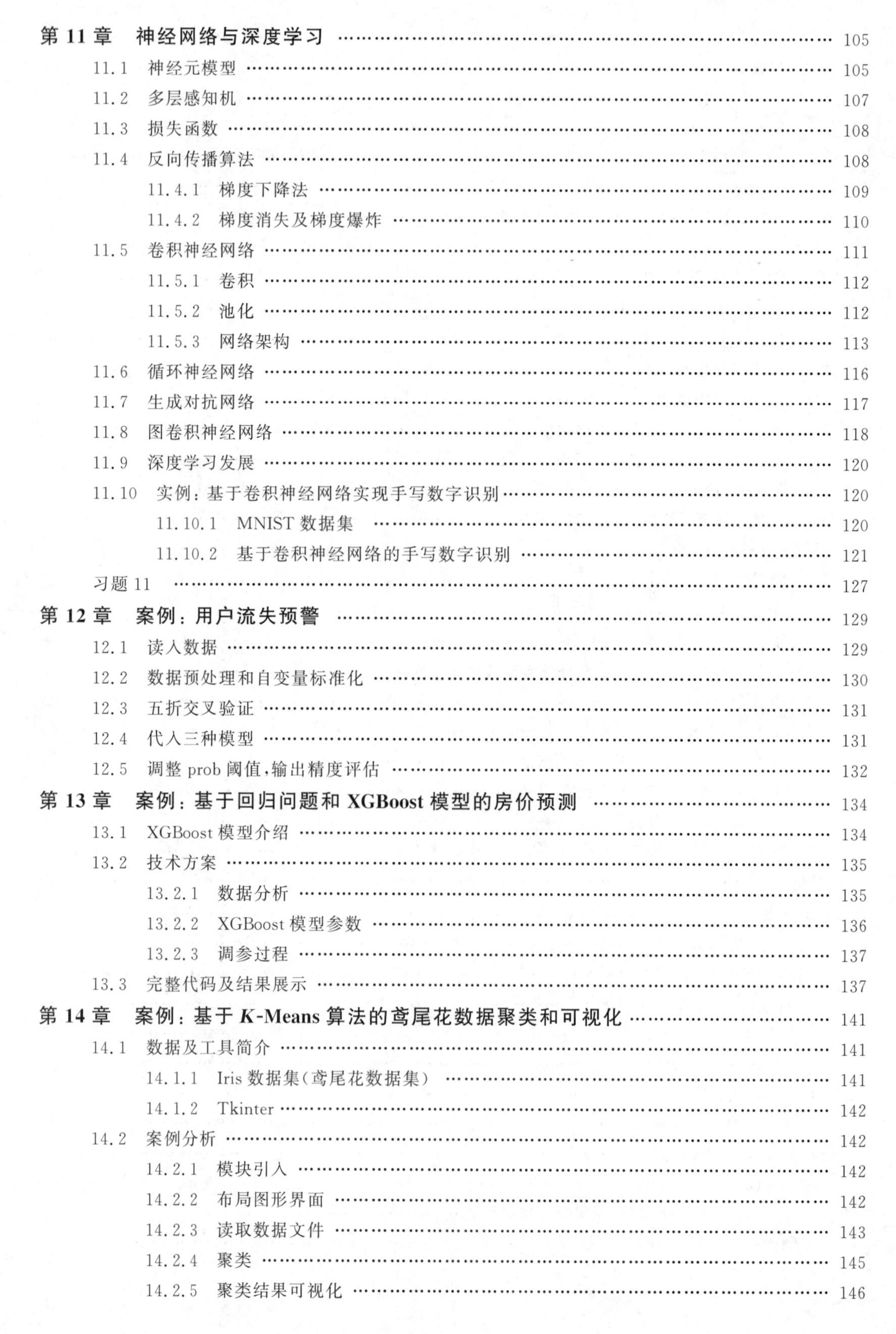

第1章

机器学习概述

本章目标

- 了解机器学习的组成；
- 了解不同划分标准下的机器学习算法；
- 理解分类问题和回归问题；
- 理解监督学习、半监督学习和无监督学习；
- 了解生成模型和判别模型；
- 了解模型评估方法；
- 了解正则化处理；
- 了解并使用 Python 的 sklearn 模块。

机器学习是计算机科学与统计学结合的产物，主要研究如何选择统计学习模型，从大量已有数据中学习特定经验。机器学习中的经验称为模型，机器学习的过程即根据一定的性能度量准则对模型参数进行近似求解，以使得模型在面对新数据时能够给出相应的经验指导。对于机器学习的准确定义，目前学术界尚未有统一的描述，比较常见的是 Mitchell 教授于 1997 年对机器学习的定义："对于某类任务 T 和性能度量 P，一个计算机程序被认为可以从经验 E 中学习是指：通过经验 E 改进后，它在任务 T 上的性能度量 P 有所提升。"

1.1 机器学习的组成

对于一个给定数据集，使用机器学习算法对其进行建模，以学习其中的经验。构建一个完整的机器学习算法需要三方面的要素，分别是数据、模型、性能度量准则。

首先是数据方面。数据是机器学习算法的原材料，其中蕴含了数据的分布规律。生产实践中直接得到的一线数据往往是"脏数据"，可能包含大量缺失值、冗余值，而且不同维度获得数据的量纲往往也不尽相同。对于这样的"脏数据"，通常需要先期的特征工程进行预处理。

其次是模型方面。如何从众多机器学习模型中选择一个来对数据建模，是一个依赖于数据特点和研究人员经验的问题。常见的机器学习算法主要有逻辑回归、最大熵模型、k-近邻模型、决策树、朴素贝叶斯分类器、支持向量机、高斯混合模型、隐马尔可夫模型、降维、聚类、深度学习等。特别是近些年来深度学习领域的发展，给产业界带来了一场智能化革命，各行各业纷纷使用深度学习进行行业赋能。

最后是性能度量准则。性能度量准则用于指导机器学习模型进行模型参数求解。这一参数求解过程称为训练，训练的目的是使性能度量准则在给定数据集上达到最优。训练一个机器学习模型往往需要对大量的参数进行反复调整或者搜索，这一过程称为调参。其中，在训练之前调整设置的参数，称为超参数。

按照不同的划分准则，机器学习算法可以分为不同的类型。下面介绍几种常见的机器学习算法划分方法。

1.2 分类问题及回归问题

根据模型预测输出的连续性，可以将机器学习算法适配的问题划分为分类问题和回归问题。分类问题以离散随机变量或者离散随机变量的概率分布作为输出，回归问题以连续变量作为预测输出。分类模型的典型应用有图像分类、视频分类、文本分类、机器翻译、语音识别等。回归模型的典型应用有银行信贷评分、人脸/人体关键点估计、年龄估计、股市预测等。

在某些情况下，回归问题与分类问题之间可以相互转化。例如对于估计人的年龄问题，假设绝大多数人的年龄介于0到100岁，那么可以将年龄估计问题看作一个0～100之间实数的回归问题，也可以将其量化为一个101个年龄类别的分类问题。

1.3 监督学习、半监督学习和无监督学习

根据样本集合中是否包含标签以及包含标签的多少，可以将机器学习分为监督学习、半监督学习和无监督学习。

监督学习是指样本集合中包含标签的机器学习。给定有标注的数据集 $D=\{(\boldsymbol{x}_1,y_1),(\boldsymbol{x}_2,y_2),\cdots,(\boldsymbol{x}_m,y_m)\}$，以$\{y_1,y_2,\cdots,y_m\}$作为监督信息，来最小化损失函数 J，通过梯度下降、拟牛顿法等算法来对模型的参数进行更新。其中，损失函数 J 用于描述模型的预测值与真实值之间的差异度，差异度越小，模型对数据拟合效果越好。

然而获得有标注的样本集合往往需要耗费大量的人力、财力。有时我们也希望能够从无标注数据中发掘出新的信息，例如电商平台根据用户的特征对用户进行归类，以实现商品的精准推荐，这时就需要用到无监督学习。降维、聚类是最典型的无监督学习算法。

半监督学习介于监督学习和无监督学习之间。在某些情况下，我们仅能够获得部分样本的标签。半监督学习就是同时从有标签数据及无标签数据中进行经验学习的机器学习。

1.4 生成模型及判别模型

根据机器学习模型是否可用于生成新数据，可以将机器学习模型分为生成模型和判别模型。生成模型是指通过机器学习算法，从训练集中学习到输入和输出的联合概率分布

$P(X,Y)$。对于新给定的样本，计算 X 与不同标记之间的联合分布概率，选择其中最大的概率对应的标签作为预测输出。典型的生成模型有朴素贝叶斯分类器、高斯混合模型、隐马尔可夫模型、生成对抗网络等。而判别模型计算的是一个条件概率分布 $P(X,Y)$，即后验概率分布。典型的判别模型有逻辑回归、决策树、支持向量机、神经网络、k-近邻算法。由于生成模型学习的是样本输入与标签的联合概率分布，所以我们可以从生成模型的联合概率分布中进行采样，从而生成新的数据，而判别模型只是一个条件概率分布模型，只能对输入进行判定。

1.5　模型评估

1.5.1　训练误差及泛化误差

对于给定的一批数据，要求使用机器学习对其进行建模。通常首先将数据划分为训练集、验证集和测试集三部分。训练集用于对模型的参数进行训练；验证集用于对训练的模型进行验证挑选、辅助调参；测试集用于测试训练完成的模型的泛化能力。在训练集上，训练过程中使用训练误差来衡量模型对训练数据的拟合能力，而在测试集上则使用泛化误差来测试模型的泛化能力。在模型得到充分训练的条件下，训练误差与泛化误差之间的差异越小，说明模型的泛化性能越好，得到一个泛化性能好的模型是机器学习的目的。训练误差和测试误差往往选择的是同一性能度量函数，只是作用的数据集不同。

1.5.2　过拟合及欠拟合

当训练损失较大时，说明模型不能对数据进行很好的拟合，称这种情况为欠拟合。当训练误差小且明显低于泛化误差时，称这种情况为过拟合，此时模型的泛化能力往往较弱。如图 1-1 所示，图中的样本点围绕曲线 $y=x^2$ 随机采样而得，当使用二次多项式对样本点进行拟合时可以得到曲线 $y=1.01x^2+0.0903x-3.75$，尽管几乎所有的样本点都不在该曲线上，但该方程与 $y=x^2$ 整体上重合，因此拟合效果较好；当采用一次多项式进行拟合时可以得到曲线 $y=9.211x-15.91$，此时在样本集合上多项式都不能对数据进行很好的拟合，模型对数据欠拟合；而使用五次多项式对样本点进行拟合时，得到的多项式为 $y=-0.00343x^5+0.0185x^4+0.590x^3-4.86x^2+15.0x-9.58$，曲线几乎通过了每个样本点，但是当 $x>10$ 时，则会发生明显的预测错误（泛化能力弱），模型对数据过拟合。

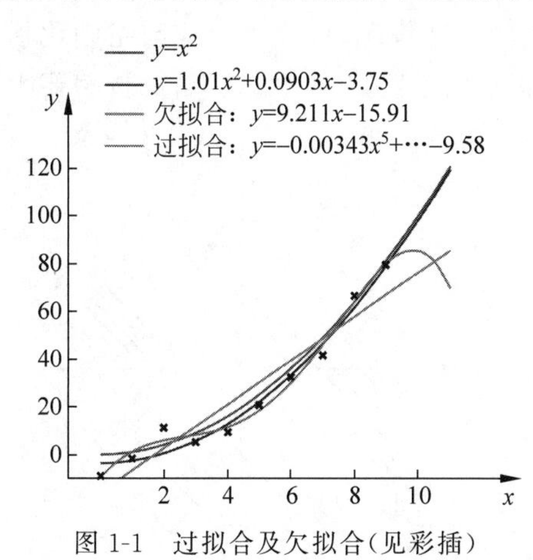

图 1-1　过拟合及欠拟合（见彩插）

对于欠拟合的情况，通常是由于模型本身不能对训练集进行拟合或者训练迭代次数太少。在图 1-1 中，线性模型不能近似拟合二次函数。解决欠拟合的主要方法是对模型进行改进、设计新的模型重新训练、增加训练过程的迭代次数等。对于过拟合的情况，往往是由于数据量太少或者模型太复杂，可以通过增加训练数据量、对模型进行裁剪、正则化等方式来缓解。

1.6 正则化

正则化(Normalization)是一种抑制模型复杂度的常用方法。正则化用模型参数$\boldsymbol{\omega}$的p范数表示为

$$\|\boldsymbol{\omega}\|_p=\left(\sum_{i=1}^{p}|\omega_i|^p\right)^{\frac{1}{p}} \tag{1-1}$$

常用的正则化方式为$p=1$或$p=2$的情形，分别称为L1正则化和L2正则化。正则化项一般作为损失函数的一部分被加入原来的基于数据损失函数中。基于数据的损失函数又称为经验损失，正则化项又称为结构损失。若将原本基于数据的损失函数记为J，带有正则化项的损失函数记为J_N，则最终的损失函数可记为

$$J_N=J+\lambda\|\boldsymbol{\omega}\|_p \tag{1-2}$$

其中，λ是用于在模型的经验损失和结构损失之间进行平衡的超参数。

L1正则化是模型参数的1范数。以图1-2为例，假设某个模型参数只有(ω_1,ω_2)，P点为其训练集上的全局最优解。在没有引入正则化项时，模型很可能收敛到P点，从而引发严重的过拟合。正则化项的引入会迫使参数的取值向原点方向移动，从而减轻了模型过拟合的程度。对于图1-2，当$|\omega_1|+|\omega_2|$固定时，损失函数在$\boldsymbol{\omega}^*$处取得最小值。此时$\omega_1=0$，因此与ω_1对应的“特征分量”在决策中将不起作用，这时称模型获得了“稀疏”解。对于图1-2，模型的损失函数等值线为圆形的特殊情况，模型能够取得“稀疏解”的条件是其全局最优解落在图中的阴影区域。更一般的L1正则化能够以较大的概率获得稀疏解，起到特征选择的作用。需要注意的是，L1正则化可能得到不止一个最优解。

L2正则化是模型参数的2范数。从图1-3中可以看到，对于模型的损失函数的等值线是圆的特殊情况，仅当等值线与正则化损失的等值线相切时，模型才能获得“稀疏”解。与L1正则化相比，获得“稀疏”解的概率要小得多，故L2正则化得到的解更加平滑。

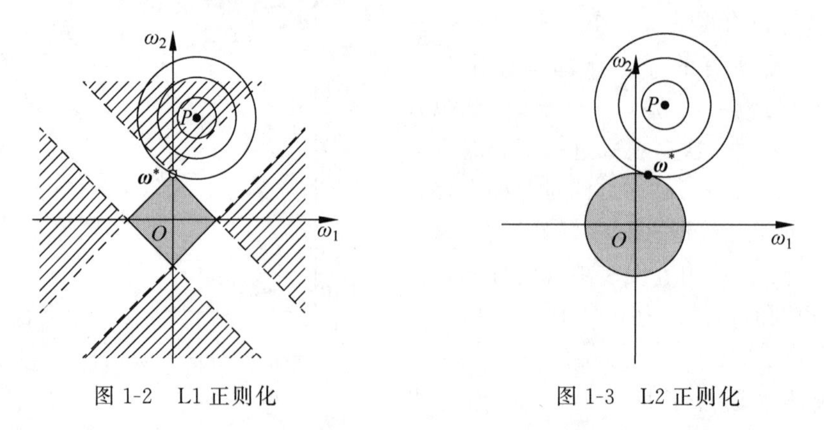

图1-2 L1正则化　　图1-3 L2正则化

可以看到，存在多个解可选时，L1和L2正则化都能使参数尽可能地靠近零，这样得到的模型会更加简单。实际应用中，由于L2正则化有着良好的数学性质，在计算上更加方

便，所以人们往往选择 L2 正则化来防止过拟合。

1.7 Scikit-learn 模块

Scikit-learn 简称 sklearn，是 Python 中常用的机器学习模块。sklearn 封装了许多机器学习方法，例如数据预处理、交叉验证等。除模型部分外，本节对一些常用 API 进行简要介绍，以便读者理解后文中的实例。模型部分的 API 会在相关章节进行介绍。

1.7.1 数据集

sklearn.datasets 中收录了一些标准数据集，例如鸢尾花数据集、葡萄酒数据集等。这些数据集通过一系列 load 函数加载，例如 sklearn.datasets.load_iris 函数可以加载鸢尾花数据集。load 函数的返回值是一个 sklearn.utils.Bunch 类型的变量，其中最重要的成员是 data 和 target，分别表示数据集的特征和标签。代码清单 1-1 展示了加载鸢尾花数据集的方法，其他数据集的加载方式与之类似，请读者自行尝试。

代码清单 1-1 加载鸢尾花数据集的方法

```
from sklearn.datasets import load_iris
iris = load_iris()
x = iris.data
y = iris.target
```

鸢尾花数据集(Iris Data Set)是统计学和机器学习中常被当作示例使用的一个经典的数据集。该数据集共 150 个样本，分为 Setosa、Versicolour 和 Virginica 共 3 个类别。每个样本用四个维度的属性进行描述：分别是用厘米(cm)表示的花萼长度(Sepal Length)、花萼宽度(Sepal Width)、花瓣长度(Petal Length)和花瓣宽度(Petal Width)。

葡萄酒数据集(Wine Data Set)包含 178 条记录，来自 3 种不同起源地。数据集的 13 个属性是葡萄酒的 13 种化学成分，包括 Alcohol、Malic acid、Ash、Alcalinity of ash、Magnesium、Total phenols、Flavanoids、Nonflavanoid phenols、Proanthocyanins、Color intensity、Hue、OD280/OD315 of diluted wines、Proline。

波士顿房价数据集(Boston Data Set)从 1978 年开始统计，共包含 506 条数据。样本标签为平均房价，13 个特征包括城镇人均犯罪率(CRIM)、房间数(RM)等。由于样本标签为连续变量，所以波士顿房价数据集可以用于回归模型。图 1-4 绘制了各个特征与标签之间的关系。可以发现，除了 CHAS 和 RAD 特征外，其他特征均与结果呈现出较高的相关性。

乳腺癌数据集(Breast Cancer Data Set)一共包含 569 条数据，其中有 357 例乳腺癌数据以及 212 例非乳腺癌数据。数据集中包含 30 个特征，这里不一一罗列。有兴趣的读者可以使用代码清单 1-2 查询详细信息。

代码清单 1-2 乳腺癌数据集详细信息

```
from sklearn.datasets import load_breast_cancer
bc = load_breast_cancer()
print(bc.DESCR)
```

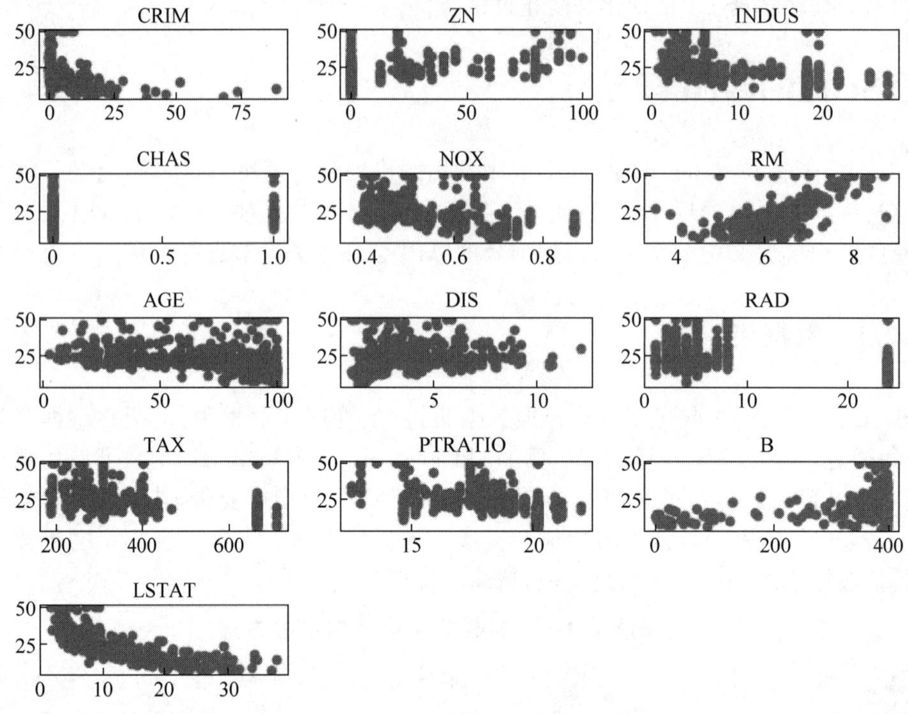

图 1-4 波士顿房价数据集各特征与标签之间的关系(见彩插)

1.7.2 模型选择

sklearn.model_selection 中提供了有关模型选择的一系列工具,包括验证集划分、交叉验证等。验证集与训练集的划分是所有项目都需要使用的,因此本节主要介绍这一API。其他功能会在使用时加以讲解。

验证集的划分主要通过 train_test_split(*arrays, **options)函数实现。参数 arrays 包含待划分的数据,其中每个元素都是长度相同的列表。验证集划分的目标是将这些列表划分为两段,一段作为训练集,另一段作为验证集。关键字参数包括 test_size、shuffle 等。其中 test_size 规定了测试集占完整数据集的比例,默认取0.25。shuffle 选项决定数据集是否被打乱,默认值为 True。代码清单 1-3 展示了 train_test_split 函数的常见使用方法。

代码清单 1-3 train_test_split 函数的常见使用方法

```
x_train, x_test, y_train, y_test = train_test_split(data, target)
```

题库

习题 1

一、选择题

1. 关于 L1 正则化和 L2 正则化,下面的说法正确的是(　　)。

A. L2 范数可以防止过拟合,提升模型的泛化能力,但 L1 正则化做不到这一点

B. L2 正则化标识各个参数的平方和的开方值

C. L2 正则化有个名称叫 Lasso regularization

D. L1 范数会使权值平滑

2. 下列有关机器学习中 L1 正则化和 L2 正则化说法正确的是(　　)。

A. 使用 L1 可以得到稀疏的权值　　B. 使用 L2 可以得到稀疏的权值

C. 使用 L1 可以得到平滑的权值　　D. 使用 L2 可以得到平滑的权值

3. 以下关于正则化的描述错误的是(　　)。

A. 正则化可以防止过拟合　　B. L1 正则化能得到稀疏解

C. L2 正则化约束了解空间　　D. Dropout 不是一种正则化方法

4. 下列模型属于生成模型的是(　　)。

A. SVM　　B. 逻辑回归　　C. CRF　　D. HMM

5. 在机器学习中,L1 正则化和 L2 正则化的引入为了解决(　　)问题。

A. 数据量不充分　　B. 训练数据不匹配

C. 训练过拟合　　D. 训练速度太慢

二、判断题

1. 回归和分类问题都是有监督学习问题。(　　)

2. 给定 n 个数据点,如果其中一半用于训练,另一半用于测试,则训练与测试误差之间的差别会随着 n 的增加而减少。(　　)

3. 过拟合是有监督学习的挑战,而不是无监督学习。(　　)

4. 决策树属于判别模型。(　　)

5. 半监督学习是同时从有标签数据和无标签数据中进行经验学习的机器学习。(　　)

三、填空题

1. 向量 $\boldsymbol{x}=(1,2,3,4,-9,0)$ 的 L1 范数是________。

2. 根据是否需要标注数据,机器学习方法可以分为________学习和________学习。

3. 监督学习中的________集用于估算模型。

4. ________通常是由于模型本身不能对训练集进行拟合或者训练迭代次数太少。

5. ________是一种抑制模型复杂度的常用方法。

四、问答题

1. 什么是过拟合、欠拟合?

2. 避免过拟合有哪些途径?

3. 机器学习能解决哪些问题?解决每一类问题使用的常用方法有哪些?举例说明其应用。

4. 生成模型和判别模型都有哪些?

5. 为什么 L1 正则化可以产生稀疏模型(很多参数等于 0),而 L2 正则化不会出现很多参数为 0 的情况?

第2章

逻辑回归及最大熵模型

本章目标

- 了解并掌握线性回归，包括一元线性回归和多元线性回归；
- 理解广义线性回归，包括逻辑回归、多分类逻辑回归和交叉熵损失函数；
- 理解最大熵模型；
- 了解并掌握分类问题的评价指标；
- 实现一个简单的逻辑回归案例。

逻辑回归模型是一种常用的回归或分类模型，可以视为广义线性模型的特例。本节首先给出线性回归模型和广义线性模型的概念，然后介绍逻辑回归和多分类逻辑回归，最后介绍如何通过最大熵模型解释逻辑回归。

2.1 线性回归

线性回归是最基本的回归分析方法，有着广泛的应用。线性回归研究的是自变量与因变量之间的线性关系。对于特征 $\boldsymbol{x}=(x^1,x^2,\cdots,x^n)$ 及其对应的标签 y，线性回归假设二者之间存在线性映射：

$$y \approx f(\boldsymbol{x})=\omega_1 x^1+\omega_2 x^2+\cdots+\omega_n x^n+b=\sum_{i=1}^{n}\omega_i x^i+b=\boldsymbol{\omega}^{\mathrm{T}}\boldsymbol{x}+b \tag{2-1}$$

其中，$\boldsymbol{\omega}=(\omega_1,\omega_2,\cdots,\omega_n)$ 和 b 分别表示待学习的权重及偏置。直观上，权重 $\boldsymbol{\omega}$ 的各个分量反映了每个特征变量的重要程度。权重越大，对应的随机变量的重要程度越大，反之则越小。

线性回归的目标是求解 $\boldsymbol{\omega}$ 和 b，使得 $f(\boldsymbol{x})$ 与 y 尽可能接近。求解线性回归模型的基本方法是最小二乘法。最小二乘法是一个不带条件的最优化问题，优化目标是让整个样本集合上的预测值与真实值之间的欧氏距离之和最小。

2.1.1 一元线性回归

式(2-1)描述的是多元线性回归。为简化讨论,首先以一元线性回归为例进行说明:

$$y \approx f(x) = \omega x + b \tag{2-2}$$

给定空间中的一组样本点 $D=\{(x_1,y_1),(x_2,y_2),\cdots,(x_m,y_m)\}$,目标函数为

$$J(\omega,b)=\sum_{i=1}^{m}(y_i-f(x_i))^2=\sum_{i=1}^{m}(y_i-\omega x_i-b)^2 \tag{2-3}$$

令目标函数对 ω 和 b 的偏导数为 0:

$$\begin{cases}\dfrac{\partial J(\omega,b)}{\partial \omega}=\sum\limits_{i=1}^{m}2\omega x_i^2+\sum\limits_{i=1}^{m}2(b-y_i)x_i=0\\[2ex] \dfrac{\partial J(\omega,b)}{\partial b}=\sum\limits_{i=1}^{m}2(\omega x_i-y_i)+2mb\end{cases} \tag{2-4}$$

则可得到 ω 和 b 的估计值为

$$\omega=\frac{m\sum\limits_{i=1}^{m}x_iy_i-\sum\limits_{i=1}^{m}x_i\sum\limits_{i=1}^{m}y_i}{m\sum\limits_{i=1}^{m}x_i^2-\left(\sum\limits_{i=1}^{m}x_i\right)^2}=\frac{\overline{xy}-\bar{x}\cdot\bar{y}}{\bar{x}^2-\bar{x}^2}$$

$$b=\frac{1}{m}\left(\sum_{i=1}^{m}y_i-\omega\sum_{i=1}^{m}x_i\right)=\bar{y}-\omega\bar{x} \tag{2-5}$$

其中,短横线 ¯ 表示求均值运算。

2.1.2 多元线性回归

对于多元线性回归,本书仅做简单介绍。为了简化说明,可以将 b 同样看作权重,即令

$$\begin{cases}\boldsymbol{\omega}=(\omega_1,\omega_2,\cdots,\omega_n,b)\\ \boldsymbol{x}=(x^1,x^2,\cdots,x^n,1)\end{cases} \tag{2-6}$$

此时式(2-1)可表示为

$$y \approx f(\boldsymbol{x})=\boldsymbol{\omega}^{\mathrm{T}}\boldsymbol{x} \tag{2-7}$$

给定空间中的一组样本点 $D=\{(\boldsymbol{x}_1,y_1),(\boldsymbol{x}_2,y_2),\cdots,(\boldsymbol{x}_m,y_m)\}$,优化目标为

$$\min J(\boldsymbol{\omega})=\min(\boldsymbol{Y}-\boldsymbol{X\omega})^{\mathrm{T}}(\boldsymbol{Y}-\boldsymbol{X\omega}) \tag{2-8}$$

其中,$\boldsymbol{X}$ 为样本矩阵的增广矩阵:

$$\boldsymbol{X}=\begin{pmatrix}x_1^1 & x_1^2 & \cdots & x_1^n & 1\\ x_2^1 & x_2^2 & \cdots & x_2^n & 1\\ \vdots & \vdots & \ddots & \vdots & \vdots\\ x_m^1 & x_m^2 & \cdots & x_m^n & 1\end{pmatrix} \tag{2-9}$$

$\boldsymbol{Y}$ 为对应的标签向量:

$$\boldsymbol{Y}=(y_1,y_2,\cdots,y_n)^{\mathrm{T}} \tag{2-10}$$

求解式(2-8)可得

$$\boldsymbol{\omega}=(\boldsymbol{X}^{\mathrm{T}}\boldsymbol{X})^{-1}\boldsymbol{X}^{\mathrm{T}}\boldsymbol{Y} \tag{2-11}$$

当 $\boldsymbol{X}^{\mathrm{T}}\boldsymbol{X}$ 可逆时,线性回归模型存在唯一解。当样本集合中的样本太少或者存在大量线性相关的维度时,可能会出现多个解的情况。奥卡姆剃刀原则指出,当模型存在多个解时,选择最简单的那个。因此可以在原始线性回归模型的基础上增加正则化项目以降低模型的复杂度,使模型变得简单。若加入 L2 正则化,则优化目标可写作

$$\min J(\boldsymbol{\omega})=\min(\boldsymbol{Y}-\boldsymbol{X\omega})^{\mathrm{T}}(\boldsymbol{Y}-\boldsymbol{X\omega})+\lambda\parallel\boldsymbol{\omega}\parallel_2 \tag{2-12}$$

此时,线性回归又称为岭(Ridge)回归。求解式(2-12)有

$$\boldsymbol{\omega}=(\boldsymbol{X}^{\mathrm{T}}\boldsymbol{X}+\lambda\boldsymbol{I})^{-1}\boldsymbol{X}^{\mathrm{T}}\boldsymbol{Y} \tag{2-13}$$

$\boldsymbol{X}^{\mathrm{T}}\boldsymbol{X}+\lambda\boldsymbol{I}$ 在 $\boldsymbol{X}^{\mathrm{T}}\boldsymbol{X}$ 的基础上增加了一个扰动项 $\lambda\boldsymbol{I}$。此时不仅能够降低模型的复杂度、防止过拟合,而且能够使 $\boldsymbol{X}^{\mathrm{T}}\boldsymbol{X}+\lambda\boldsymbol{I}$ 可逆,$\boldsymbol{\omega}$ 有唯一解。

当正则化项为 L1 正则化时,线性回归模型又称为 Lasso(Least Absolute Shrinkage and Selection Operator)回归,此时优化目标可写作

$$\min J(\boldsymbol{\omega})=\min(\boldsymbol{Y}-\boldsymbol{X\omega})^{\mathrm{T}}(\boldsymbol{Y}-\boldsymbol{X\omega})+\lambda\|\boldsymbol{\omega}\|_1 \tag{2-14}$$

L1 正则化能够得到比 L2 正则化更为稀疏的解。如 1.6 节,稀疏是指 $\boldsymbol{\omega}=(\omega_1,\omega_2,\cdots,\omega_n)$ 中会存在多个值为 0 的元素,从而起到特征选择的作用。由于 L1 范数使用绝对值表示,所以目标函数 $J(\boldsymbol{\omega})$ 不是连续可导,此时不能再使用最小二乘法进行求解,可使用近端梯度下降进行求解(PGD),本书略。

线性模型通常是其他模型的基本组成单元。堆叠若干线性模型,同时引入非线性化激活函数,就可以实现对任意数据的建模。例如,神经网络中的一个神经元就是由线性模型加激活函数组合而成。

2.2 广义线性回归

上面描述的都是狭义线性回归,其基本假设是 y 与 x 直接呈线性关系。如果 y 与 x 不是线性关系,那么使用线性回归模型进行拟合后会得到较大的误差。为了解决这个问题,可以寻找这样一个函数 $g(y)$,使得 $g(y)$ 与 x 之间是线性关系。举例来说,假设 x 是一个标量,y 与 x 的实际关系是 $y=\omega x^3$。令

$$g(y)=y^{1/3}=\omega' x \tag{2-15}$$

其中,$\omega'=\omega^{1/3}$ 是要估计的未知参数。那么 $g(y)$ 与 x 呈线性关系,此时可以使用线性回归对 ω' 进行参数估计,从而间接得到 ω。这样的回归称为广义线性回归。实际场景中,g 的选择是最关键的一步,一般较为困难。

2.2.1 逻辑回归

逻辑回归是一种广义线性回归,通过对数几率(Logits)回归的方式将线性回归应用于分类任务。对于一个二分类问题,令 $Y\in\{0,1\}$ 表示样本 x 对应的类别变量。设 x 属于类

别 1 的概率为 $P(Y=1|x)=p$，则自然有 $P(Y=0|x)=1-p$。比值$\frac{p}{1-p}$称为几率(Odds)，几率的对数即为对数几率：

$$\ln\frac{p}{1-p} \tag{2-16}$$

逻辑回归通过回归式(2-16)来间接得到 p 的值，即

$$\ln\frac{p}{1-p}=\boldsymbol{\omega}^{\mathrm{T}}\boldsymbol{x}+b \tag{2-17}$$

解得

$$p=\frac{1}{1+\mathrm{e}^{-(\boldsymbol{\omega}^{\mathrm{T}}\boldsymbol{x}+b)}} \tag{2-18}$$

为方便描述，令

$$\begin{cases}\boldsymbol{\omega}=(\omega_1,\omega_2,\cdots,\omega_n,b)^{\mathrm{T}}\\ \boldsymbol{x}=(x^1,x^2,\cdots,x^n,1)^{\mathrm{T}}\end{cases} \tag{2-19}$$

则有

$$p=\frac{1}{1+\mathrm{e}^{-\boldsymbol{\omega}^{\mathrm{T}}\boldsymbol{x}}} \tag{2-20}$$

由于样本集合给定的样本属于类别 1 的概率非 0 即 1，所以式(2-20)无法用最小二乘法求解。此时可以考虑使用极大似然估计进行求解。

给定样本集合 $D=\{(\boldsymbol{x}_1,y_1),(\boldsymbol{x}_2,y_2),\cdots,(\boldsymbol{x}_m,y_m)\}$，似然函数为

$$L(\boldsymbol{\omega})=\prod_{i=1}^{m}p^{y_i}(1-p)^{(1-y_i)} \tag{2-21}$$

对数似然函数为

$$\begin{aligned}l(\boldsymbol{\omega})&=\sum_{i=1}^{m}(y_i\ln p+(1-y_i)\ln(1-p))\\&=\sum_{i=1}^{m}(y_i\boldsymbol{\omega}^{\mathrm{T}}\boldsymbol{x}_i-\ln(1+\mathrm{e}^{\boldsymbol{\omega}^{\mathrm{T}}\boldsymbol{x}_i}))\end{aligned} \tag{2-22}$$

之后可用经典的启发式最优化算法梯度下降法(见 11.4 节)求解式(2-22)。

图 2-1 是二维空间中使用逻辑回归进行二分类的示例。图中样本存在一定的噪声(正类中混合有部分负类样本、负类中混合有部分正类样本)。可以看到逻辑回归能够抵御一定的噪声干扰。

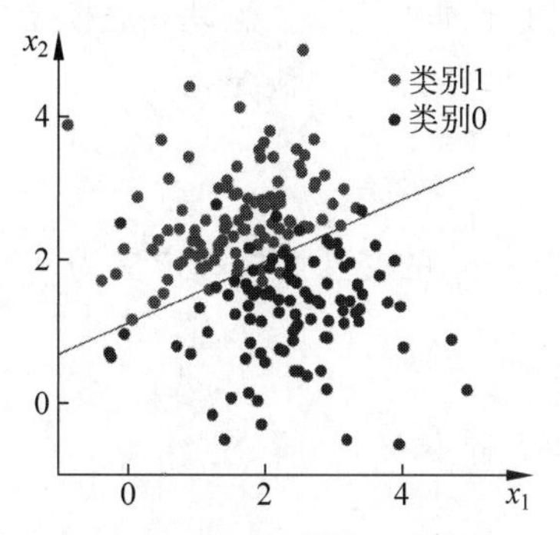

图 2-1　逻辑回归示例(见彩插)

2.2.2　多分类逻辑回归

二分类逻辑回归也可扩展到多分类逻辑回归。

将$\boldsymbol{\omega}=\boldsymbol{\omega}_1-\boldsymbol{\omega}_0$ 代入式(2-20)有

$$\begin{cases} P(Y=1 \mid \boldsymbol{x})=p=\dfrac{1}{1+\mathrm{e}^{-\boldsymbol{\omega}^{\mathrm{T}}\boldsymbol{x}}}=\dfrac{\mathrm{e}^{\boldsymbol{\omega}^{\mathrm{T}}\boldsymbol{x}}}{1+\mathrm{e}^{\boldsymbol{\omega}^{\mathrm{T}}\boldsymbol{x}}}=\dfrac{\mathrm{e}^{\boldsymbol{\omega}_1^{\mathrm{T}}\boldsymbol{x}}}{\mathrm{e}^{\boldsymbol{\omega}_0^{\mathrm{T}}\boldsymbol{x}}+\mathrm{e}^{\boldsymbol{\omega}_1^{\mathrm{T}}\boldsymbol{x}}} \\ P(Y=0 \mid \boldsymbol{x})=1-p=\dfrac{\mathrm{e}^{\boldsymbol{\omega}_0^{\mathrm{T}}\boldsymbol{x}}}{\mathrm{e}^{\boldsymbol{\omega}_0^{\mathrm{T}}\boldsymbol{x}}+\mathrm{e}^{\boldsymbol{\omega}_1^{\mathrm{T}}\boldsymbol{x}}} \end{cases} \tag{2-23}$$

通过归纳可将逻辑回归推广到任意多分类问题中。当类别数目为 K 时(假设类别编号为 $0,1,\cdots,K-1$)有

$$P(Y=i \mid \boldsymbol{x})=\frac{\exp(\boldsymbol{\omega}_i^{\mathrm{T}}\boldsymbol{x})}{\sum_{k=0}^{K-1}\exp(\boldsymbol{\omega}_k^{\mathrm{T}}\boldsymbol{x})}, \quad i=0,1,2,\cdots,K-1 \tag{2-24}$$

令式(2-24)的分子分母都除以 $\exp(\boldsymbol{\omega}_0\boldsymbol{x})$,则有

$$\begin{aligned} P(Y=0 \mid \boldsymbol{x})&=\frac{1}{1+\sum_{k=1}^{K-1}\mathrm{e}^{(\boldsymbol{\omega}_k^{\mathrm{T}}-\boldsymbol{\omega}_0^{\mathrm{T}})\boldsymbol{x}}} \\ P(Y=i \mid \boldsymbol{x})&=\frac{\mathrm{e}^{(\boldsymbol{\omega}_i^{\mathrm{T}}-\boldsymbol{\omega}_0^{\mathrm{T}})\boldsymbol{x}}}{1+\sum_{k=1}^{K-1}\mathrm{e}^{(\boldsymbol{\omega}_k^{\mathrm{T}}-\boldsymbol{\omega}_0^{\mathrm{T}})\boldsymbol{x}}}, \quad i=1,2,\cdots,K-1 \end{aligned} \tag{2-25}$$

式(2-25)同样可以通过极大似然估计的方式转化成对数似然函数,然后通过梯度下降法求解。

2.2.3 交叉熵损失函数

交叉熵损失函数是神经网络中常用的一种损失函数。K 分类问题中,假设样本 $\boldsymbol{x}_i$ 属于每个类别的真实概率为 $\boldsymbol{p}_i=\{p_i^0,p_i^1,\cdots,p_i^{K-1}\}$,其中只有样本所属的类别的位置值为1,其余位置皆为0。假设分类模型的参数为$\boldsymbol{\omega}$,其预测的样本 $\boldsymbol{x}_i$ 属于每个类别的概率 $\boldsymbol{q}=\{q_i^0,q_i^1,\cdots,q_i^{K-1}\}$满足:

$$\sum_{k=0}^{K-1}q_i^k=1 \tag{2-26}$$

则样本 $\boldsymbol{x}_i$ 的交叉熵损失定义为

$$J_i(\boldsymbol{\omega})=-\sum_{k=0}^{K-1}p_i^k\ln q_i^k \tag{2-27}$$

对所有样本有

$$J(\boldsymbol{\omega})=\sum_{i=1}^{m}J_i(\boldsymbol{\omega})=-\sum_{i=1}^{m}\sum_{k=0}^{K-1}p_i^k\ln q_i^k \tag{2-28}$$

当 $K=2$ 时,式(2-28)与式(2-22)形式相同。所以交叉熵损失函数与通过极大似然函数导出的对数似然函数类似,可以通过梯度下降法求解。

2.3 最大熵模型

信息论中,熵可以度量随机变量的不确定性。现实世界中,不加约束的事物都会朝着"熵增"的方向发展,也就是向不确定性增加的方向发展。可以证明,当随机变量呈均匀分布

时,熵值最大。不仅在信息论中,在物理学、化学等领域中,熵都有着重要的应用。一个有序的系统有着较小的熵值,而一个无序系统的熵值则较大。

机器学习中,最大熵原理即假设:描述一个概率分布时,在满足所有约束条件的情况下,熵最大的模型是最好的。这样的假设符合"熵增"的客观规律,即在满足所有约束条件下,数据是随机分布的。以企业的管理条例为例,一般的管理条例规定了员工的办事准则,而对于管理条例中未规定的行为,在可供选择的选项中,员工们会有不同的选择。可以认为每个选项被选中的概率是相等的。实际情况也往往如此,这就是一个熵增的过程。

对于离散随机变量 x,假设其有 M 个取值。记 $p_i=P(x=i)$,则其熵定义为

$$H(P)=-\sum_{i=1}^{M}p_i\ln p_i \tag{2-29}$$

对于连续变量 x,假设其概率密度函数为 $f(x)$,则其熵定义为

$$H(f)=\int f(x)\ln f(x)\mathrm{d}x \tag{2-30}$$

2.3.1 最大熵模型的导出

给定一个大小为 m 的样本集合 $D=\{(\boldsymbol{x}_1,y_1),(\boldsymbol{x}_2,y_2),\cdots,(\boldsymbol{x}_m,y_m)\}$,假设输入变量为 $\boldsymbol{X}$,输出变量为 Y。以频率代替概率,可以估计出 $\boldsymbol{X}$ 的边缘分布及$(\boldsymbol{X},Y)$的联合分布为

$$\begin{cases}\tilde{p}(\boldsymbol{x},y)=\dfrac{N_{\boldsymbol{x},y}}{m}\\[2ex]\tilde{p}(\boldsymbol{x})=\dfrac{N_{\boldsymbol{x}}}{m}\end{cases} \tag{2-31}$$

其中,$N_{\boldsymbol{x},y}$ 和 $N_{\boldsymbol{x}}$ 分别表示训练样本中$(\boldsymbol{X}=\boldsymbol{x},Y=y)$出现的频数和 $\boldsymbol{X}=\boldsymbol{x}$ 出现的频数。在样本量足够大的情况下,认为 $\tilde{p}(\boldsymbol{x})$反映真实的样本分布。基于此,最大熵模型使用条件熵进行建模,而非最大熵原理中一般意义上的熵。这样间接起到了缩小模型假设空间的作用。

$$H(p)=-\sum_{(\boldsymbol{x},y)\in D}\tilde{p}(\boldsymbol{x})P(y\mid\boldsymbol{x})\log P(y\mid\boldsymbol{x}) \tag{2-32}$$

根据定义,最大熵模型是在满足一定约束条件下熵最大的模型。最大熵模型的思路是:从样本集合使用特征函数 $f(\boldsymbol{x},y)$抽取特征,然后希望特征函数 $f(\boldsymbol{x},y)$关于经验联合分布 $\tilde{p}(\boldsymbol{x},y)$的期望,等于特征函数 $f(\boldsymbol{x},y)$关于模型 $p(y|\boldsymbol{x})$和经验边缘分布 $\tilde{p}(\boldsymbol{x})$的期望。

特征函数关于经验联合分布 $\tilde{p}(\boldsymbol{x},y)$的期望定义为

$$E_{\tilde{p}}(f)=\sum_{(\boldsymbol{x},y)\in D}\tilde{p}(\boldsymbol{x},y)f(\boldsymbol{x},y) \tag{2-33}$$

特征函数 $f(\boldsymbol{x},y)$关于模型 $p(y|\boldsymbol{x})$和经验边缘分布 $\tilde{p}(\boldsymbol{x})$的期望定义为

$$E_p(f)=\sum_{(\boldsymbol{x},y)\in D}\tilde{p}(\boldsymbol{x})p(y\mid\boldsymbol{x})f(\boldsymbol{x},y) \tag{2-34}$$

即希望 $\tilde{p}(\boldsymbol{x},y)=\tilde{p}(\boldsymbol{x})p(y|\boldsymbol{x})$,称 $p(\boldsymbol{x},y)=p(\boldsymbol{x})p(y|\boldsymbol{x})$为乘法准则。最大熵模型的约束希望在不同的特征函数 $f(\boldsymbol{x},y)$下通过估计 $p(y|\boldsymbol{x})$的参数来满足乘法准则。

由此,最大熵模型的学习过程可以转化为一个最优化问题的求解过程。即在给定若干特征提取函数:

$$f_i(\boldsymbol{x},y),\quad i=1,2,\cdots,M \tag{2-35}$$

以及 y_i 的所有可能取值 $C=\{c_1,c_2,\cdots,c_K\}$ 的条件下,求解

$$\begin{aligned}\max\quad & H(p)=-\sum_{(\boldsymbol{x},y)\in D}\tilde{p}(\boldsymbol{x})p(y\mid\boldsymbol{x})\log p(y\mid\boldsymbol{x})\\ \text{s.t.}\quad & E_{\tilde{p}}(f_i)=E_p(f_i)\\ & \sum_{y\in C}p(y\mid\boldsymbol{x})=1\end{aligned} \tag{2-36}$$

将该最大化问题转化为最小化问题即 $\min -H(p)$,可用拉格朗日乘子法求解。拉格朗日函数为

$$\operatorname{Lag}(p,\boldsymbol{\omega})=-H(p)+\omega_0\Big(1-\sum_{y\in C}p(y\mid\boldsymbol{x})\Big)+\sum_{i=1}^{M}\omega_i(E_p(f_i)-E_{\tilde{p}}(f_i)) \tag{2-37}$$

其中,$\boldsymbol{\omega}=(\omega_0,\omega_1,\cdots,\omega_M)$为引入的拉格朗日乘子。通过最优化 $\operatorname{Lag}(p,\boldsymbol{\omega})$可求得

$$p_{\boldsymbol{\omega}}(y\mid\boldsymbol{x})=\frac{1}{Z_{\boldsymbol{\omega}}(\boldsymbol{x})}\exp\Big(\sum_{i=1}^{M}\omega_i f_i(\boldsymbol{x},y)\Big) \tag{2-38}$$

其中

$$Z_{\boldsymbol{\omega}}(\boldsymbol{x})=\sum_{y\in C}\exp\Big(\sum_{i=1}^{M}\omega_i f_i(\boldsymbol{x},y)\Big) \tag{2-39}$$

2.3.2 最大熵模型与逻辑回归之间的关系

分类问题中,假设特征函数个数 M 等于样本输入变量的个数 n,即 $n=M$。以二分类问题为例,定义如下特征函数,每个特征函数只提取一个属性的值:

$$f_i(\boldsymbol{x},y)=\begin{cases}x_i, & y=1\\ 0, & y=0\end{cases} \tag{2-40}$$

则

$$\begin{aligned}Z_{\boldsymbol{\omega}}(\boldsymbol{x})&=\sum_{y\in C}\exp\Big(\sum_{i=1}^{M}\omega_i f_i(\boldsymbol{x},y)\Big)\\ &=\exp\Big(\sum_{i=1}^{M}\omega_i f_i(\boldsymbol{x},y=0)\Big)+\exp\Big(\sum_{i=1}^{M}\omega_i f_i(\boldsymbol{x},y=1)\Big)\\ &=1+\exp(\boldsymbol{\omega}^{\mathrm{T}}\boldsymbol{x})\end{aligned} \tag{2-41}$$

注意,此处$\boldsymbol{\omega}=(\omega_1,\omega_2,\cdots,\omega_M)$,不包含 ω_0。

$$\begin{cases}p(y=0\mid\boldsymbol{x})=\dfrac{1}{1+\mathrm{e}^{\boldsymbol{\omega}^{\mathrm{T}}\boldsymbol{x}}}\\[2ex] p(y=1\mid\boldsymbol{x})=\dfrac{\mathrm{e}^{\boldsymbol{\omega}^{\mathrm{T}}\boldsymbol{x}}}{1+\mathrm{e}^{\boldsymbol{\omega}^{\mathrm{T}}\boldsymbol{x}}}\end{cases} \tag{2-42}$$

可以看到,此时最大熵模型等价于二分类逻辑回归模型。

对于多分类问题,可定义 $f_i(\boldsymbol{x},y=c_k)=\lambda_{ik}x_i$,则

$$p_{\boldsymbol{\omega}}(y=c_k\mid\boldsymbol{x})=\frac{1}{Z_{\boldsymbol{\omega}}(\boldsymbol{x})}\exp\Big(\sum_{i=1}^{M}\omega_i f_i(\boldsymbol{x},y)\Big)=\frac{1}{Z_{\boldsymbol{\omega}}(\boldsymbol{x})}\mathrm{e}^{\boldsymbol{\alpha}_k^{\mathrm{T}}\boldsymbol{x}} \tag{2-43}$$

其中

$$\begin{cases} Z_{\boldsymbol{\omega}}(\boldsymbol{x}) = \sum_{y \in C} \exp\left(\sum_{i=1}^{M} \omega_i f_i(\boldsymbol{x}, y)\right) = \sum_{k=1}^{K} \exp\left(\sum_{i=1}^{M} \omega_i \lambda_{ik} x_i\right) = \sum_{k=1}^{K} \mathrm{e}^{\boldsymbol{\alpha}_k^{\mathrm{T}} \boldsymbol{x}} \\ \boldsymbol{\alpha}_k^{\mathrm{T}} = (\omega_1 \lambda_{1k}, \omega_2 \lambda_{2k}, \cdots, \omega_M \lambda_{Mk})^{\mathrm{T}} \end{cases} \tag{2-44}$$

式(2-43)与式(2-24)等价，此时最大熵模型等价于多分类逻辑回归。最大熵模型可以通过拟牛顿法、梯度下降法等学习，本书略。

2.4　评价指标

对于一个分类任务，往往可以训练许多不同模型。那么，如何从众多模型中挑选出综合表现最好的那个，这就涉及对模型的评价问题。接下来将介绍一些常用的模型评价指标。

2.4.1　混淆矩阵

混淆矩阵是理解大多数评价指标的基础，这里用一个经典表格来解释混淆矩阵是什么，如表 2-1 所示。

表 2-1　混淆矩阵示意表

真　实　值	预　测　值	
	0	1
0	True Negative(TN)	False Positive(FP)
1	False Negative(FN)	True Positive(TP)

显然，混淆矩阵包含四部分的信息：

(1) 真负例(True Negative, TN)表明实际是负样本预测成负样本的样本数。

(2) 假正例(False Positive, FP)表明实际是负样本预测成正样本的样本数。

(3) 假负例(False Negative, FN)表明实际是正样本预测成负样本的样本数。

(4) 真正例(True Positive, TP)表明实际是正样本预测成正样本的样本数。

对照混淆矩阵，很容易就能把关系、概念理清楚。但是久而久之，也很容易忘记概念。可以按照位置前后分为两部分记忆：前面的部分是 True/False 表示真假，即代表着预测的正确性；后面的部分是 Positive/Negative 表示正负样本，即代表着预测的结果。所以，混淆矩阵即可表示为正确性——预测结果的集合。现在再来看上述四部分的概念：

(1) TN，预测是负样本，预测对了。

(2) FP，预测是正样本，预测错了。

(3) FN，预测是负样本，预测错了。

(4) TP，预测是正样本，预测对了。

大部分的评价指标都是建立在混淆矩阵基础上的，包括准确率、精确率、召回率、F1-score，当然也包括 AUC。

2.4.2 准确率

准确率是最常见的一项指标,即预测正确的结果占总样本的百分比,其公式如下:

$$\text{Accuracy}=\frac{\text{TP}+\text{TN}}{\text{TP}+\text{TN}+\text{FP}+\text{FN}} \tag{2-45}$$

虽然准确率可以判断总的正确率,但是在样本不平衡的情况下,并不能作为很好的指标来衡量结果。假设在所有样本中,正样本占90%,负样本占10%,样本是严重不平衡的。模型将全部样本预测为正样本即可得到90%的高准确率,如果仅使用准确率这项单一指标进行评价,模型就可以像这样"偷懒"获得很高的评分。正因如此,也就衍生出了其他两种指标:精确率和召回率。

2.4.3 精确率与召回率

精确率(Precision)又叫查准率,它是针对预测结果而言的。精确率表示在所有被预测为正的样本中实际为正的样本的概率。意思就是在预测为正样本的结果中,有多少把握可以预测正确,其公式如下:

$$\text{Precision}=\frac{\text{TP}}{\text{TP}+\text{FP}} \tag{2-46}$$

召回率(Recall)又叫查全率,它是针对原样本而言的。召回率表示在实际为正的样本中被预测为正样本的概率,其公式如下:

$$\text{Recall}=\frac{\text{TP}}{\text{TP}+\text{FN}} \tag{2-47}$$

召回率一般应用于漏检后果严重的场景下。例如在网贷违约率预测中,相比信誉良好的用户,我们更关心可能会发生违约的用户。如果模型过多地将可能发生违约的用户当成信誉良好的用户,则后续可能会发生违约金额远超过好用户偿还的借贷利息金额的情况,造成严重偿失。召回率越高,代表不良用户被预测出来的概率越高。

2.4.4 PR曲线

分类模型对每个样本点都会输出一个置信度。通过设定置信度阈值,就可以完成分类。不同的置信度阈值对应着不同的精确率和召回率。一般来说,置信度阈值较低时,大量样本被预测为正例,所以召回率较高,而精确率较低;置信度阈值较高时,大量样本被预测为负例,所以召回率较低,而精确率较高。

PR曲线就是以精确率为纵坐标,以召回率为横坐标作出的曲线,如图2-2所示。

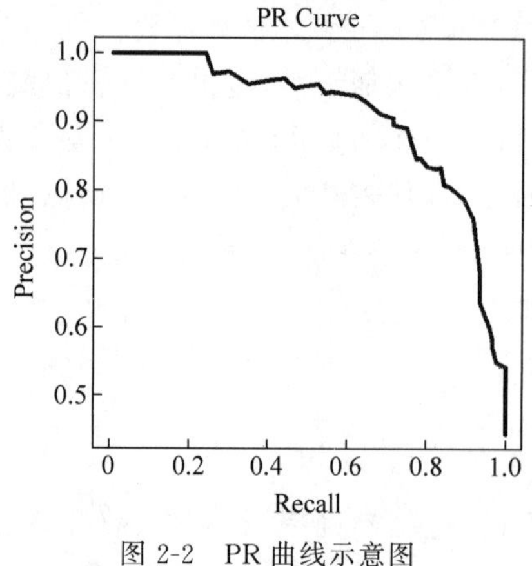

图2-2 PR曲线示意图

2.4.5　ROC曲线

对于某个二分类分类器来说，输出结果标签（0还是1）往往取决于置信度以及预定的置信度阈值。例如常见的阈值就是0.5，大于0.5被认为是正样本，小于0.5被认为是负样本。如果增大这个阈值，预测错误（针对正样本而言，即指预测是正样本但是预测错误，下同）的概率就会降低，但是随之而来的就是预测正确的概率也降低；如果减小这个阈值，那么预测正确的概率会升高，但是同时预测错误的概率也会升高。实际上，这种阈值的选取一定程度上反映了分类器的分类能力。我们当然希望无论选取多大的阈值，分类都尽可能地正确。为了形象地衡量这种分类能力，ROC曲线进行了表征，如图2-3所示，为一条ROC曲线。

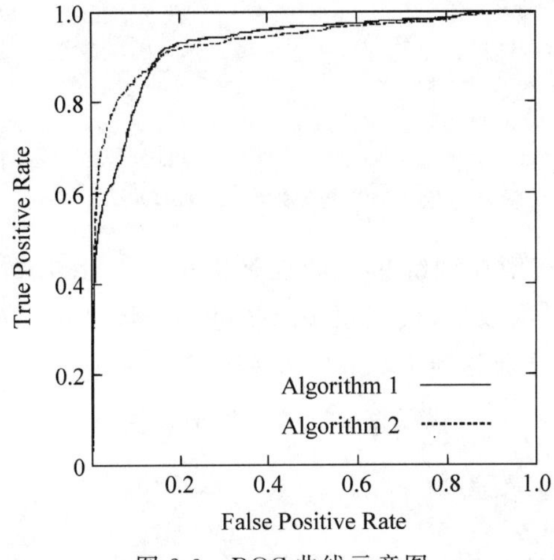

图2-3　ROC曲线示意图

横轴：假正率（False Positive Rate，FPR）。

$$\mathrm{FPR}=\frac{\mathrm{FP}}{\mathrm{TN}+\mathrm{FP}} \tag{2-48}$$

纵轴：真正率（True Positive Rate，TPR）。

$$\mathrm{TPR}=\frac{\mathrm{TP}}{\mathrm{TP}+\mathrm{FN}} \tag{2-49}$$

显然，ROC曲线的横纵坐标都在[0，1]内，面积不大于1。现在分析几个ROC曲线的特殊情况，更好地掌握其性质。

(0，0)：假正率和真正率都为0，即分类器全部预测成负样本。

(0，1)：假正率为0，真正率为1，全部完美预测正确。

(1，0)：假正率为1，真正率为0，全部完美预测错误。

(1，1)：假正率和真正率都为1，即分类器全部预测成正样本。

当TPR=FPR为一条斜对角线时，表示预测为正样本的结果一半是对的，一半是错的，为随机分类器的预测效果。ROC曲线在斜对角线以下，表示该分类器效果差于随机分类器；反之，效果好于随机分类器。当然，我们希望ROC曲线尽量位于斜对角线以上，也就是向左上角(0，1)凸。

2.5 实例：基于逻辑回归实现乳腺癌预测

本节基于乳腺癌数据集介绍逻辑回归的应用，模型的构造与训练如代码清单 2-1 所示。

代码清单 2-1 逻辑回归模型的构造与训练

```
from sklearn.datasets import load_breast_cancer
from sklearn.linear_model import LogisticRegression
from sklearn.model_selection import train_test_split
cancer = load_breast_cancer()
X_train, X_test, y_train, y_test = train_test_split(
    cancer.data, cancer.target, test_size = 0.2)
model = LogisticRegression()
model.fit(X_train, y_train)
train_score = model.score(X_train, y_train)
test_score = model.score(X_test, y_test)
print('train score: {train_score:.6f}; test score: {test_score:.6f}'.format(
    train_score = train_score, test_score = test_score))
```

根据代码输出可知，模型在训练集上的准确率达到 0.969，在测试集上的准确率达到 0.921。为了进一步分析模型效果，代码清单 2-2 进一步评估了模型在测试集上的准确率、召回率以及精确率。三者分别达到了 0.921、0.960、0.923。

代码清单 2-2 模型评估

```
from sklearn.metrics import recall_score
from sklearn.metrics import precision_score
from sklearn.metrics import classification_report
from sklearn.metrics import accuracy_score
y_pred = model.predict(X_test)
accuracy_score_value = accuracy_score(y_test, y_pred)
recall_score_value = recall_score(y_test, y_pred)
precision_score_value = precision_score(y_test, y_pred)
classification_report_value = classification_report(y_test, y_pred)
print("准确率:", accuracy_score_value)
print("召回率:", recall_score_value)
print("精确率:", precision_score_value)
print(classification_report_value)
```

题库

习题 2

一、选择题

1. 以下关于逻辑回归说法错误的是(　　)。
   A. 特征归一化有助于模型效果
   B. 逻辑回归是一种广义线性模型
   C. 逻辑回归相比最小二乘法分类器对异常值更敏感

D. 逻辑回归可以看成只有输入层和输出层且输出层为单一神经元的神经网络

2. 以下关于逻辑回归的说法不正确的是(　　)。

A. 逻辑回归必须对缺失值进行预处理

B. 逻辑回归要求自变量和目标变量是线性关系

C. 逻辑回归比决策树,更容易过度拟合

D. 逻辑回归只能做 2 值分类,不能直接做多值分类

3. 在逻辑回归上最适合数据的方法是(　　)。

A. 最小二乘方误差　　B. 极大似然估计

C. 杰卡德距离　　D. A 和 B

4. 下列关于最大熵模型的表述错误的是(　　)。

A. 最大熵模型是基于熵值越大模型越稳定的假设

B. 最大熵模型使用最大熵原理中一般意义上的熵建模以此缩小模型假设空间

C. 通过定义最大熵模型的参数可以实现与多分类逻辑回归相同的作用

D. 最大熵模型是一种分类算法

5. 假设,图 2-4 是逻辑回归的代价函数,图中有(　　)个局部最小值。

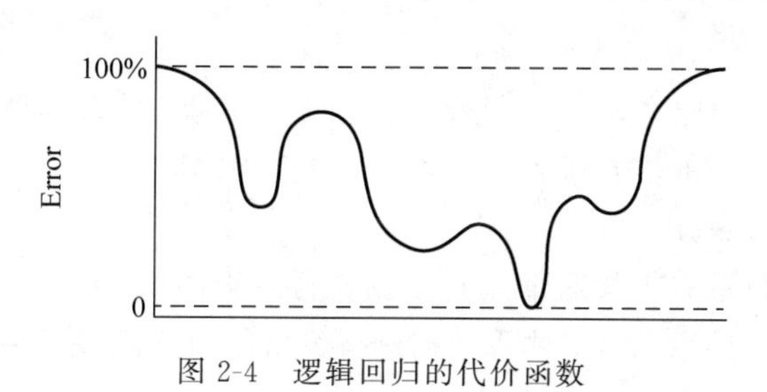

图 2-4　逻辑回归的代价函数

A. 1　　B. 2　　C. 3　　D. 4

二、判断题

1. 逻辑回归是一种监督式机器学习算法。(　　)

2. 逻辑回归主要用于回归模型。(　　)

3. 逻辑回归可以通过引入高阶项来处理非线性特征关系。(　　)

4. 在 3 级分类问题上应用逻辑回归算法是可行的。(　　)

5. 准确率是检索出相关文档数与检索出的文档总数的比率,衡量的是检索系统的查准率。(　　)

三、填空题

1. 使用逻辑回归算法对样本进行分类,得到训练样本的准确率和测试样本的准确率。现在,在数据中增加一个新的特征,其他特征保持不变。然后重新训练测试,那么训练样本的准确率会________或者不变。

2. 有数据集正样本 120 个,负样本 80 个,模型 F 对样本进行预估,预测为正样本的有 80 个(其中真的是正样本的是 60 个),该模型的召回率是________。

3. 如图 2-5 所示混淆矩阵的真正例率 TPR 为________。

		真实值	
		真	假
预测值	真	110	12
	假	31	501

图 2-5 混淆矩阵

4. 逻辑回归是为了目标函数最小化________概率。
5. 当随机变量呈________分布时,熵值最大。

四、问答题

1. 请简述逻辑回归与线性回归的区别与联系。
2. 逻辑回归的目的是什么?逻辑回归如何分类?
3. 逻辑回归如何实现多分类?
4. 逻辑回归有哪些处理非线性关系特征的方法?

五、应用题

1. 测试集中 1000 个样本,600 个是 A 类,400 个 B 类,模型预测结果 700 个判断为 A 类,其中正确的有 500 个,300 个判断为 B 类,其中正确的有 200 个。请计算 B 类的准确率(Precision)和召回率(Recall)。

2. 使用 sklearn 自带数据集对鸢尾花数据进行逻辑回归。

3. 通过表 2-2 给出的数据集对西瓜数据进行逻辑回归分类,并对结果进行可视化展示。

表 2-2 西瓜数据集

NO.	midu	tang	nice
1	0.697	0.46	1
2	0.774	0.376	1
3	0.634	0.264	1
4	0.608	0.318	1
5	0.556	0.215	1
6	0.403	0.237	1
7	0.481	0.145	1
8	0.437	0.211	1
9	0.666	0.091	0
10	0.243	0.0267	0
11	0.245	0.057	0
12	0.343	0.099	0
13	0.639	0.161	0
14	0.657	0.192	0
15	0.36	0.37	0
16	0.593	0.042	0
17	0.719	0.103	0

第3章

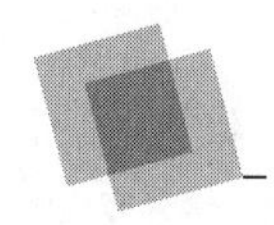

k-近邻算法

本章目标

- 理解 k-近邻算法的数学思想；
- 掌握实现 k-近邻算法所需要的一般手段，包括 k 值的选取、距离的度量和快速检索；
- 实现简单的 k-近邻算法，并自主对比不同参数下的表现。

k-近邻(k-Nearest Neighbor，KNN)算法是一种常用的分类或回归算法。给定一个训练样本集合 D 以及一个需要进行预测的样本 x，k-近邻算法的思想非常简单：对于分类问题，k-近邻算法从所有训练样本集合中找到与 x 最近的 k 个样本，然后通过投票法选择这 k 个样本中出现次数最多的类别作为 x 的预测结果；对于回归问题，k-近邻算法同样找到与 x 最近的 k 个样本，然后对这 k 个样本的标签求平均值，得到 x 的预测结果。k-近邻算法的描述如算法 3-1 所示。

算法 3-1　k-近邻算法

输入：训练集 $D=\{(\boldsymbol{x}_1,y_1),(\boldsymbol{x}_2,y_2),\cdots,(\boldsymbol{x}_m,y_m)\}$；$k$ 值；待预测样本 x；如果是 k-近邻分类，同时给出类别集合 $C=\{c_1,c_2,\cdots,c_K\}$

输出：样本 x 所属的类别或预测值 y

1. 计算 x 与所有训练集合中所有样本之间的距离，并从小到大排序，返回排序后样本的索引

$$P=\underset{i}{\operatorname{argsort}}\{d(\boldsymbol{x},\boldsymbol{x}_i)\mid i=1,2,\cdots,m\}$$

2. 对于分类问题，投票挑选出前 k 个样本中包含数量最多的类别

$$\text{Return } y=\underset{i=1,2,\cdots,K}{\operatorname{argmax}}\sum_{p\in P}I(\boldsymbol{x}_p=c_i)$$

3. 对于回归问题，用前 k 个样本标签的均值作为 x 的估计值

$$\text{Return } y=\frac{1}{k}\sum_{p\in P}y_p$$

对 k-近邻算法的研究包含三方面：k 值的选取、距离的度量和如何快速地进行 k 个近邻的检索。

3.1 k 值的选取

投票法的准则是少数服从多数，所以当 k 值很小时，得到的结果就容易产生偏差。最近邻算法是这种情况下的极端，也就是 $k=1$ 时的 k-近邻算法。最近邻算法中，样本 x 的预测结果只由训练集中与其距离最近的那个样本决定。

如果 k 值选取较大，则可能会将大量其他类别的样本包含进来，极端情况下，将整个训练集的所有样本都包含进来，这样同样可能会造成预测错误。一般情况下，可通过交叉验证、在验证集上多次尝试不同的 k 值来挑选最佳的 k 值。

3.2 距离的度量

对于连续变量，一般使用欧氏距离直接进行距离度量。对于离散变量，可以先将离散变量连续化，然后再使用欧氏距离进行度量。

词嵌入(Word Embedding)是自然语言处理领域常用的一种对单词进行编码的方式。词嵌入首先将离散变量进行独热(one-hot)编码，假定共有 5 个单词$\{A,B,C,D,E\}$，则对 A 的独热编码为$(1,0,0,0,0)^{\mathrm{T}}$，B 的独热编码为$(0,1,0,0,0)^{\mathrm{T}}$，其他单词类似。编码后的单词用矩阵表示为

$$\boldsymbol{X}=\begin{array}{c}\begin{matrix}A & B & C & D & E\end{matrix}\\ \begin{pmatrix}1 & 0 & 0 & 0 & 0\\ 0 & 1 & 0 & 0 & 0\\ 0 & 0 & 1 & 0 & 0\\ 0 & 0 & 0 & 1 & 0\\ 0 & 0 & 0 & 0 & 1\end{pmatrix}\end{array} \tag{3-1}$$

随机初始化一个用于词嵌入转化的矩阵 $\boldsymbol{M}_{d\times 5}$，其中每一个 d 维的向量表示一个单词。词嵌入后的单词用矩阵表示为

$$\boldsymbol{E}=\boldsymbol{M}_{d\times 5}\boldsymbol{X}=\begin{array}{c}\begin{matrix}A & B & C & D & E\end{matrix}\\ \begin{pmatrix}x_{11} & x_{12} & x_{13} & x_{14} & x_{15}\\ x_{21} & x_{22} & x_{23} & x_{24} & x_{25}\\ \vdots & \vdots & \vdots & \vdots & \vdots\\ x_{d1} & x_{d2} & x_{d3} & x_{d4} & x_{d5}\end{pmatrix}\end{array} \tag{3-2}$$

矩阵 $\boldsymbol{E}$ 中的每一列是相应单词的词嵌入表示，d 是一个超参数，$\boldsymbol{M}$ 可以通过深度神经网络(见第 11 章)在其他任务上进行学习，之后就能用单词词嵌入后的向量表示计算内积，用以表示单词之间的相似度。对于一般的离散变量同样可以采用类似词嵌入的方法进行距离度量。

3.3 快速检索

当训练集合的规模很大时，如何快速找到样本 x 的 k 个近邻成为计算机实现 k-近邻算法的关键。一个朴素的思想是：

(1) 计算样本 x 与训练集中所有样本的距离。

(2) 将这些点依据距离从小到大进行排序选择前 k 个。

算法的时间复杂度是计算到训练集中所有样本距离的时间加上排序的时间。该算法的第(2)步可以用数据结构中的查找序列中前 k 个最小数的算法优化,而不必对所有距离都进行排序。一个更为可取的方法是为训练样本事先建立索引,以减少计算的规模。kd 树是一种典型的存储 k 维空间数据的数据结构(此处的 k 指 x 的维度大小,与 k-近邻算法中的 k 没有任何关系)。建立好 kd 树后,给定新样本后就可以在树上进行检索,这样就能够大大降低检索 k 个近邻的时间,特别是当训练集的样本数远大于样本的维度时。关于 kd 树的详细介绍见书末参考文献[3]。

3.4　实例:基于 *k*-近邻算法实现鸢尾花分类

本节以鸢尾花(Iris)数据集的分类来直观理解 k-近邻算法。为了在二维平面展示鸢尾花数据集,这里使用花萼宽度和花瓣宽度两个特征进行可视化,如图 3-1 所示。

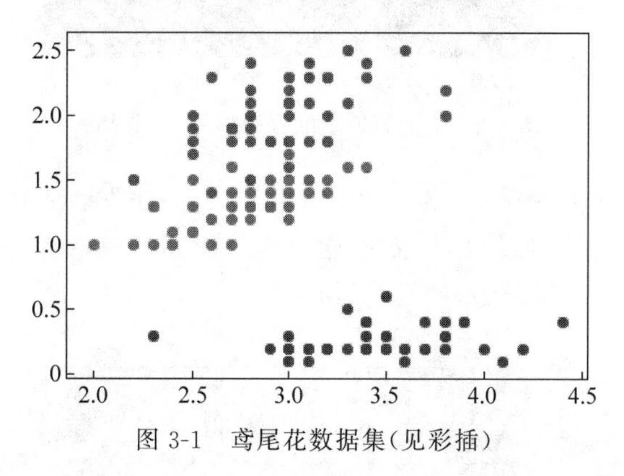

图 3-1　鸢尾花数据集(见彩插)

图中蓝色数据点表示 Setosa,橙色数据点表示 Versicolour,绿色数据点表示 Virginica。sklearn 中提供的 k-近邻模型称为 KNeighborsClassifier,代码清单 3-1 给出了模型构造和训练代码。

代码清单 3-1　*k*-近邻模型的构造与训练

```
from sklearn.datasets import load_iris
from sklearn.model_selection import train_test_split
from sklearn.neighbors import KNeighborsClassifier as KNN
if __name__ == '__main__':
    iris = load_iris()
    x_train, x_test, y_train, y_test = train_test_split(
        iris.data[:, [1,3]], iris.target)
    model = KNN()
    model.fit(x_train, y_train)
```

代码清单 3-2 对上述模型进行了测试。根据程序输出可以看出,模型在训练集上的准确率达到 0.964,在测试集上的准确率达到 0.947。

代码清单 3-2 模型测试

```
train_score = model.score(x_train, y_train)
test_score = model.score(x_test, y_test)
print("train score:", train_score)
print("test score:", test_score)
```

图 3-2 展示了模型的决策边界。可以看出，几乎所有样本点都落在相应的区域内，只有少数边界点可以落在边界外。

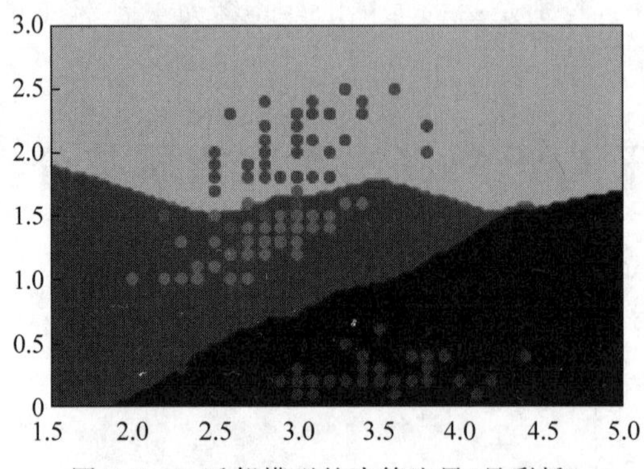

图 3-2 k-近邻模型的决策边界(见彩插)

k-近邻模型默认使用 $k=5$。当 k 过小时，容易产生过拟合现象；当 k 过大时，容易产生欠拟合现象。图 3-3 展示了 k 为 1 或 50 时的决策边界。不难看出，当 $k=1$ 时，决策边界更加复杂；而当 $k=50$ 时，决策边界较为平滑。

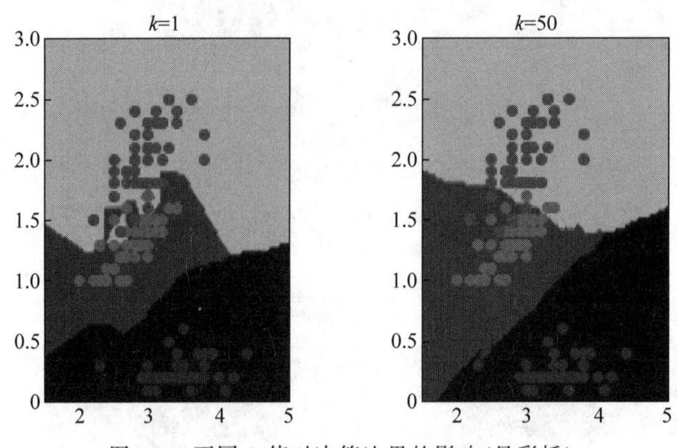

图 3-3 不同 k 值对决策边界的影响(见彩插)

题库

习题 3

一、选择题

1. 下面关于 KNN 算法说法正确是(　　)。

　A. KNN 算法的时间复杂度是 $O(nkt)$，其中 k 为类别数，t 为迭代次数

B. KNN 算法是一种非监督学习算法

C. 使用 KNN 算法进行训练时,训练数据集中含有标签

D. K 值确定后,使用 KNN 算法进行样本训练时,每次所形成的结果可能不同

2. 如图 3-4 所示,以下(　　)是 KNN 算法的训练边界。

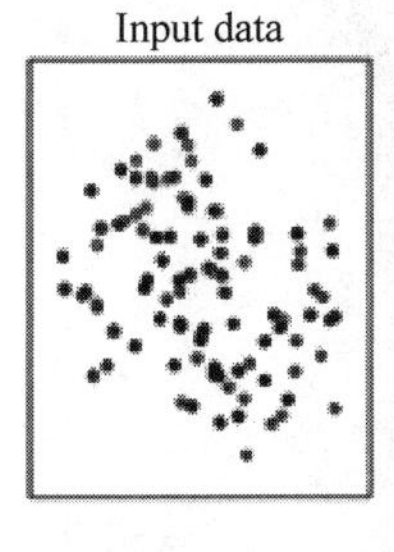

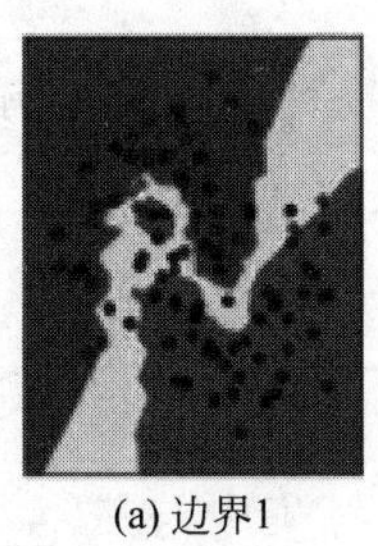

(a) 边界1

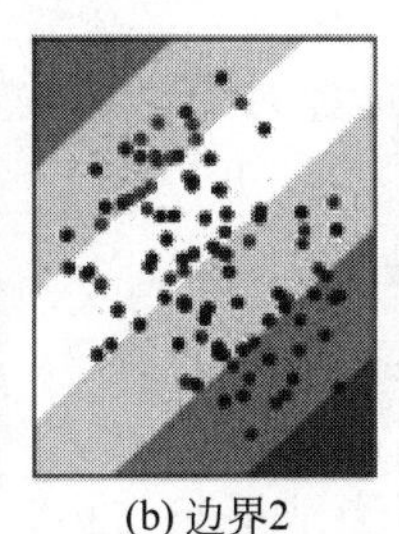

(b) 边界2

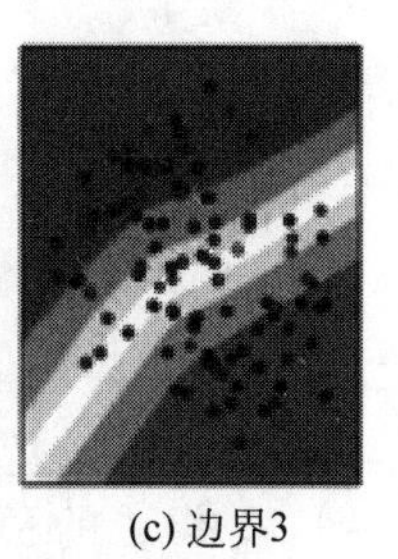

(c) 边界3

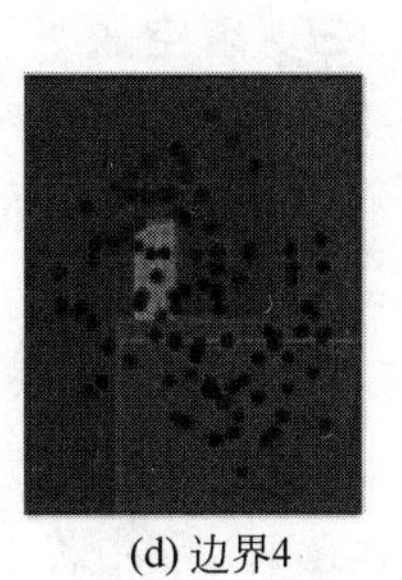

(d) 边界4

图 3-4　决策边界可视化

A. 图 3-4(b)　　B. 图 3-4(a)　　C. 图 3-4(d)　　D. 图 3-4(c)

3. 以下关于 KNN 算法的描述,不正确的是(　　)。

A. KNN 算法只适用于数值型的数据分类　B. KNN 算法对异常值不敏感

C. KNN 算法无数据输入假定　D. 以上说法都不正确

4. 使用 $K=1$ 的 KNN 算法,图 3-5 二类分类问题+和∘分别代表两个类,那么,用仅拿出一个测试样本的交叉验证方法,交叉验证的错误率是(　　)。

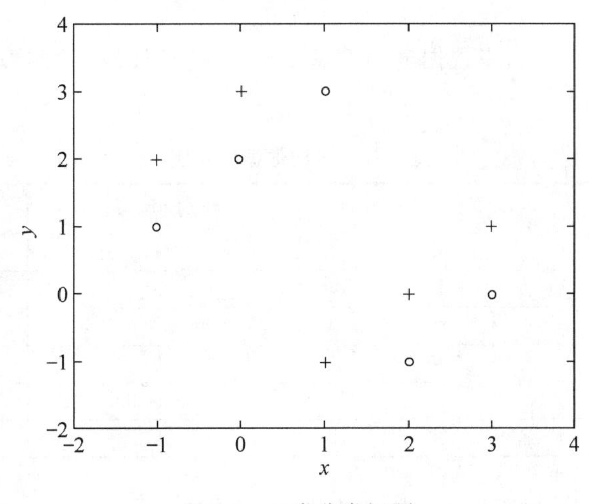

图 3-5　二类分类问题

A. 0　　B. 100%　　C. 0 到 100%　　D. 以上都不是

5. 一般情况下,KNN 算法在(　　)情况下效果最好。

A. 样本呈现团状分布　B. 样本呈现链状分布

C. 样本较多但典型性不好　D. 样本较少但典型性好

二、判断题

1. KNN 算法较适用于样本容量较大的类域的自动分类。　(　　)

2. KNN 算法以空间中 K 个点为中心进行聚类。　　（　）

3. 随着 K 值的增大，决策边界会越来越光滑。　　（　）

4. KNN 算法适合解决高维稀疏数据上的问题。　　（　）

5. 相对 3 近邻模型而言，1 近邻模型的 Bias 更大，Variance 更小。　　（　）

三、填空题

1. 在 KNN 模型中，超参数 K 的选择对模型的表现有较大的影响。一般而言，对比 1 近邻模型和 3 近邻模型，1 近邻模型的 Bias 更________，Variance 更________。

2. KNN 算法是________学习算法。

3. KNN 算法对________不敏感。

4. KNN 算法可以用来解决________问题。

5. KNN 中若 $K=1$，样本 x 的预测结果只与由训练集中与其________距离最近的那个样本决定。

四、问答题

1. 简述 KNN 算法中 K 值对结果的影响。

2. 简述 KNN 算法的优点。

3. 简述 KNN 算法的缺点。

4. 简述 KNN 算法中如何选取 K 值。

5. 简述 KNN 算法的原理。

五、应用题

1. 根据表 3-1 所示数据集数据通过身高、体重、鞋子尺码，预测数据为[176,71,38]的样例的性别。

表 3-1　服饰数据集示例

身　高	体　重	鞋子尺码	性　别
170	65	41	男
166	55	38	女
177	80	39	女
179	80	43	男
170	60	40	女
170	60	38	女

2. 通过手写数字的数据集进行数字识别，数据集通过 https://github.com/angleboygo/data_ansys/blob/master/knn.rar 获取。

第4章

决　策　树

本章目标

- 理解决策树算法的思想；
- 了解并掌握特征选取中的不同度量及数学含义，包括信息增益和信息增益比；
- 了解并掌握决策树生成算法 CART；
- 理解决策树剪枝，包括预剪枝和后剪枝及之间的区别；
- 实现简单的决策树算法完成分类问题。

决策树是一种常用的机器学习算法，既可用于分类，也可用于回归。图 4-1 以图形式展示了一棵决策树，树中每个非叶节点对应一个特征，每个叶节点对应一个类别。不难看出，当试吃者年龄在 10 岁以下、食物颜色不错、气味很香时，试吃者大概率会评价味道不错。

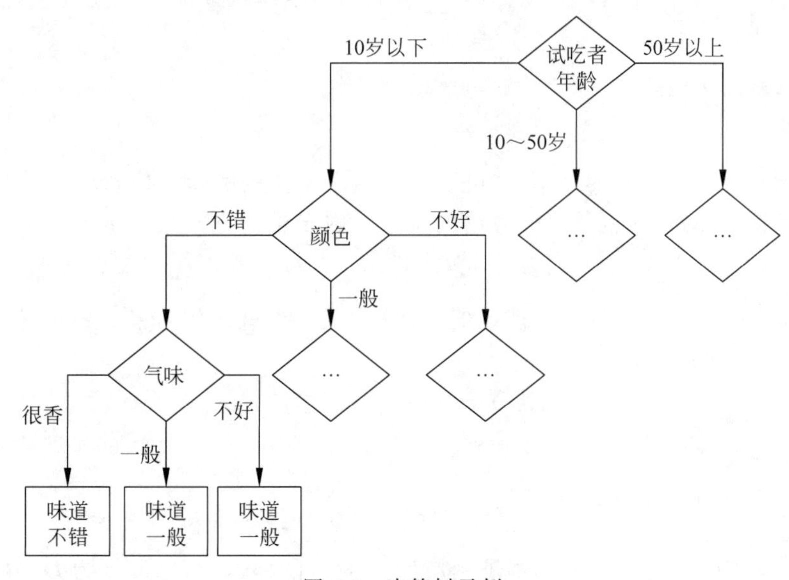

图 4-1　决策树示例

决策树的思想非常简单：给定一个样本集合，其中每个样本由若干属性表示，决策树通过贪心的策略不断挑选最优的属性。对于离散属性以不同的属性值作为节点；对于连续属性，以属性值的特定分割点作为节点。将每个样本划分到不同的子树，再在各棵子树上通过递归对子树上的样本进行划分，直到满足一定的终止条件为止。决策树拥有很强的数据拟合能力，往往会产生过拟合现象，因此需要对决策树进行剪枝，以减小决策树的复杂度，提高决策树的泛化能力。常用的决策树算法有 ID3、C4.5、CART 算法等。

4.1 特征选择

决策树构建的关键在于每次划分子树时，选择哪个属性特征进行划分。信息论中，熵(Entropy)用于描述随机变量分布的不确定性。对于离散型随机变量 X，假设其取值有 n 个，分别是 $x_1,x_2,\cdots,x_n$，用频率表示概率，随机变量的概率分布为

$$p_i=P(X=x_i)=\frac{N_i}{N} \tag{4-1}$$

则 X 的熵，即概率分布 $p=\{p_1,p_2,\cdots,p_n\}$ 的熵定义为

$$H(X)=H(p)=\sum_{i=1}^{n}p_i\log\frac{1}{p_i}=-\sum_{i=1}^{n}p_i\log p_i \tag{4-2}$$

给定离散型随机变量(X,Y)，假设 X 和 Y 的取值个数分别为 n 和 m，则其联合概率分布为

$$p_{ij}=P(X=x_i,Y=y_j)=\frac{N_{ij}}{N} \tag{4-3}$$

其中，N 表示总样本数，N_{ij} 表示 $X=x_i$ 且 $Y=y_j$ 的样本数目。边缘概率分布为

$$p_{i\cdot}=P(X=x_i)=\sum_{j=1}^{n}p_{ij}=\frac{N_i}{N} \tag{4-4}$$

其中，N 表示总样本数，N_i 表示 $X=x_i$ 的样本数目。定义给定 X 的条件下 Y 的条件熵为

$$H(Y\mid X)=\sum_{i=1}^{n}p_iH(Y\mid X=x_i) \tag{4-5}$$

4.1.1 信息增益

根据上面对熵及条件熵的介绍，就可以引入信息增益的概念。信息增益是最早用于决策树模型的特征选择指标，也是 ID3 算法的核心。对于给定样本集合 $D=\{(\boldsymbol{x}_1,y_1),(\boldsymbol{x}_2,y_2),\cdots,(\boldsymbol{x}_m,y_m)\}$，设 $y_i\in\{c_1,c_2,\cdots,c_K\}$。$A^i$ 为数据集中任一属性变量，其中，$S^i=\{a^{i1},a^{i2},\cdots,a^{iK_i}\}$表示该属性的可能取值。使用属性 A^i 进行数据集划分获得的信息增益(Information Gain)定义为

$$G(D,A^i)=H(D)-H(D\mid A^i) \tag{4-6}$$

其中

$$H(D\mid A^i)=\sum_{j=1}^{K_i}\frac{N_j}{m}H(D_j)=-\sum_{j=1}^{K_i}\frac{N_j}{m}\sum_{k=1}^{K}\frac{N_{jk}}{N_j}\log\frac{N_{jk}}{N_j} \tag{4-7}$$

D_j 表示属性 A^i 取值为 a^{ij} 时的样本子集，N_j 为对应的样本数目，N_{jk} 为 D_j 中标签为 c_k

的样本数目。

4.1.2 信息增益比

信息增益比(Information Gain Ratio)定义为信息增益与数据集在属性 A^i 上的分布的熵 $H_{A^i}(D)$之比,即

$$G_r(D,A^i)=\frac{G(D,A^i)}{H_{A^i}(D)} \tag{4-8}$$

其中

$$H_{A^i}(D)=-\sum_{j=1}^{n}\frac{|D_j|}{|D|}\log\frac{|D_j|}{|D|} \tag{4-9}$$

如果一个属性的可取值数目较多,则使用信息增益进行特征选择时会获得更大的收益。用信息增益比进行特征选择则会在一定程度上缓解此问题。C4.5算法便使用信息增益比进行特征选择。确定好特征选择方法后,决策树的生成算法(以ID3算法为例)如算法4-1所示。

算法 4-1 决策树生成函数 DecisionTree(D, A)

输入:样本集合 $D=\{(\boldsymbol{x}_1,y_1),(\boldsymbol{x}_2,y_2),\cdots,(\boldsymbol{x}_m,y_m)\}$;信息增益的阈值 ε;属性变量集合 $A=\{A^1,A^2,\cdots,A^n\}$;每个属性 A^i 的所有可能取值 $S^i=\{a^{i1},a^{i2},\cdots a^{iK_i}\}$;类别集合 $C=\{c_1,c_2,\cdots,c_K\}$

输出:构建好的决策树

```
Struct Node {                //首先定义树的节点
    samples,                 //节点包含的样本集合
    label,                   //当前节点的标记,若为-1则表示不属于任何类别
    next                     //从属性值到样本集合的样本的映射,如 next(a) = D
};
1. 生成一个新节点,放入 D 中的所有样本放到节点中,并将其标签置为-1
Node node = {
    .samples = D,
    .label = -1,
    .next = ∅
};
2. 首先判断是否需要继续建树,如果不需要则直接返回,否则继续递归建树
if D = ∅                     //情况(1),样本集合为空集
    return node
else if y_1 = y_2 = … = y_m  //情况(2),样本集合中所有的样本属于同一类别
    node.label = y_1;
    return node
else if A = ∅                //情况(3),没有可以用于继续划分的属性
    node.label = argmax_{k=1,2,…,K} Σ_{i=1}^{m} I{y_i = c_k}
    return node
endif
3. 计算按照每个属性进行划分的信息增益,以增益最大的属性生成子树
                         * = argmax_{i=1,2,…,n} G(D, A^i)
for each j in {1,2, …, K_i}
```

```
        D_j = {(x_i, y_i) | x_i^* = a^{*j},   i = 1,2, ⋯ ,m}
        node.next(a^{*j}) = DecisionTree(D_j, A - A^*)
    endfor
    return node
```

4.2 决策树生成算法 CART

除 ID3 和 C4.5 算法外，CART 是另外一种常用的决策树算法。CART 算法的核心是使用基尼指数作为特征选择指标，下面介绍基尼指数的定义。给定数据集 D，其中共有 K 个类别，用频率代替概率，数据集的概率分布为

$$p_i = \frac{|D_i|}{m}, \quad i = 1, 2, \cdots, K \tag{4-10}$$

对于数据分布 p 或者数据集 D，其基尼指数定义为

$$\text{Gini}(p) = \text{Gini}(D) = \sum_{i=1}^{K} \sum_{j=1}^{K} p_i p_j I\{j \neq i\} = \sum_{i=1}^{K} p_i (1 - p_i) = 1 - \sum_{i=1}^{K} p_i^2 \tag{4-11}$$

可以看到，当样本均匀分布时，Gini(D)值最大。Gini(D)值反映样本集合的纯度，当样本均匀分布时，每个类别都包括数目相等的样本，此时纯度最低，Gini(D)值最大；当所有的样本都只属于一个类别时，其他类别包含的样本数目都为 0，此时纯度最高，Gini(D)值为 0。所以，样本集合的基尼值越低，集合的纯度越高。样本集合 D 关于属性 A^i 的基尼指数定义为

$$\text{Gini}(D, A^i) = \sum_{j=1}^{K_i} \frac{N_{ij}}{m} \text{Gini}(D_j) \tag{4-12}$$

CART 用于分类决策树生成时，在特征选择阶段使用的就是基尼指数，对所有可用属性进行遍历，选择能够使样本集合划分后基尼指数最小的属性进行子树生成。

与 ID3 和 C4.5 算法不同，CART 决策树生成的是一棵二叉树。对任一离散属性 A^i 的任一可能取值 a_{ij}，将样本集合 D 按照 $x^i = a_{ij}$ 和 $x_i \neq a_{ij}$ 划分为 D_1^j 和 D_2^j 两个子集，然后按照式(4-13)计算基尼指数：

$$\text{Gini}(D, A^i = a_{ij}) = \frac{N_1^j}{m} \text{Gini}(D_1^j) + \frac{N_2^j}{m} \text{Gini}(D_2^j) \tag{4-13}$$

其中，N_1^j 和 N_2^j 分别表示 D_1^j 和 D_2^j 中的样本数目。

当属性 A^i 是连续变量时，按照一定的标准选择为连续变量选择合适的切分点 a，将样本集合划分为 $D_1^{\leqslant a}$ 和 $D_2^{>a}$ 两个子集，然后按照如下公式计算基尼指数：

$$\text{Gini}(D, A^i = a) = \frac{N_1^{\leqslant a}}{m} \text{Gini}(D_1^{\leqslant a}) + \frac{N_2^{>a}}{m} \text{Gini}(D_2^{>a}) \tag{4-14}$$

其中，$N_1^{\leqslant a}$ 和 $N_1^{>a}$ 分别表示属性 A^i 上小于或等于 a 和大于 a 的样本子集的数目。遍历完所有属性及属性值后，选择能够使 Gini(D, $A^i = a_{ij}$)或 Gini(D, $A^i = a$)最小的属性值将当前样本集合划分到两棵子树中。

4.3 决策树剪枝

由于决策树的强大建模能力,在训练集上生成的决策树容易产生过拟合的问题,应对方法：对决策树进行剪枝以降低模型的复杂度,提高泛化能力。剪枝分为预剪枝和后剪枝,预剪枝在构建决策树的过程进行,而后剪枝则在决策树构建完成之后进行。

4.3.1 预剪枝

对决策树进行预剪枝时一般通过验证集进行辅助。每次选择信息增益最大的属性进行划分时,应首先在验证集上对模型进行测试。如果划分之后能够提高验证集的准确率,则进行划分；否则,将当前节点作为叶节点,并以当前节点包含的样本中出现次数最多的样本作为当前节点的预测值。

由于决策树本身是一种贪心的策略,并不一定能够得到全局的最优解。使用预剪枝的策略容易造成决策树的欠拟合。

4.3.2 后剪枝

对于一棵树,其代价函数定义为经验损失和结构损失两部分：经验损失是对模型性能的度量,结构损失是对模型复杂度的度量。根据奥卡姆剃刀原则,决策树模型性能应尽可能高,复杂度应可能低。经验损失可以使用每个叶节点上的样本分布的熵之和来描述,结构损失可以用叶节点的个数来描述。设决策树 T 中叶节点的数目为 M,代价函数的形式化描述如下：

$$J(T)=\sum_{i=1}^{M}N_iH_i(T)+\lambda\mid T\mid \tag{4-15}$$

其中,N_i 为第 i 个叶节点中样本的数目,$H_i(T)$为对应节点上的熵。自底向上剪枝的过程中,对所有子节点均为叶节点的子树,如果将某个子树进行剪枝后能够使得代价函数最小,则将该子树剪去,然后重复这个剪枝过程直到代价函数不再变小为止。

显然,剪枝后叶节点的数目 M 会减少,决策树的复杂度会降低。而决策树的经验误差 $\sum_{i=1}^{M}\mid N_i\mid H_i(T)$ 则可能会提高,此时决策树的结构损失占主导地位。代价函数的值首先会降低,到达某一个平衡点后,代价函数越过这个点,模型的经验风险会占据主导地位,代价函数的值会升高,此时停止剪枝。后剪枝效果如图 4-2 所示。

对于图 4-2 中的决策树,编号为 3 和 9 的决策树连接的子节点均为叶节点。将 3 号节点的子节点剪掉后,损失函数变化为 $\Delta J_3(T)=49\times0.144-\lambda$；而将 9 号节点的子节点剪掉后,损失函数变化为 $\Delta J_9(T)=4\times0.811-\lambda$。显然 $\Delta J_3(T)>\Delta J_9(T)$,如果通过设置 λ,满足剪枝条件,那么应该将 3 号节点的叶节点剪去[①]。

① 由于该例中的变量均为连续变量,故构造的决策树是一棵二叉树,λ 的取值不影响每个节点剪枝后的损失函数的比较。更一般地,对于非 CART 决策树,决策树一般是一棵多叉树。

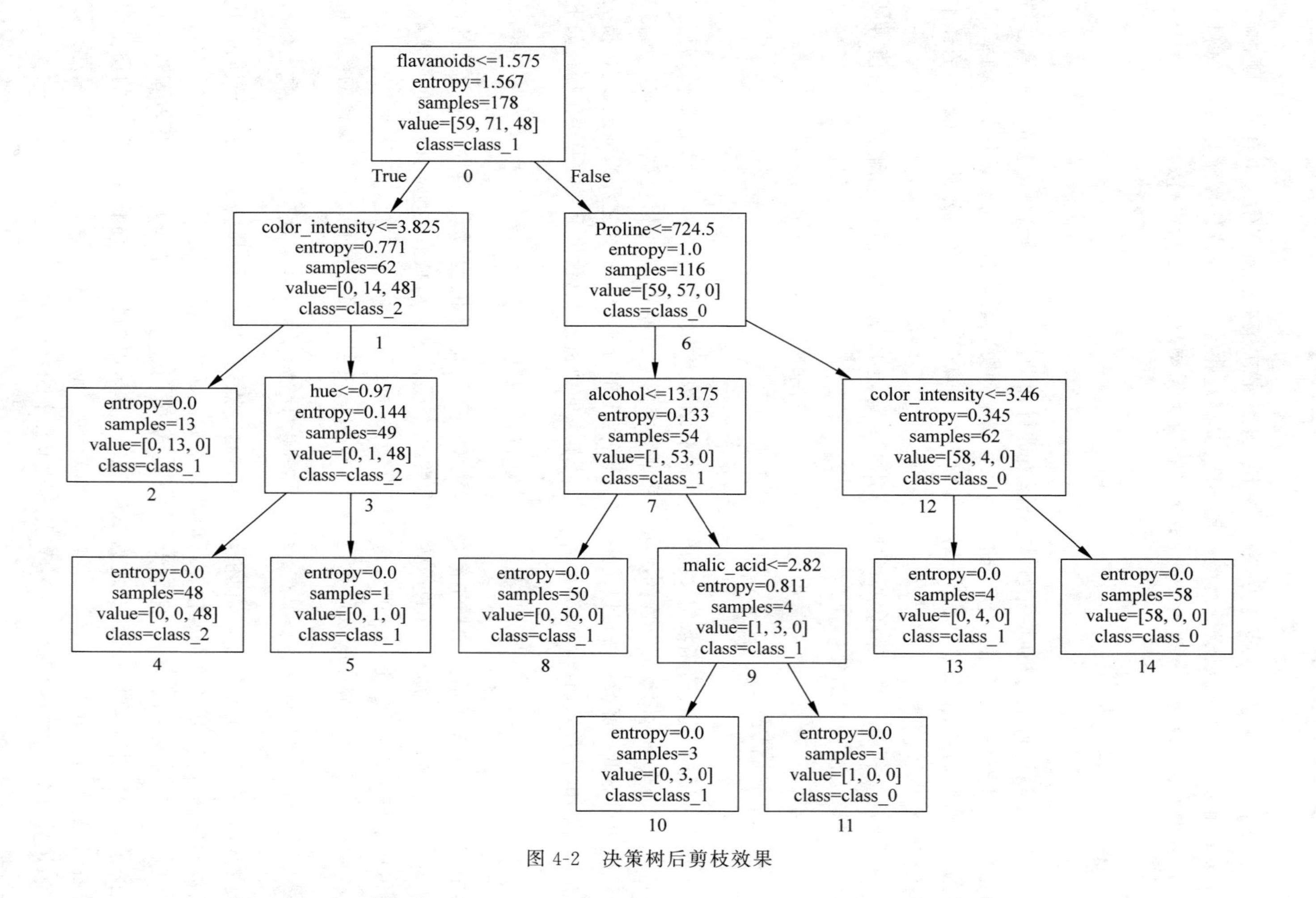

图 4-2 决策树后剪枝效果

4.4　实例：基于决策树实现葡萄酒分类

本节以葡萄酒数据集的分类为例介绍决策树模型。sklearn 中已经定义了决策树模型 DecisionTreeClassifier，其构造函数的 criterion 参数决定了模型的特征选择标准。决策树模型的构造与训练如代码清单 4-1 所示，特征选择标准为交叉熵。

代码清单 4-1　决策树模型的构造与训练

```
from sklearn.datasets import load_wine
from sklearn.model_selection import train_test_split
from sklearn.tree import DecisionTreeClassifier
if __name__ == '__main__':
    wine = load_wine()
    x_train, x_test, y_train, y_test = train_test_split(
        wine.data, wine.target)
    clf = DecisionTreeClassifier(criterion = "entropy")
    clf.fit(x_train, y_train)
```

对模型的训练效果进行评估，如代码清单 4-2 所示。

代码清单 4-2　模型评估

```
train_score = clf.score(x_train, y_train)
test_score = clf.score(x_test, y_test)
print("train score:", train_score)
print("test score:", test_score)
```

从程序输出可以看出，模型在训练集上的准确率为 1，测试集上的准确率约为 0.98。由于 train_test_split 函数在划分数据集时存在一定的随机性，所以重复运行上述代码可能会得到不同的准确率。

决策树模型的可视化如图 4-3 所示。图中的每个非叶节点包含五个数据，分别是决策条件、熵(Entropy)、样本数(Samples)、每个类别中样本的个数(Value)、类别名称(Class)。每个叶节点无须再进行决策，故只有四个数据。

习题 4

题库

一、选择题

1. 以下(　　)不是决策树中属性选择的方法。

   A. 信息值　　B. 信息增益　　C. 信息增益率　　D. Gini 系数

2. 以下(　　)通常不能帮助解决决策树过拟合。

   A. 限制最大树深度　　B. 后剪枝　　C. 样本抽样　　D. 增加新特征

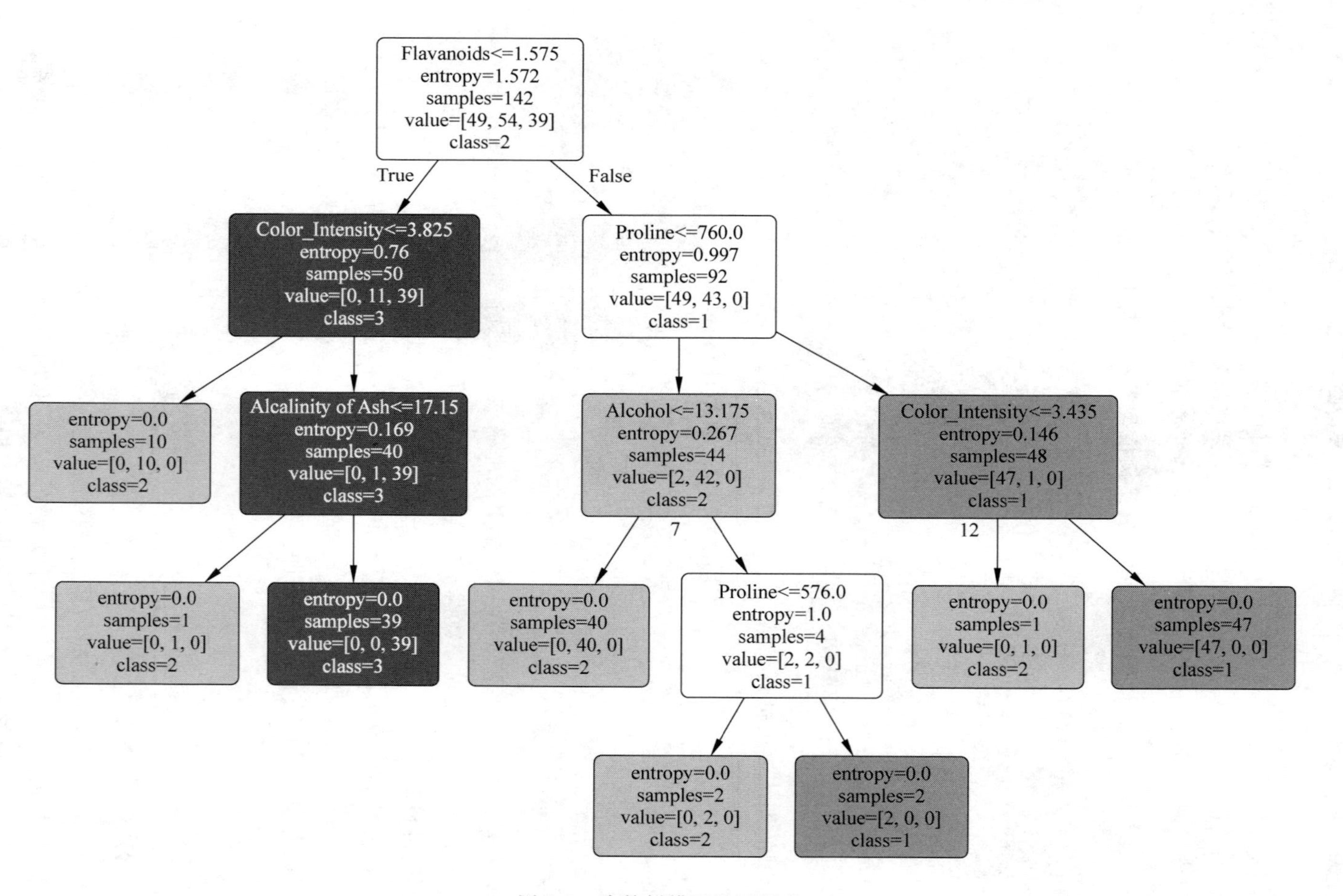

图 4-3 决策树模型的可视化

3. 对于下面的超参数来说，更高的值对于决策树算法更好吗？（　　）
   ① 用于拆分的样本量　② 树深　③ 树叶样本
   A. ①和②　　B. ②和③　　C. ①和③　　D. 无法分辨
4. 我们想在大数据集上训练决策树，为了使用较少时间，可以（　　）。
   A. 增加树的深度　　B. 减少树的深度　　C. 增加学习率　　D. 减少树的数量
5. 如图 4-4 所示，训练决策树模型，属性节点的分裂，具有最大信息增益的图是（　　）。

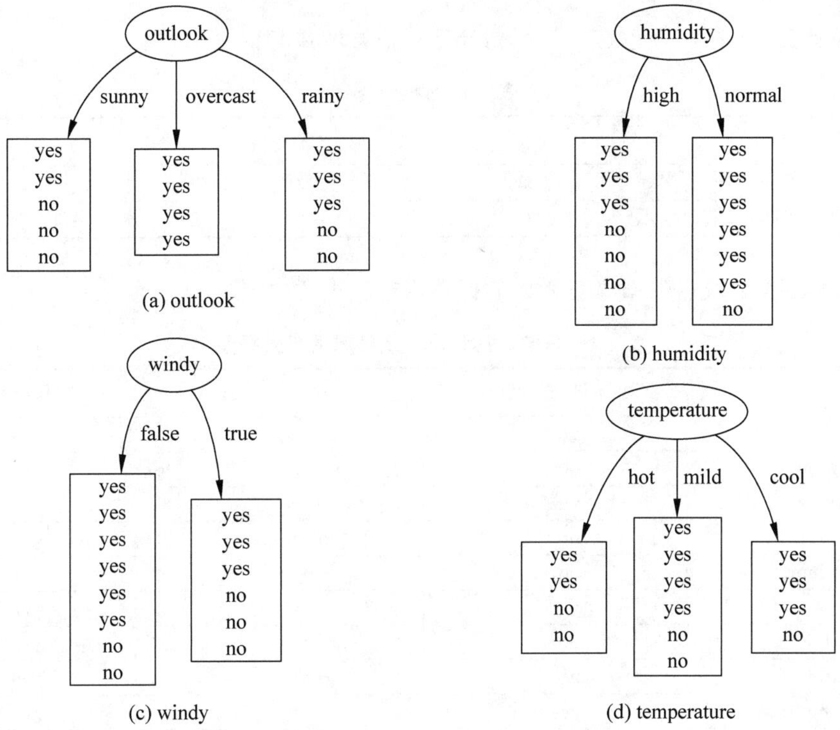

outlook
sunny　overcast　rainy
yes yes no no no
yes yes yes yes
yes yes yes no no
(a) outlook

humidity
high　normal
yes yes yes no no no no
yes yes yes yes yes yes no
(b) humidity

windy
false　true
yes yes yes yes yes yes no no
yes yes yes no no no
(c) windy

temperature
hot　mild　cool
yes yes no no
yes yes yes yes no no
yes yes yes no
(d) temperature

图 4-4　决策树模型

   A. 图 4-4(a)　　B. 图 4-4(b)　　C. 图 4-4(c)　　D. 图 4-4(d)

二、判断题

1. CART 决策树是根据基尼指数来划分属性。（　　）
2. 基尼指数反映了从样本集 D 中随机抽取两个样本，其类别标记不一致的概率，因此越小越好。（　　）
3. 如一节点划分属性为连续属性，则该属性不可以作为其后代节点的划分属性。（　　）
4. 决策树算法只能做二值分类，不能做多值分类。（　　）
5. 纯度高的节点需要更多的信息去区分。（　　）

三、填空题

1. 决策树学习算法中对付过拟合的主要手段是________。
2. 决策树算法________能够解决回归问题。
3. 决策树中父节点的熵________子节点的熵。
4. 基尼指数越大样本的不确定性越________。
5. 逻辑回归分析需要对离散值进行预处理，决策树________对离散值进行预处理。

四、问答题

1. 请描述决策树的原理、过程、终止条件。
2. 请描述决策树出现过拟合的原因。
3. 谈谈预剪枝和后剪枝的优缺点比较。
4. 简述基尼系数存在的问题。

五、应用题

1. 按照表4-1所示颜色这一特征划分计算信息增益和信息增益。

表4-1 颜色与标签

	1	2	3	4	5	6	7	8
颜色	深绿	深绿	深绿	深绿	深绿	浅绿	浅绿	浅绿
标签	生瓜	生瓜	生瓜	生瓜	生瓜	熟瓜	熟瓜	熟瓜

2. 根据表4-2所示数据集对赖床的标签构造决策树模型。

表4-2 季节、时间、风力及赖床情况数据示例

季　　节	时间已过8:00	风力情况	要不要赖床
spring	no	breeze	yes
winter	no	no wind	yes
autumn	yes	breeze	yes
winter	no	no wind	yes
summer	no	breeze	yes
winter	yes	breeze	yes
winter	no	gale	yes
winter	no	no wind	yes
spring	yes	no wind	no
summer	yes	gale	no
summer	no	gale	no
autumn	yes	breeze	no

3. 通过表4-3所示数据集利用决策树建立抽油管断脱工况诊断模型。

表4-3 抽油管断脱情况数据集

油　　井	T1	T2	检泵原因
油井1	34.272 588 06	47.098 256 38	1
油井2	44.915 773 35	42.388 973 97	1
油井3	39.601 837 67	40.474 732 01	1
油井4	17.286 995 52	0	1
油井5	74.501 452 62	37.396 630 93	1
油井6	178.089 172	131.050 955 4	0
油井7	177.484 076 4	129.968 152 9	0
油井8	182.006 369 4	133.917 197 5	0
油井9	178.853 503 2	133.471 337 6	0
油井10	180.636 942 7	135.286 624 2	0

第5章

朴素贝叶斯分类器

本章目标

- 理解极大似然估计；
- 理解并掌握朴素贝叶斯分类；
- 了解拉普拉斯平滑；
- 了解朴素贝叶斯分类器和极大似然估计之间的联系；
- 实现简单的朴素贝叶斯分类器完成垃圾信息分类问题。

朴素贝叶斯分类器是一种有监督的统计学过滤器，在垃圾邮件过滤、信息检索等领域十分常用。通过本章的介绍，读者将会了解朴素贝叶斯分类器因何得名、其与贝叶斯公式的联系，以及其与极大似然估计的关系。

5.1 极大似然估计

对于工厂生产的某一批灯泡，质检部门希望检测其合格率。设 m 表示产品总数，随机变量 $X_i \in \{0,1\}$ 表示编号为 i 的产品是否合格。由于这些产品都是同一批生产的，不妨假设：

$$X_1, X_2, \cdots, X_m \overset{i.i.d.}{\sim} \text{Bern}(p) \tag{5-1}$$

其中，p 表示产品合格的概率，也就是质检部门希望得到的数据。根据经典概率模型有

$$p \approx \frac{1}{m}\sum_{i=1}^{m} X_i \tag{5-2}$$

但是式(5-2)为什么成立？这就需要使用极大似然估计来证明了。

极大似然估计的思想是：找到这样一个参数 p，它使所有随机变量的联合概率最大。例中，联合概率表示为

$$P(X_1 = x_1, X_2 = x_2, \cdots, X_m = x_m) = \prod_{i=1}^{m} P(X_i = x_i) = \prod_{i=1}^{m} p^{x_i}(1-p)^{1-x_i} \tag{5-3}$$

最大化联合概率等价于求

$$
\begin{aligned}
p^* &= \underset{p}{\operatorname{argmax}} \log \prod_{i=1}^{m} p^{x_i}(1-p)^{1-x_i} \\
&= \underset{p}{\operatorname{argmax}} \sum_{i=1}^{m} (x_i \log p + (1-x_i)\log(1-p)) \\
&= \underset{p}{\operatorname{argmax}}\, m\log(1-p) + \log \frac{p}{1-p} \sum_{i=1}^{m} x_i
\end{aligned} \tag{5-4}
$$

根据微积分知识容易证明式(5-2)：

$$
p^* = \frac{1}{m} \sum_{i=1}^{m} X_i \tag{5-5}
$$

形式化地说，已知整体的概率分布模型 $f(x;\theta)$，但是模型的参数 θ 未知时，可以使用极大似然估计来估计 θ 的值。这里的概率分布模型既可以是连续的(概率密度函数)也可以是离散的(概率质量函数)。假设在一次随机实验中，我们独立同分布地抽到了 m 个样本 x_1，$x_2,\cdots,x_m$ 组成的样本集合。似然函数，也就是联合概率分布：

$$
L(\theta) = f_m(x_1, x_2, \cdots, x_m; \theta) = \prod_{i=1}^{m} f(x_i; \theta) \tag{5-6}
$$

表示当前样本集合出现的可能性。令似然函数 $L(\theta)$ 对参数 θ 的导数为 0，可以得到 θ 的最优解。但是运算中涉及乘法运算及乘法的求导等，往往计算上存在不便性。而对似然函数取对数并不影响似然函数的单调性，即

$$
L(\theta_1) > L(\theta_2) \Rightarrow \log L(\theta_1) > \log L(\theta_2) \tag{5-7}
$$

所以最大化对数似然函数：

$$
l(\theta) = \log L(\theta) = \log \prod_{i=1}^{m} p(x_i; \theta) = \sum_{i=1}^{m} \log(p(x_i; \theta)) \tag{5-8}
$$

可以在保证最优解与似然函数相同的条件下，大大减少计算量。

极大似然估计通过求解参数 θ 使得 $f_N(x_1, x_2, \cdots, x_N; \theta)$ 最大，这是一种很朴素的思想：既然从总体中随机抽样得到了当前样本集合，那么当前样本集合出现的可能性极大。

5.2 朴素贝叶斯分类

在概率论中，贝叶斯公式的描述如下：

$$
P(Y_i \mid X) = \frac{P(X, Y_i)}{P(X)} = \frac{P(Y_i)P(X \mid Y_i)}{\sum_{j=1}^{K} P(Y_j)P(X \mid Y_j)} \tag{5-9}
$$

其中 $Y_1, Y_2, \cdots, Y_K$ 为一个完备事件组，$P(Y_i)$ 称为先验概率，$P(Y_i|X)$ 称为后验概率。设 $X=(X^1, X^2, \cdots, X^n)$ 表示 n 维(离散)样本特征，$Y \in \{c_1, c_2, \cdots, c_K\}$ 表示样本类别。由于一个样本只能属于这 K 个类别中的一个，所以 $Y_1, Y_2, \cdots, Y_K$ 一定是完备的。

给定样本集合 $D=\{(\boldsymbol{x}_1, y_1), (\boldsymbol{x}_2, y_2), \cdots, (\boldsymbol{x}_m, y_m)\}$，我们希望估计 $P(Y|X)$。根据贝叶斯公式，对于任意样本 $x=(x^1, x^2, \cdots, x^n)$，其标签为 c_k 的概率为

$$P(Y=c_k \mid X=x)=\frac{P(Y=c_k)P(X=x \mid Y=c_k)}{P(X=x)} \tag{5-10}$$

假设随机变量 $X^1,X^2,\cdots,X^n$ 相互独立，则有

$$\begin{aligned}P(X=x \mid Y=c_k)&=P(X^1=x^1,X^2=x^2,\cdots,X^n=x^n \mid Y=c_k)\\&=\prod_{i=1}^{n}P(X^i=x^i \mid Y=c_k)\end{aligned} \tag{5-11}$$

代入式(5-10)得

$$P(Y=c_k \mid X=x)=\frac{P(Y=c_k)\prod_{i=1}^{n}P(X^i=x^i \mid Y=c_k)}{P(X=x)} \tag{5-12}$$

在实际进行分类任务时，不需要计算出 $P(Y|X)$ 的精确值，只需要求出 k^* 即可。

$$k^*=\underset{k}{\operatorname{argmax}}P(Y=c_k \mid X=x) \tag{5-13}$$

不难看出，式(5-12)右侧的分母部分与 k 无关。因此

$$k^*=\underset{k}{\operatorname{argmax}}P(Y=c_k)\prod_{i=1}^{n}P(X^i=x^i \mid Y=c_k) \tag{5-14}$$

式中所有项都可以用频率代替概率在样本集合上进行估计：

$$\begin{cases}P(Y=c_k)\approx\dfrac{N_k}{m}\\[2ex]P(X^i=x^i \mid Y=c_k)\approx\dfrac{\sum_{j=1}^{m}I\{x_j^i=x^i,y_j=c_k\}}{N_k}\end{cases} \tag{5-15}$$

其中，N_k 表示 D 中标签为 c_k 的样本数量。

5.3 拉普拉斯平滑

当样本集合不够大时，可能无法覆盖特征的所有可能取值。也就是说，可能存在某个 c_k 和 x^i 使

$$P(X^i=x^i \mid Y=c_k)=0 \tag{5-16}$$

此时，无论其他特征分量的取值为何，都一定有

$$P(Y=c_k)\prod_{i=1}^{n}P(X^i=x^i \mid Y=c_k)=0 \tag{5-17}$$

为了避免这样的问题，实际应用中常采用平滑处理。典型的平滑处理就是拉普拉斯平滑：

$$\begin{cases}P(Y=c_k)\approx\dfrac{N_k+1}{m+K}\\[2ex]P(X^i=x^i \mid Y=c_k)\approx\dfrac{\sum_{j=1}^{m}I\{x_j^i=x^i,y_j=c_k\}+1}{N_k+A_i}\end{cases} \tag{5-18}$$

其中，A_i 表示 X^i 的所有可能取值的个数。

基于上述讨论，完整的朴素贝叶斯分类器的算法描述见算法 5-1。

算法 5-1　朴素贝叶斯分类器

输入：样本集合 $D=\{(x_1,y_1),(x_2,y_2),\cdots,(x_m,y_m)\}$；待预测样本 x；样本标记的所有可能取值 $\{c_1,c_2,\cdots,c_K\}$；样本输入变量 X 的每个属性变量 X^i 的所有可能取值 $\{a_{i1},a_{i2},\cdots,a_{iA_i}\}$

输出：待预测样本 x 所属的类别

1. 计算标记为 c_k 的样本出现的概率

$$P(Y=c_k)=\frac{N_k+1}{m+K},\quad k=1,2,\cdots,K$$

2. 计算标记为 c_k 的样本，其 X^i 分量的属性值为 a_{ip} 的概率

$$P(X^i=a_{ip}\mid Y=c_k)=\frac{\sum_{j=1}^{N_k}I(x_j^i=a_{ip},y_j=c_k)+1}{N_k+A_i}$$

3. 根据上面的估计值计算 x 属于所有 y_k 的概率值，并选择概率最大的作为输出

$$\begin{aligned}y&=\underset{k=1,2,\cdots,K}{\operatorname{argmax}}(P(Y=c_k\mid X=x))\\&=\underset{k=1,2,\cdots,K}{\operatorname{argmax}}\left(P(Y=c_k)\prod_{i=1}^{n}P(X^i=x^i\mid Y=c_k)\right)\end{aligned}$$

Return y

5.4　朴素贝叶斯分类器的极大似然估计解释

朴素贝叶斯思想的本质是极大似然估计，$P(Y=c_k)$和 $P(X^i=x^i|Y=c_k)$是我们要估计的概率值。以 $P(Y=c_k)$为例，令 $\theta_k=P(Y=c_k)$，则似然函数为

$$L(\theta)=\prod_{i=1}^{m}P(Y=y_i)=\prod_{k=1}^{K}\theta_k^{N_k}\tag{5-19}$$

根据极大似然估计，求 θ 等价于求解下面的优化问题：

$$\begin{aligned}&\max_{\theta}\quad l(\theta)=\sum_{k=1}^{K}N_k\ln\theta_k\\&\text{s.t.}\quad \sum_{k=1}^{K}\theta_k=1\end{aligned}\tag{5-20}$$

使用拉格朗日乘子法求解。首先构造拉格朗日乘数为

$$\operatorname{Lag}(\theta)=\sum_{k=1}^{K}N_k\ln\theta_k+\lambda\left(\sum_{k=1}^{K}\theta_k-1\right)\tag{5-21}$$

令拉格朗日函数对 θ_k 的偏导为 0，有

$$\frac{\partial\operatorname{Lag}(\theta)}{\partial\theta_k}=\frac{N_k}{\theta_k}+\lambda=0\Rightarrow N_k=-\lambda\theta_k\tag{5-22}$$

于是

$$\sum_{k=1}^{K}N_k=-\lambda\left(\sum_{k=1}^{K}\theta_k\right)=-\lambda\tag{5-23}$$

解得

$$\begin{cases}\lambda=-m\\ \theta_k=\dfrac{N_k}{\lambda}=\dfrac{N_k}{m}\end{cases}\tag{5-24}$$

这样便得到了 $P(Y=c_k)$的极大似然估计。对 $P(X^i=x^i|Y=c_k)$的极大似然估计求解过程类似,留给读者自行推导。

5.5 实例:基于朴素贝叶斯实现垃圾短信分类

本节以一个例子来阐述朴素贝叶斯分类器在垃圾短信分类中的应用。SMS Spam Collection Data Set 是一个垃圾短信分类数据集,包含了 5574 条短信,其中有 747 条垃圾短信。数据集以纯文本的形式存储,其中每行对应一条短信。每行的第一个单词是 spam 或 ham,表示该行的短信是否为垃圾短信。随后记录了短信的内容,内容和标签之间以制表符分隔。

该数据集没有收录进 sklearn.datasets,所以需要自行加载,如代码清单 5-1 所示。

代码清单 5-1　加载 SMS 垃圾短信数据集

```
with open('./SMSSpamCollection.txt', 'r', encoding='utf8') as f:
    sms = [line.split('\t') for line in f]
y, x = zip(*sms)
```

加载完成后,x 和 y 分别是长为 5574 的字符串列表。其中 y 的每个元素只可能是 spam 或 ham,分别表示垃圾短信和正常短信。x 的每个元素表示对应短信的内容。在训练贝叶斯分类器前,需要先将 x 和 y 转换成适于训练的数值表示形式,这个过程称为特征提取,如代码清单 5-2 所示。

代码清单 5-2　SMS 垃圾短信数据集特征提取

```
from sklearn.feature_extraction.text import CountVectorizer as CV
from sklearn.model_selection import train_test_split
y = [label == 'spam' for label in y]
x_train, x_test, y_train, y_test = train_test_split(x, y)
counter = CV(token_pattern = '[a-zA-Z]{2,}')
x_train = counter.fit_transform(x_train)
x_test = counter.transform(x_test)
```

特征提取的结果存储在(x_train, y_train)以及(x_test, y_test)中。其中 x_train 和 x_test 分别是 4180×6595 和 1394×6595 的稀疏矩阵。不难看出,两个矩阵的行数之和等于 5574,也就是完整数据集的大小。因此两个矩阵的每行应该代表一个样例,那么每列代表什么呢?查看 counter 的 vocabulary_属性就会发现,其大小恰好是 6595,也就是所有短信中出现过的不同单词的个数。例如短信"Go until jurong point, go"中一共有 5 个单词,但是由于 go 出现了两次,所以不同单词的个数只有 4 个。x_train 和 x_test 中的第(i,j)个元素就表示第 j 个单词在第 i 条短信中出现的次数。

最后就是朴素贝叶斯分类器的构造与训练,如代码清单 5-3 所示。我们首先基于训练集训练朴素贝叶斯分类器,然后分别在训练集和测试集上进行测试。测试结果显示,模型在训练集上的分类准确率达到0.993,在测试集上的分类准确率为0.986。可见朴素贝叶斯分类器达到了良好的分类效果。

代码清单5-3　朴素贝叶斯分类器的构造与训练

```
from sklearn.naive_bayes import MultinomialNB as NB
model = NB()
model.fit(x_train, y_train)
train_score = model.score(x_train, y_train)
test_score = model.score(x_test, y_test)
print("train score:", train_score)
print("test score:", test_score)
```

朴素贝叶斯分类器假设样本特征之间相互独立。这一假设非常强,以至于几乎不可能满足。但是在实际应用中,朴素贝叶斯分类器往往表现良好,特别是在垃圾邮件过滤、信息检索等场景下往往表现优异。

题库

习题5

一、选择题

1. 朴素贝叶斯分类器的训练过程是基于训练集D来估计(　　)。

A. 先验概率　　B. 后验概率　　C. 概率分布函数　　D. 概率密度函数

2. 下列哪种情况不能用朴素贝叶斯分类器?(　　)

A. 训练数据集较大

B. 实例具有几个属性

C. 给定分类参数,描述实例的属性应该是条件独立的

D. 要求有较高的分类精度

3. 贝叶斯分类器的训练中,最大似然法估计参数的过程包括(　　)。

A. 求导数,令偏导数为0,得到似然方程组

B. 对似然函数取对数,并整理

C. 解似然方程组,得到所有参数即为所求

D. 以上所有

4. 朴素贝叶斯是一种特殊的Bayes分类器,特征变量是X,类别标签是Y,它的一个假定是(　　)。

A. 各类别的先验概率$P(Y)$是相等的

B. 特征变量X的各个维度是类别条件独立随机变量

C. 以0为均值,sqrt(2)/2为标准差的正态分布

D. $P(X|Y)$是高斯分布

5. 表5-1中列出了14个日期中天气、温度、湿度和风力四个因素和小明是否攀岩的关系。基于这14个观测数据,采用朴素贝叶斯分类方法计算出实例＜天气＝晴天,温度＝凉爽,湿度＝高,风力＝强＞时“休息”的概率为(　　)。

表 5-1　观测数据

日　期	天　气	温　度	湿　度	风　力	攀　岩
D1	晴天	热	高	弱	休息
D2	晴天	热	高	强	休息
D3	阴天	热	高	弱	攀岩
D4	下雨	温和	高	弱	攀岩
D5	下雨	凉爽	正常	弱	攀岩
D6	下雨	凉爽	正常	强	休息
D7	阴天	凉爽	正常	强	攀岩
D8	晴天	温和	高	弱	休息
D9	晴天	凉爽	正常	弱	攀岩
D10	下雨	温和	正常	弱	攀岩
D11	晴天	温和	正常	强	攀岩
D12	阴天	温和	高	强	攀岩
D13	阴天	热	正常	弱	攀岩
D14	下雨	温和	高	强	休息

A. 0.0795　　B. 0.0205　　C. 0.64　　D. 0.33

二、判断题

1. 贝叶斯的思想是“由因推果”。（　　）
2. 可以用极大似然估计法解贝叶斯分类器。（　　）
3. 贝叶斯分类器可以解决无监督学习的问题。（　　）
4. 朴素贝叶斯分类器不存在数据平滑问题。（　　）
5. 贝叶斯分类器是一种基于贝叶斯公式的分类器。（　　）

三、填空题

1. 朴素贝叶斯分类算法假设属性之间相互________。
2. 贝叶斯分类器可以解决________学习的问题。
3. 贝叶斯分类器是基于________概率，推导出________概率。
4. 假定某同学使用贝叶斯分类模型时，由于失误操作，致使训练数据中两个维度重复表示，那么模型效果精度会________。
5. 贝叶斯定理中，如果描述随机事件 A 和 B 的条件概率的定理，表达式是________。

四、问答题

1. 简述朴素贝叶斯的优缺点。
2. 简述朴素贝叶斯与 LR 的区别。
3. 简述朴素贝叶斯基本原理和预测过程。
4. 朴素贝叶斯中有没有超参数可以调？

五、应用题

1. 已知样本的属性和标签如表 5-2 所示，当某样本属性为($a2$, $b2$, $c2$)时，采用朴素贝叶斯方法，求非归一化的 $P(L3|a2,b2,c2)P(L3|a2,b2,c2)$值。

表 5-2 样本的属性和标签

属性 1	属性 2	属性 3	标 签
$a2$	$b1$	$c3$	$L2$
$a1$	$b1$	$c2$	$L3$
$a1$	$b1$	$c1$	$L1$
$a3$	$b3$	$c1$	$L3$
$a1$	$b3$	$c2$	$L3$
$a3$	$b1$	$c3$	$L1$
$a2$	$b2$	$c1$	$L3$
$a1$	$b2$	$c1$	$L3$
$a2$	$b3$	$c3$	$L3$
$a2$	$b2$	$c3$	$L1$

2. 通过 sklearn. datasets 生成两种类别数据,使用朴素贝叶斯进行分类并展示结果。

3. 通过数据集(https://www. kaggle. com/c/sf-crime/data)对旧金山犯罪进行分类预测。

第6章

支持向量机

本章目标

- 理解支持向量机的核心思想；
- 理解最大间隔及超平面的数学定义；
- 理解线性可分支持向量机的数学实现；
- 理解线性支持向量机的数学实现；
- 了解合页损失函数；
- 理解并掌握核技巧解决线性不可分问题；
- 了解并掌握 SVM 算法解决二分类问题和多分类问题；
- 实现简单的 SVM 模型完成分类问题。

支持向量机是一种功能强大的机器学习算法。典型的支持向量机是一种二分类算法，其基本思想是：对于空间中的样本点集合，可用一个超平面将样本点分成两部分，一部分属于正类，另一部分属于负类。支持向量机的优化目标就是找到这样一个超平面，使得空间中距离超平面最近的点到超平面的几何间隔尽可能大，这些点称为支持向量。

6.1 最大间隔及超平面

给定样本集合 $D=\{(\boldsymbol{x}_1,y_1),(\boldsymbol{x}_2,y_2),\cdots,(\boldsymbol{x}_m,y_m)\}$，设 $y_i\in\{-1,+1\}$。设输入空间中的一个超平面表示为

$$\boldsymbol{\omega}^{\mathrm{T}}\boldsymbol{x}+b=0 \tag{6-1}$$

其中，$\boldsymbol{\omega}$ 称为法向量，决定超平面的方向；b 为偏置，决定超平面的位置。根据点到直线距离公式的扩展，空间中一点 $\boldsymbol{x}_i$ 到超平面$\boldsymbol{\omega}^{\mathrm{T}}\boldsymbol{x}+b=0$ 的欧氏距离为

$$r_i=\frac{|\boldsymbol{\omega}^{\mathrm{T}}\boldsymbol{x}_i+b|}{\|\boldsymbol{\omega}\|} \tag{6-2}$$

如果超平面能将所有样本点正确分类,则点到直线的距离可以写成分段函数的形式为

$$r_i=\begin{cases}\dfrac{\boldsymbol{\omega}^{\mathrm{T}}\boldsymbol{x}_i+b}{\|\boldsymbol{\omega}\|}, & y_i=+1\\ -\dfrac{\boldsymbol{\omega}^{\mathrm{T}}\boldsymbol{x}_i+b}{\|\boldsymbol{\omega}\|}, & y_i=-1\end{cases} \tag{6-3}$$

式(6-3)也可用一个方程来表示

$$r_i=\frac{\boldsymbol{\omega}^{\mathrm{T}}\boldsymbol{x}_i+b}{\|\boldsymbol{\omega}\|}y_i \tag{6-4}$$

6.2 线性可分支持向量机

线性可分支持向量机的目标是通过求解$\boldsymbol{\omega}$ 和 b 找到一个超平面$\boldsymbol{\omega}^{\mathrm{T}}\boldsymbol{x}+b=0$。在保证超平面能够正确将样本进行分类的同时,使得距离超平面最近的点到超平面的距离尽可能大。这是一个典型的带有约束条件的优化问题,约束条件是超平面能将样本集合中的点正确分类。将距离超平面最近的点与超平面之间的距离记为

$$r=\min_{i=1,2,\cdots,m} r_i \tag{6-5}$$

最优化问题可写作

$$\begin{aligned}&\max_{\boldsymbol{\omega},b} \quad r\\ &\text{s.t.}\quad r_i=\frac{\boldsymbol{\omega}^{\mathrm{T}}\boldsymbol{x}_i+b}{\|\boldsymbol{\omega}\|}y_i\geqslant r,\quad i=1,2,\cdots,m\end{aligned} \tag{6-6}$$

对于超平面$\boldsymbol{\omega}^{\mathrm{T}}\boldsymbol{x}+b=0$,可以为等式两边同时乘以相同的不为0的实数,超平面不发生变化。所以对任一支持向量 $\boldsymbol{x}^*$ 可以通过对超平面公式进行缩放使得$(\boldsymbol{\omega}^{\mathrm{T}}\boldsymbol{x}^*+b)y^*=1$,$\boldsymbol{x}^*$ 到超平面的距离可表示为$\dfrac{1}{\|\boldsymbol{\omega}\|}$,则优化问题可写作

$$\begin{aligned}&\max_{\boldsymbol{\omega},b} \quad \frac{1}{\|\boldsymbol{\omega}\|}\\ &\text{s.t.}\quad r_i=\frac{\boldsymbol{\omega}^{\mathrm{T}}\boldsymbol{x}_i+b}{\|\boldsymbol{\omega}\|}y_i\geqslant \frac{1}{\|\boldsymbol{\omega}\|},\quad i=1,2,\cdots,m\end{aligned} \tag{6-7}$$

最大化$\dfrac{1}{\|\boldsymbol{\omega}\|}$也即最小化$\dfrac{1}{2}\|\boldsymbol{\omega}\|^2$,使用$\dfrac{1}{2}\|\boldsymbol{\omega}\|^2$ 作为优化目标是为了计算方便。

$$\begin{aligned}&\min_{\boldsymbol{\omega},b} \quad \frac{1}{2}\|\boldsymbol{\omega}\|^2\\ &\text{s.t.}\quad r_i=(\boldsymbol{\omega}^{\mathrm{T}}\boldsymbol{x}_i+b)y_i-1\geqslant 0,\quad i=1,2,\cdots,m\end{aligned} \tag{6-8}$$

可以证明,支持向量机的超平面存在唯一性,本书略。支持向量机中的支持向量至少为两个,由超平面分割成的正负两个区域至少各存在一个支持向量,且超平面的位置仅由这些支持向量决定,与支持向量外的其他样本点无关。在这两个区域,过支持向量,可以分别做一个与支持向量机分割超平面平行的平面 H_1 和 H_2,两个超平面之间的距离为$\dfrac{2}{\|\boldsymbol{\omega}\|}$,如图6-1所示。

在感知机模型中，优化的目标是：在满足模型能够正确分类的约束条件下，使得样本集合中的所有点到分割超平面的距离最小，这样的超平面可能存在无数个。一个简单的例子，假如二维空间中样本集合中正负样本个数点均为一个，那么垂直于两者所连直线，且位于两者之间的所有直线都将是符合条件的解。由于优化目标不同，造成解的个数不同，这是支持向量机与感知机模型很大的区别。

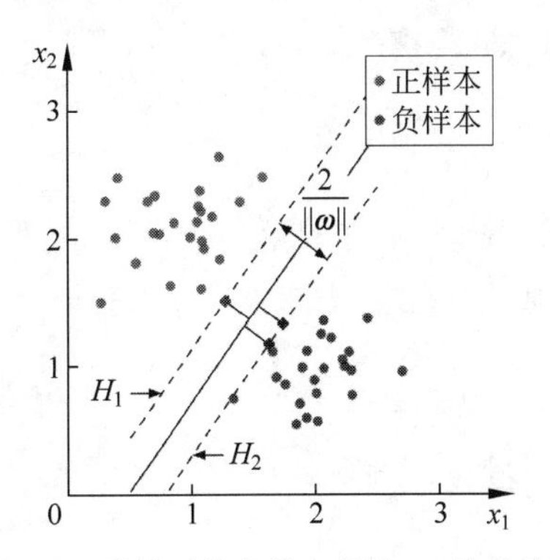

图 6-1　线性可分支持向量机一(见彩插)

式(6-8)中的最优化问题，可使用拉格朗日乘子法进行求解。拉格朗日函数为

$$\mathrm{Lag}(\boldsymbol{\omega},b,\boldsymbol{\alpha})=\frac{1}{2}\|\boldsymbol{\omega}\|^2+\sum_{i=1}^{m}\alpha_i(1-(\boldsymbol{\omega}^{\mathrm{T}}\boldsymbol{x}_i+b)y_i) \tag{6-9}$$

其中，$\boldsymbol{\alpha}=(\alpha_1,\alpha_2,\cdots,\alpha_m)$，$\alpha_i\geqslant 0$ 表示拉格朗日乘子。令 Lag 对$\boldsymbol{\omega}$ 和 b 的偏导为 0，即

$$\begin{cases}\dfrac{\partial \mathrm{Lag}(\boldsymbol{\omega},b,\boldsymbol{\alpha})}{\partial \boldsymbol{\omega}}=\boldsymbol{\omega}-\sum\limits_{i=1}^{m}\alpha_i y_i\boldsymbol{x}_i=0\\ \dfrac{\partial \mathrm{Lag}(\boldsymbol{\omega},b,\boldsymbol{\alpha})}{\partial b}=-\sum\limits_{i=1}^{m}\alpha_i y_i=0\end{cases} \tag{6-10}$$

解得

$$\begin{cases}\boldsymbol{\omega}=\sum\limits_{i=1}^{m}\alpha_i y_i\boldsymbol{x}_i\\ 0=\sum\limits_{i=1}^{m}\alpha_i y_i\end{cases} \tag{6-11}$$

将式(6-11)代入式(6-9)中得

$$\min_{\boldsymbol{\omega},b}\mathrm{Lag}(\boldsymbol{\omega},b,\boldsymbol{\alpha})=\sum_{i=1}^{m}\alpha_i-\frac{1}{2}\sum_{i=1}^{m}\sum_{j=1}^{m}\alpha_i\alpha_j y_i y_j\boldsymbol{x}_i^{\mathrm{T}}\boldsymbol{x}_j \tag{6-12}$$

求$\min\limits_{\boldsymbol{\omega},b}\mathrm{Lag}(\boldsymbol{\omega},b,\boldsymbol{\alpha})$对$\boldsymbol{\alpha}$ 的极大，等价于求$-\min\limits_{\boldsymbol{\omega},b}\mathrm{Lag}(\boldsymbol{\omega},b,\boldsymbol{\alpha})$对$\boldsymbol{\alpha}$ 的极小。因此式(6-8)的对偶问题为

$$\begin{aligned}\min_{\boldsymbol{\alpha}}\quad&\frac{1}{2}\sum_{i=1}^{m}\sum_{j=1}^{m}\alpha_i\alpha_j y_i y_j\boldsymbol{x}_i^{\mathrm{T}}\boldsymbol{x}_j-\sum_{i=1}^{m}\alpha_i\\ \text{s.t.}\quad&\sum_{i=1}^{m}\alpha_i y_i=0\\ &\alpha_i\geqslant 0,\quad i=1,2,\cdots,m\end{aligned} \tag{6-13}$$

求解优化问题式(6-13)，即可得到$\boldsymbol{\alpha}^*=(\alpha_1^*,\alpha_2^*,\cdots,\alpha_m^*)$。根据 KKT(Karush-Kuhn-Tucker)条件，$(\boldsymbol{\omega}^*,b^*)$是原始问题式(6-8)的最优解，且$\boldsymbol{\alpha}^*$ 是对偶问题式(6-13)的最优解的充要条件是：$(\boldsymbol{\omega}^*,b^*)$，$\boldsymbol{\alpha}^*$ 满足 KKT 条件，即

$$\begin{cases}\alpha_i^*\geqslant 0, & i=1,2,\cdots,m\\ (\boldsymbol{\omega}^{*\mathrm{T}}\boldsymbol{x}_i+b^*)y_i-1\geqslant 0, & i=1,2,\cdots,m\\ \alpha_i^*((\boldsymbol{\omega}^{*\mathrm{T}}\boldsymbol{x}_i+b^*)y_i-1)=0, & i=1,2,\cdots,m\end{cases} \tag{6-14}$$

由式(6-11)有

$$\boldsymbol{\omega}^{*}=\sum_{i=1}^{m}\alpha_{i}^{*}y_{i}\boldsymbol{x}_{i} \tag{6-15}$$

考察 KKT 条件的第三条,可以发现要么 $\alpha_i^*=0$,要么 $(\boldsymbol{\omega}^{*\mathrm{T}}\boldsymbol{x}_i+b^*)y_i-1=0$。假设 $\alpha_j>0$,则必有 $(\boldsymbol{\omega}^{*\mathrm{T}}\boldsymbol{x}_j+b^*)y_j-1=0$,于是

$$b^{*}=y_{j}-\sum_{i=1}^{m}\alpha_{i}^{*}y_{i}\boldsymbol{x}_{i}^{\mathrm{T}}\boldsymbol{x}_{j} \tag{6-16}$$

由此得到分割超平面

$$\boldsymbol{\omega}^{*}\boldsymbol{x}+b^{*}=0 \tag{6-17}$$

当 $\alpha_i^*=0$ 时,即式(6-15)、式(6-16)与样本 $(\boldsymbol{x}_i,y_i)$ 无关。也就是说,只有当 $\alpha_i^*>0$ 时,样本 $(\boldsymbol{x}_i,y_i)$ 才对最终的结果产生影响,此时样本的输入即为支持向量。求得支持向量机的参数后,即可根据式(6-18)判断任意样本的类别:

$$f(\boldsymbol{x})=\mathrm{sgn}(\boldsymbol{\omega}^{*\mathrm{T}}\boldsymbol{x}+b^{*}) \tag{6-18}$$

6.3 线性支持向量机

线性可分支持向量机假设样本空间中的样本能够通过一个超平面分隔开。但是生产环境中,我们获取到的数据往往存在噪声(正类中混入少量的负类样本,负类中混入少量的正类样本),从而使得数据变得线性不可分。这种情况就需要使用线性支持向量机求解了。

另一方面,即使样本集合线性可分,线性可分支持向量机给出的 H_1 和 H_2 之间的距离可能非常小。这种情况一般意味着模型的泛化能力降低,也就是产生了过拟合。因此我们希望 H_1 和 H_2 之间的距离尽可能大,这时同样可以使用线性支持向量机来允许部分样本点越过 H_1 和 H_2。

线性支持向量机在线性可分向量机的基础上引入了松弛变量 $\xi_i\geqslant0$。对于样本点 $(\boldsymbol{x}_i,y_i)$,线性支持向量机允许部分样本落入越过超平面 H_1 或 H_2:

$$(\boldsymbol{\omega}_{i}^{\mathrm{T}}\boldsymbol{x}_{i}+b)y_{i}\geqslant1-\xi_{i} \tag{6-19}$$

线性可分支持向量机中,要求所有样本都满足 $(\boldsymbol{\omega}_i^{\mathrm{T}}\boldsymbol{x}_i+b)y_i\geqslant1$,此时 H_1 和 H_2 之间的距离 $\frac{2}{\|\boldsymbol{\omega}\|}$ 称为"硬间隔"。线性支持向量机中,$(\boldsymbol{\omega}^{\mathrm{T}}\boldsymbol{x}_i+b)y_i\geqslant1-\xi_i$ 允许部分样本越过超平面 H_1 或 H_2,此时 H_1 和 H_2 之间的距离 $\frac{2}{\|\boldsymbol{\omega}\|}$ 称为"软间隔"。需要注意的是,此时的支持向量不再仅仅包含位于 H_1 和 H_2 超平面上的点,还可能包含其他点。

对线性支持向量机进行优化时,我们希望"软间隔"尽量大,同时希望越过超平面 H_1 和 H_2 的样本尽可能不要远离这两个超平面,则优化的目标函数可写为

$$\frac{1}{2}\|\boldsymbol{\omega}\|^{2}+C\sum_{i=1}^{m}\xi_{i} \tag{6-20}$$

其中,C 为惩罚系数。$\frac{1}{2}\|\boldsymbol{\omega}\|^2$ 控制最小间隔尽可能大,而 $\sum_{i=1}^{m}\xi_i$ 则控制越过超平面 H_1 或 H_2 的样本点离超平面尽量近,C 是对两者关系的权衡。线性支持向量机的优化问题可写为

$$\begin{aligned}\min_{\boldsymbol{\omega},b,\boldsymbol{\xi}} \quad & \frac{1}{2}\|\boldsymbol{\omega}\|^2 + C\sum_{i=1}^{m}\xi_i \\ \text{s.t.} \quad & (\boldsymbol{\omega}^{\mathrm{T}}\boldsymbol{x}_i + b)y_i \geqslant 1-\xi_i, \quad i=1,2,\cdots,m \\ & \xi_i \geqslant 0, \quad i=1,2,\cdots,m\end{aligned} \tag{6-21}$$

类似于线性可分支持向量机中的求解过程，式(6-21)的拉格朗日函数可写作

$$\begin{aligned}&\mathrm{Lag}(\boldsymbol{\omega},b,\boldsymbol{\xi},\boldsymbol{\alpha},\boldsymbol{\mu}) \\ &= \frac{1}{2}\|\boldsymbol{\omega}\|^2 + C\sum_{i=1}^{m}\xi_i + \sum_{i=1}^{m}\alpha_i(1-\xi_i-(\boldsymbol{\omega}^{\mathrm{T}}x_i+b)y_i) - \sum_{i=1}^{m}\mu_i\xi_i\end{aligned} \tag{6-22}$$

其中

$$\begin{cases}\boldsymbol{\alpha}=(\alpha_1,\alpha_2,\cdots,\alpha_m), \quad \alpha_i \geqslant 0 \\ \boldsymbol{\mu}=(\mu_1,\mu_2,\cdots,\mu_m), \quad \mu_i \geqslant 0\end{cases} \tag{6-23}$$

是拉格朗日乘子。令 Lag 对$\boldsymbol{\omega},b,\boldsymbol{\xi}$ 的导数为 0，可解得

$$\begin{cases}\boldsymbol{\omega}=\sum_{i=1}^{m}\alpha_i y_i \boldsymbol{x}_i \\ 0=\sum_{i=1}^{m}\alpha_i y_i \\ 0=C-\alpha_i-\mu_i\end{cases} \tag{6-24}$$

将式(6-24)代入式(6-22)有

$$\min_{\boldsymbol{\omega},b,\boldsymbol{\xi}}\mathrm{Lag}(\boldsymbol{\omega},b,\boldsymbol{\xi},\boldsymbol{\alpha},\boldsymbol{\mu}) = \sum_{i=1}^{m}\alpha_i - \frac{1}{2}\sum_{i=1}^{m}\sum_{j=1}^{m}\alpha_i\alpha_j y_i y_j \boldsymbol{x}_i^{\mathrm{T}}\boldsymbol{x}_j \tag{6-25}$$

求$\min\limits_{\boldsymbol{\omega},b,\boldsymbol{\xi}}L(\boldsymbol{\omega},b,\boldsymbol{\xi},\boldsymbol{\alpha},\boldsymbol{\mu})$对$\boldsymbol{\alpha},\boldsymbol{\mu}$ 的极大，等价于求$-\min\limits_{\boldsymbol{\omega},b,\boldsymbol{\xi}}L(\boldsymbol{\omega},b,\boldsymbol{\xi},\boldsymbol{\alpha},\boldsymbol{\mu})$对$\boldsymbol{\alpha},\boldsymbol{\mu}$ 的极小。因此式(6-21)的对偶问题为

$$\begin{aligned}\min_{\boldsymbol{\alpha}} \quad & \frac{1}{2}\sum_{i=1}^{m}\sum_{j=1}^{m}\alpha_i\alpha_j y_i y_j \boldsymbol{x}_i^{\mathrm{T}}\boldsymbol{x}_j - \sum_{i=1}^{m}\alpha_i \\ \text{s.t.} \quad & \sum_{i=1}^{m}\alpha_i y_i = 0 \\ & 0 \leqslant \alpha_i \leqslant C, \quad i=1,2,\cdots,m\end{aligned} \tag{6-26}$$

观察式(6-26)与式(6-13)可以发现，两者的唯一区别在于对 α_i 的约束条件的不同。线性支持向量机中是 $0\leqslant\alpha_i\leqslant C$，而线性可分支持向量机中是 $\alpha_i\geqslant 0$。

求解式(6-26)中的优化问题，即可得到$\boldsymbol{\alpha}^*=(\alpha_1^*,\alpha_2^*,\cdots,\alpha_m^*)$。根据 KKT 条件，$(\boldsymbol{\omega}^*, b^*,\boldsymbol{\xi}^*)$是原始问题式(6-21)的最优解，且$\boldsymbol{\alpha}^*$是对偶问题式(6-26)的最优解的充要条件是：$(\boldsymbol{\omega}^*,b^*)$，$\boldsymbol{\alpha}^*$满足 KKT 条件，即

$$\begin{cases}\alpha_i^* \geqslant 0, & i=1,2,\cdots,m \\ \mu_i^* \geqslant 0, & i=1,2,\cdots,m \\ (\boldsymbol{\omega}^{*\mathrm{T}}\boldsymbol{x}_i+b^*)y_i-1+\xi_i \geqslant 0, & i=1,2,\cdots,m \\ \alpha_i^*((\boldsymbol{\omega}^{*\mathrm{T}}\boldsymbol{x}_i+b^*)y_i-1+\xi_i)=0, & i=1,2,\cdots,m \\ \xi_i \geqslant 0, & i=1,2,\cdots,m \\ \mu_i\xi_i=0, & i=1,2,\cdots,m\end{cases} \tag{6-27}$$

类似线性可分支持向量机,可得

$$\begin{cases}\boldsymbol{\omega}^* = \sum_{i=1}^{m}\alpha_i^* y_i \boldsymbol{x}_i \\ b^* = y_j - \sum_{i=1}^{m}\alpha_i^* y_i \boldsymbol{x}_i^{\mathrm{T}}\boldsymbol{x}_j\end{cases} \tag{6-28}$$

由此得到分割超平面:

$$\boldsymbol{\omega}^{*\mathrm{T}}\boldsymbol{x} + b^* = 0 \tag{6-29}$$

通过分析 α_i^* 的值,可以确定样本相对分割超平面的位置。

(1) 当 $\alpha_i^* = 0$ 时,式(6-28)与样本$(\boldsymbol{x}_i, y_i)$无关。说明该样本对最终的结果不产生影响,位于软间隔外的正确区域。

(2) 当 $0 < \alpha_i^* < C$ 时,根据式(6-24)有 $\mu_i > 0$。根据 KKT 条件中 $\mu_i\xi_i = 0$ 的约束,此时必有 $\xi_i = 0$,则$(\boldsymbol{\omega}^{*\mathrm{T}}\boldsymbol{x}_i + b^*)y_i = 1$,所以支持向量$(\boldsymbol{x}_i, y_i)$在软间隔的边界上。

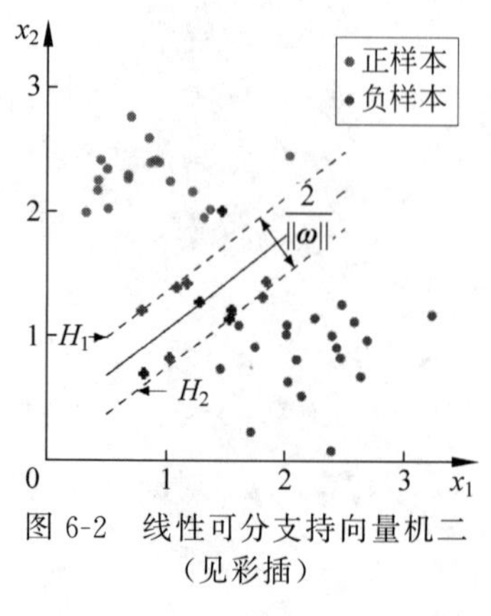

图 6-2 线性可分支持向量机二(见彩插)

(3) 当 $\alpha_i = C$ 时,通过类似的分析可以得到 $\mu_i = 0$ 及 $\xi_i \geqslant 0$。此时如果 $\xi_i \leqslant 1$,则$(\boldsymbol{\omega}^{*\mathrm{T}}\boldsymbol{x}_i + b^*)y_i = 1 - \xi_i \geqslant 0$,支持向量$(\boldsymbol{x}_i, y_i)$能够被正确分类,位于分割超平面正确分类的一侧;如果 $\xi > 1$,则$(\boldsymbol{\omega}^{*\mathrm{T}}\boldsymbol{x}_i + b^*)y_i = 1 - \xi_i < 0$,支持向量$(\boldsymbol{x}_i, y_i)$被错误分类,位于分割超平面错误分类的一侧。

与线性可分支持向量机不同,线性支持向量机的支持向量不一定在 H_1 或者 H_2 上,如图 6-2 所示。

求得支持向量机的参数后,即可根据式(6-30)判断任意样本的类别:

$$f(\boldsymbol{x}) = \mathrm{sgn}(\boldsymbol{\omega}^{*\mathrm{T}}\boldsymbol{x} + b^*) \tag{6-30}$$

6.4 合页损失函数

对于变量 x,合页损失函数的定义为

$$[x]_+ = \begin{cases} x, & x > 0 \\ 0, & x \leqslant 0 \end{cases} \tag{6-31}$$

对于线性支持向量机,优化式(6-21)中的最优化问题,等价于优化式(6-32)中的问题。

$$\min_{\boldsymbol{\omega}, b}\sum_{i=1}^{m}[1 - (\boldsymbol{\omega}^{\mathrm{T}}\boldsymbol{x}_i + b)y_i]_+ + \lambda\|\boldsymbol{\omega}\|^2 \tag{6-32}$$

其中,$[1 - (\boldsymbol{\omega}^{\mathrm{T}}\boldsymbol{x}_i + b)y_i]_+$ 是合页损失的形式,如图 6-3 所示。

令$[1 - (\boldsymbol{\omega}^{\mathrm{T}}\boldsymbol{x}_i + b)y_i]_+ = \xi_i$,则式(6-32)可写作

$$\min_{\boldsymbol{\omega}, b}\sum_{i=1}^{m}\xi_i + \lambda\|\boldsymbol{\omega}\|^2 \tag{6-33}$$

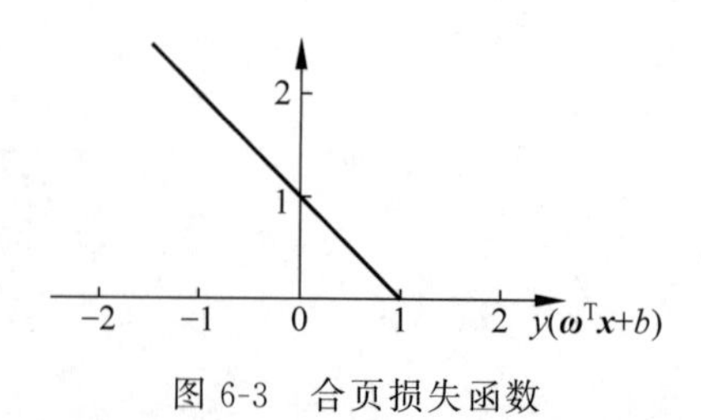

图 6-3 合页损失函数

令 $\lambda=\frac{1}{2C}$，则有

$$\min_{\boldsymbol{\omega},b}\frac{1}{C}\left(\lambda\|\boldsymbol{\omega}\|^2+C\sum_{i=1}^{m}\xi_i\right) \tag{6-34}$$

可见在线性支持向量机中，优化式(6-32)等价于优化式(6-21)。

6.5 核技巧

上面讨论的线性可分支持向量机和线性支持向量机都假设数据是线性可分的(线性支持向量机可以认为是为了解决线性可分样本集合中的噪声问题)，而实际场景中我们经常会遇到数据线性不可分的情况。此时，就可以通过本节介绍的核技巧将输入空间线性不可分的数据转化为特征空间线性可分的数据，在特征空间求解支持向量机的超平面。

如图 6-4(a)所示，假设样本集合能够被方程 $x_1^2+x_2^2-r^2=0$ 分为圆内和圆外两部分，则可以通过一个映射函数：

$$\phi(\boldsymbol{x})=(x_1^2,\sqrt{2}x_1x_2,x_2^2)=(z_1,z_2,z_3) \tag{6-35}$$

将二维空间中的点 $\boldsymbol{x}=(x_1,x_2)$映射为另一种表示(z_1,z_2,z_3)，如图 6-4(b)所示。原来二维空间中的点线性不可分，但在三维空间新的表示下，样本集合中的点可以通过平面 $z_1+z_3-r^2=0$ 区分开，即样本点在特征空间线性可分。(z_1,z_2,z_3)所在的空间即为样本的特征空间。

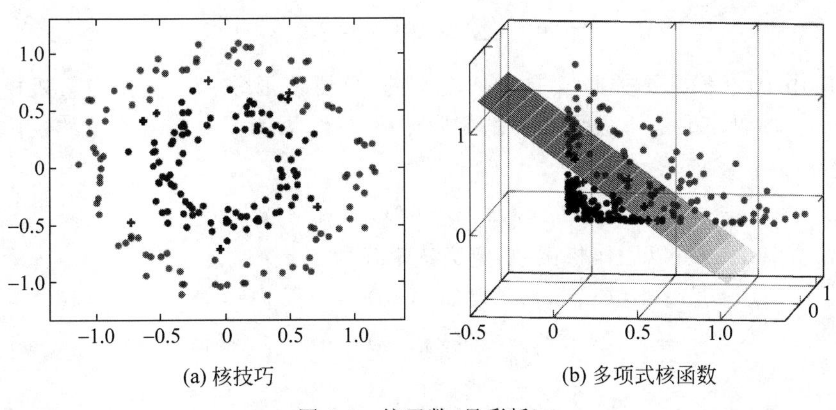

图 6-4 核函数(见彩插)

所以对于输入空间$\mathcal{X}$中的样本点线性不可分的问题，可以通过一个映射函数 $\boldsymbol{z}=\phi(\boldsymbol{x})$：$\mathcal{X}\rightarrow\mathcal{H}$，将样本集合映射到特征空间$\mathcal{H}$(也称为希尔伯特空间(Hilbert space))，使其线性可分。这样就可以在特征空间运行支持向量机算法，得到特征空间的一个分隔超平面$\boldsymbol{\omega}^{*\mathrm{T}}\boldsymbol{z}+b^*=0$，其中$(\boldsymbol{\omega}^*,b^*)$为特征空间分隔超平面的法向量和偏置。不失一般性，以线性支持向量机为例，优化问题式(6-26)对应变为

$$\begin{aligned}\min_{\boldsymbol{\alpha}}\quad&\frac{1}{2}\sum_{i=1}^{m}\sum_{j=1}^{m}\alpha_i\alpha_jy_iy_j\phi(\boldsymbol{x}_i)^{\mathrm{T}}\phi(\boldsymbol{x}_j)-\sum_{i=1}^{m}\alpha_i\\ \text{s.t.}\quad&\sum_{i=1}^{m}\alpha_iy_i=0\\ &0\leqslant\alpha_i\leqslant C,\quad i=1,2,\cdots,m\end{aligned} \tag{6-36}$$

此时支持向量机的决策函数为

$$f(\boldsymbol{x})=\operatorname{sgn}(\boldsymbol{\omega}_z^{*\mathrm{T}}\boldsymbol{z}+b_z^*)=\operatorname{sgn}(\boldsymbol{\omega}_z^{*\mathrm{T}}\phi(\boldsymbol{x})+b_z^*) \tag{6-37}$$

现实场景中,我们一般很难找到一个映射函数 $\phi(\boldsymbol{x})$,将样本从输入空间映射到特征空间,并使其在特征空间线性可分。为了避免这个问题,可以使用这样一个函数 $\kappa(\boldsymbol{x}_1,\boldsymbol{x}_2)$代替式中 $\phi(\boldsymbol{x}_i)^{\mathrm{T}}\phi(\boldsymbol{x}_j)$的计算为

$$\kappa(\boldsymbol{x}_1,\boldsymbol{x}_2)=\phi(\boldsymbol{x}_i)^{\mathrm{T}}\phi(\boldsymbol{x}_j) \tag{6-38}$$

其中,κ 为核函数。于是可以将式(6-36)中的优化问题重新写作

$$\begin{aligned}\min_{\boldsymbol{\alpha}}\quad & \frac{1}{2}\sum_{i=1}^{m}\sum_{j=1}^{m}\alpha_i\alpha_j y_i y_j\kappa(\boldsymbol{x}_1,\boldsymbol{x}_2)-\sum_{i=1}^{m}\alpha_i\\ \text{s.t.}\quad & \sum_{i=1}^{m}\alpha_i y_i=0\\ & 0\leqslant\alpha_i\leqslant C,\quad i=1,2,\cdots,m\end{aligned} \tag{6-39}$$

相应的决策函数为

$$\begin{aligned}f(\boldsymbol{x})&=\operatorname{sgn}(\boldsymbol{\omega}^{*\mathrm{T}}\phi(\boldsymbol{x})+b^*)\\&=\operatorname{sgn}\left(\sum_{i=1}^{N}\alpha_i y_i\phi(\boldsymbol{x}_i)^{\mathrm{T}}\phi(\boldsymbol{x})+b^*\right)\\&=\operatorname{sgn}\left(\sum_{i=1}^{N}\alpha_i y_i\kappa(\boldsymbol{x}_i,\boldsymbol{x})+b^*\right)\end{aligned} \tag{6-40}$$

实际应用中,我们并不关心 ϕ 是如何定义的,只要核函数 κ 在支持向量机模型中表现足够好即可。然而并不是任意函数 f 都能用作核函数,因为不一定存在这样的隐式映射函数 ϕ,满足

$$f(\boldsymbol{x}_1,\boldsymbol{x}_2)=\phi(\boldsymbol{x}_i)^{\mathrm{T}}\phi(\boldsymbol{x}_j) \tag{6-41}$$

为了考查函数 f 是否可以用作核函数,定义核矩阵为

$$\boldsymbol{K}=\begin{bmatrix}f(\boldsymbol{x}_1,\boldsymbol{x}_1) & f(\boldsymbol{x}_1,\boldsymbol{x}_2) & \cdots & f(\boldsymbol{x}_1,\boldsymbol{x}_m)\\ f(\boldsymbol{x}_2,\boldsymbol{x}_1) & f(\boldsymbol{x}_2,\boldsymbol{x}_2) & \cdots & f(\boldsymbol{x}_2,\boldsymbol{x}_m)\\ \vdots & \vdots & \ddots & \vdots\\ f(\boldsymbol{x}_m,\boldsymbol{x}_1) & f(\boldsymbol{x}_m,\boldsymbol{x}_2) & \cdots & f(\boldsymbol{x}_m,\boldsymbol{x}_m)\end{bmatrix} \tag{6-42}$$

其中,$\boldsymbol{x}_1,\boldsymbol{x}_2,\cdots,\boldsymbol{x}_m$ 表示输入空间中的样本点集合。可以证明,函数 f 是核函数当且仅当核矩阵 $\boldsymbol{K}$ 是对称半正定的。

能够在特征空间使得样本线性可分的核函数有无数个,具体哪个核函数对样本分类的效果最好需要根据实际情况选择。常用的核函数有以下几种。

(1) 线性核函数 $\kappa(\boldsymbol{x}_i,\boldsymbol{x}_j)=\boldsymbol{x}_i^{\mathrm{T}}\boldsymbol{x}_j$,即支持向量机中的形式;

(2) 多项式核函数 $\kappa(\boldsymbol{x}_i,\boldsymbol{x}_j)=(\boldsymbol{x}_i^{\mathrm{T}}\boldsymbol{x}_j)^p$,$p$ 为超参数;

(3) 高斯核函数 $\kappa(\boldsymbol{x}_i,\boldsymbol{x}_j)=\exp\left(\frac{\|\boldsymbol{x}_i-\boldsymbol{x}_j\|^2}{2\sigma^2}\right)$,$\sigma$ 为超参数。高斯核函数又被称为径向基(RBF)函数。

6.6 二分类问题与多分类问题

在前面介绍的 SVM 算法解决了二分类问题,但实际应用中大多数问题却是多分类问题。那么如何将一个二分类算法扩展为多分类?不失一般性,考虑 K 个类别 $C_1,C_2,\cdots,C_K$。多分类学习的基本思路是"拆解法",最经典的拆分策略有三种:一对一(OvO),一对多(OvM),多对多(MvM)。

6.6.1 一对一

将 K 个类别两两配对,一共可产生 $K(K-1)/2$ 个二分类任务。在测试阶段新样本将同时提交给所有的分类器,于是将得到 $K(K-1)/2$ 个分类结果,最终把预测最多的结果作为投票结果。

6.6.2 一对多

一对多则是将每一个类别分别作为正例,其他剩余的类别作为反例来训练 K 个分类器。如果在测试时仅有一个分类器产生了正例,则最终的结果为该分类器的正例类别;如果产生了多个正例,则判断分类器的置信度,选择置信度大的类别标记作为最终分类结果。

OvM 只需训练 K 个分类器,而 OvO 需训练 $K(K-1)/2$ 个分类器,因此,OvO 的存储开销和测试时间开销通常比 OvM 更大。但在训练时,OvM 每个分类器均使用全部测试样例,而 OvO 的每个分类器仅使用两个类的样例,因此,在类别很多时,OvO 的训练时间开销通常比 OvM 更小。至于预测性能,则取决于具体的数据分布,在多数情形下两者差不多。

6.6.3 多对多

纠错输出码是一种常用的技术,分为编码和解码两个阶段。在编码阶段,对 K 个类别进行 M 次划分,每次将一部分划分为正类,一部分划分为反类。编码矩阵有两种形式:二元码和三元码。前者只有正类和反类,后者还包括停用类。在解码阶段,各分类器的预测结果联合起来形成测试示例的编码。该编码与各类所对应的编码进行比较,将距离最小的编码所对应的类别作为预测结果。

6.7 实例:基于支持向量机实现葡萄酒分类

本节以葡萄酒数据集分类为例介绍 SVM 模型。完整代码如代码清单 6-1 所示。

代码清单 6-1 SVM 葡萄酒数据集分类

```
from sklearn.datasets import load_wine
from sklearn.model_selection import train_test_split
from sklearn.svm import SVC
```

```
if __name__ == '__main__':
    wine = load_wine()
    x_train, x_test, y_train, y_test = train_test_split(
        wine.data, wine.target)

    model = SVC(kernel = 'linear')
    model.fit(x_train, y_train)
    train_score = model.score(x_train, y_train)
    test_score = model.score(x_test, y_test)
print("train score:", train_score)
print("test score:", test_score)
```

项目中选用的模型是 sklearn 提供的 SVC,其构造函数可供选择的 kernel 参数有以下几种。

(1) linear:线性核函数;

(2) poly:多项式核函数;

(3) rbf:径向基核函数/高斯核;

(4) sigmod:sigmod 核函数;

(5) precomputed:提前计算好核函数矩阵。

这里使用的是最简单的线性核函数。经过测试,模型在训练集的准确率达到 0.993,在测试集的准确率达到 0.972。如果使用默认的高斯核函数,则模型在训练集的准确率可以达到 1,但是在测试集的准确率却跌至 0.444。这说明,高斯核函数提高了模型容量,但是数据集大小不足,以致模型过拟合。

sklearn 还提供了 LinearSVC 类,该模型默认使用线性核函数。读者可以尝试使用 LinearSVC 类实现葡萄酒数据集的分类,并体会其与 SVC 类的区别。

题库

习题 6

一、选择题

1. 对于给定 1000 个训练样本的二分类问题,关于支持向量机的说法,正确的是(　　)。
   A. 需要构造 1000 个辅助变量,计算它们的非零值对应着支撑向量
   B. 如果使用高斯核函数,不需要构造 1000 个辅助变量,只需要 100 个
   C. 如果使用多项式核函数,不需要构造 1000 个辅助变量,只需要 100 个
   D. 在当前普通计算机上需要约 1 小时才能得到训练模型

2. 对于 K 类线性分类问题,可以避免"投票机制"的 SVM 分类策略为(　　)。
   A. 一对其余　　B. 一对一
   C. 逐步二分类　　D. 直接多类 SVM 分类

3. SVM(支持向量机)与 LR(逻辑回归)的数学本质上的区别是(　　)。
   A. 损失函数　　B. 是否有核技巧
   C. 是否支持多分类　　D. 其余选项皆错

4. 下列有关 SVM 说法不正确的是(　　)。
   A. SVM 使用核函数的过程实质是进行特征转换的过程

B. SVM 对线性不可分的数据有较好的分类性能

C. SVM 因为使用了核函数,因此它没有过拟合的风险

D. SVM 的支持向量是少数的几个数据点向量

5. SVM 的优势不包括(　　)。

A. 可以和核函数结合

B. 通过调参往往可以得到很好的分类效果

C. 训练速度快

D. 泛化能力好

二、判断题

1. 支持向量机中 L2 正则项,作用是最大化分类间隔,使得分类器拥有更强的泛化能力。(　　)

2. 支持向量机中合页函数,作用是最小化经验分类错误。(　　)

3. 支持向量机中分类间隔为 $1/\|\boldsymbol{w}\|$,$\|\boldsymbol{w}\|$ 代表向量的模。(　　)

4. 支持向量机可用于多分类问题。(　　)

5. 支持向量机是一种生成式模型。(　　)

三、填空题

1. 支持向量机中当参数 C 越________时,分类间隔越大,分类错误越多,趋于欠学习。

2. 支持向量机是一种________学习方法。

3. LR 是分类模型与判别式模型,SVM 是________模型与________模型。

4. SVM 分类的依据是________。

5. ________可以使得 SVM 实现非线性分类。

四、问答题

1. SVM 有哪些核函数?

2. 简述 SVM 原理。

3. SVM 为什么采用间隔最大化?

4. SVM 如何处理多分类问题?

5. SVM 核函数如何选取?

五、应用题

1. 通过 SVM 对泰坦尼克号生存条件进行建模,并展示模型结果。数据通过 https://www.kaggle.com/c/titanic/data 获取。

2. 使用 SVM 对澳大利亚天气进行预测,并给出模型结果。数据通过 https://www.kaggle.com/jsphyg/weather-dataset-rattle-package 获取。

第7章

集 成 学 习

本章目标

- 理解回归问题中的偏差与方差；
- 理解 Bagging 的思想和数学实现；
- 了解随机森林与 Bagging 之间的区别；
- 理解并掌握 Boosting 的思路和 AdaBoost 的算法实现；
- 了解提升树及各自的特点，包括残差提升树、GBDT 和 XGBoost；
- 了解 Stacking；
- 实现 GBDT 模型完成房价预测问题。

集成学习不是一种具体的算法，而是一种思想。集成学习的基本原理非常简单，那就是通过融合多个模型，从不同的角度降低模型的方差或偏差。典型的集成学习的框架包括三种，分别是 Bagging、Boosting、Stacking。

7.1 偏差与方差

对于一个回归问题，假设样本$(\boldsymbol{x},y)$服从的真实分布为 $P(\boldsymbol{x},y)$。设$(\boldsymbol{x},y_D)$表示集合 D 中的样本，D 从真实分布 $P(\boldsymbol{x},y)$采样得到。由于采样过程可能存在噪声，这里用样本集合 D 来表示其采样得到的实际分布，则$(\boldsymbol{x},y_D)$服从分布 D，y_D 为输入 $\boldsymbol{x}$ 在实际分布 D 中的标记。称 $\varepsilon=y-y_D$ 为采样误差，也称为噪声。噪声一般服从高斯分布$\mathcal{N}(0,\sigma^2)$，也就是

$$\begin{cases}E_D\left[y-y_D\right]=0\\ E_D\left[(y-y_D)^2\right]=\sigma^2\end{cases}\tag{7-1}$$

设我们需要优化得到的模型为 $f(\boldsymbol{x})$，$f_D(\boldsymbol{x})$为其在分布 D 上的优化结果。由于 D 是随机采样而来的任意一个分布，所以模型随机变量 $f_D(\boldsymbol{x})$也是随机变量，这里就建立了模

型是随机变量的概念，则模型随机变量 $f_D(\boldsymbol{x})$ 在所有可能的样本集合分布 D 上的期望为 $E_D[f_D(\boldsymbol{x})]$。定义偏差 bias($\boldsymbol{x}$)为期望值与真实值 y 之间的平方差：

$$\text{bias}(\boldsymbol{x})=(E_D[f_D(\boldsymbol{x})]-y)^2 \tag{7-2}$$

定义采样分布 D 的偏差 $\text{bias}_D(\boldsymbol{x})$ 为期望值与采样值 y_D 之间的平方差：

$$\text{bias}_D(\boldsymbol{x})=E_D[(E_D[f_D(\boldsymbol{x})]-y_D)^2] \tag{7-3}$$

根据式(7-1)有

$$E_D[2(E_D[f_D(\boldsymbol{x})]-y)(y-y_D)]=0 \tag{7-4}$$

于是

$$\begin{aligned}\text{bias}_D(\boldsymbol{x})&=E_D[(E_D[f_D(\boldsymbol{x})]-y+y-y_D)^2]\\&=(E_D[f_D(\boldsymbol{x})]-y)^2+E_D[(y-y_D)^2]\\&=\text{bias}(\boldsymbol{x})+\sigma^2\end{aligned} \tag{7-5}$$

模型随机变量 $f_D(\boldsymbol{x})$ 在所有可能的样本集合分布 D 上的方差 var($\boldsymbol{x}$)为

$$\text{var}(\boldsymbol{x})=E_D[(f_D(\boldsymbol{x})-E_D[f_D(\boldsymbol{x})])^2] \tag{7-6}$$

我们实际优化的目的是让模型随机变量 $f_D(\boldsymbol{x})$ 在所有可能的样本集合分布 D 上的预测误差的平方误差的期望最小。即最小化

$$\begin{aligned}E_D[(f_D(\boldsymbol{x})-y_D)^2]&=E_D[(f_D(\boldsymbol{x})-E_D[f_D(\boldsymbol{x})]+E_D[f_D(\boldsymbol{x})]-y_D)^2]\\&=\text{var}(\boldsymbol{x})+\text{bias}_D(\boldsymbol{x})\\&=\text{var}(\boldsymbol{x})+\text{bias}(\boldsymbol{x})+\sigma^2\end{aligned} \tag{7-7}$$

观察式(7-7)可以发现，σ^2 是一个常量，优化的最终目的是降低模型的方差及偏差。方差越小，说明不同的采样分布 D 下，模型的泛化能力大致相当，侧面反映了模型没有发生过拟合；偏差越小，说明模型对样本预测的越准，模型的拟合能力越好。

实际在选择模型时，随着模型复杂度的增加，模型的偏差 bias($\boldsymbol{x}$)越来越小，而方差 var($\boldsymbol{x}$)会越来越大。如图 7-1 所示，存在某一时刻，模型的方差和偏差之和最小，此时模型性能在误差及泛化能力方面达到最优。

图 7-2 中，靶心代表理想的优化目标，黑色的点代表在不同的采样集合上训练模型的优化结果。可以看到左边一列低方差的优化结果要比右边一列高方差的优化结果更为集中，上边一行低偏差的优化结果要比下边一行高偏差的优化结果更靠近中心。

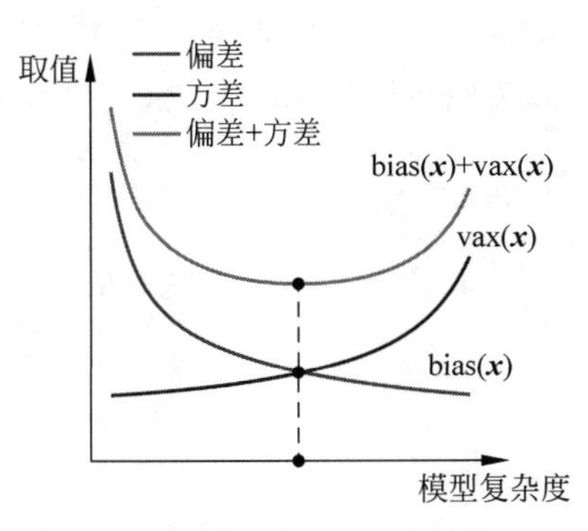

图 7-1　偏差与方差(见彩插)

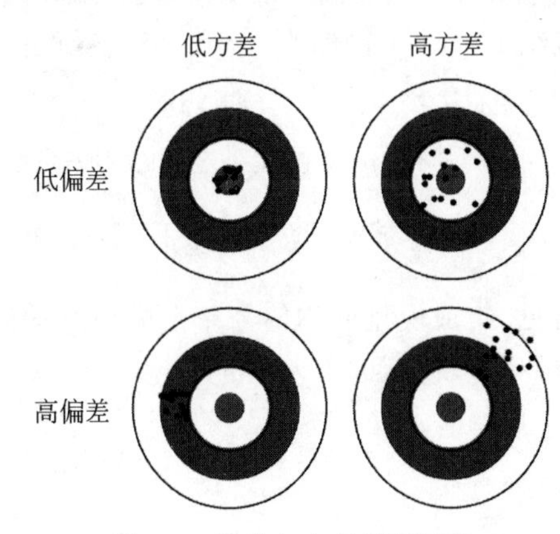

图 7-2　偏差与方差(见彩插)

7.2 Bagging 及随机森林

7.2.1 Bagging

Bagging(Boostrap aggregating)的思路是从原始的样本集合采样,得到若干大小相同的样本集合。然后在每个样本集合上分别训练一个模型,最后用投票法进行预测。给定样本集合$D=\{(\boldsymbol{x}_1,y_1),(\boldsymbol{x}_2,y_2),\cdots,(\boldsymbol{x}_m,y_m)\}$。假设要训练 T 个模型,在训练第 t 个模型时,对 D 进行 m 次有放回采样得到集合记为 D_t。显然,样本集合 D 中会有部分样本会被多次采样到,而部分样本则一次也不会采样到。在每次采样时,一个样本不被采样到的概率为$\left(1-\frac{1}{m}\right)$,则在 m 次有放回采样中都不会被采样到的概率为$\left(1-\frac{1}{m}\right)^m$。当 m 趋于无穷大时,有

$$\lim_{m\to\infty}\left(1-\frac{1}{m}\right)^m=\frac{1}{\mathrm{e}}=36.8\% \tag{7-8}$$

每次只拿 D 中约 $1-36.8\%=63.2\%$的样本进行训练,可以使用剩余的 36.8%样本作为验证集进行验证。

使用 D_t 训练而得的模型记为 $f_{D_t}(\boldsymbol{x})$。训练完所有 T 个模型后,对于分类问题和回归问题,分别使用加权“投票法”和加权“平均法”得到最终的预测结果。假设第 t 个模型的权重为 γ_t,同时$\sum_{t=1}^{T}\gamma_t=1$。对于分类问题,假设样本标签的可能取值集合为 $C=\{c_1,c_2,\cdots,c_K\}$,最终的模型为

$$F(\boldsymbol{x})=\underset{c\in C}{\operatorname{argmax}}\sum_{t=1}^{T}\gamma_t I\{f_{D_t}(\boldsymbol{x})=c\} \tag{7-9}$$

对于回归问题,最终的模型为

$$F(\boldsymbol{x})=\sum_{t=1}^{T}\gamma_t f_{D_t}(\boldsymbol{x}) \tag{7-10}$$

Bagging 中,用于训练每个模型的样本集合 D_t 是从 D 中进行有放回采样得到的,所以基于此训练出来的每个模型 $f_{D_i}(\boldsymbol{x})$可以看作独立同分布的随机变量。假设这些独立同分布的随机变量的方差 $\mathrm{var}(f_{D_t}(\boldsymbol{x}))$均为 σ^2(注意与前面的噪声 σ^2 不是同一个概念),均值 $E_{D_t}[f_{D_t}(\boldsymbol{x})]$均为 μ,两两模型之间的相关系数均为 ρ。以回归问题为例,则有集成模型的均值为

$$E[F(\boldsymbol{x})]=E\left[\sum_{t=1}^{T}\gamma_t f_{D_t}(\boldsymbol{x})\right]=\sum_{t=1}^{T}\gamma_t E[f_{D_t}(\boldsymbol{x})]=\mu \tag{7-11}$$

可见,集成模型的均值与单个模型的均值相同。那么根据式(7-2),偏差 $\mathrm{bias}(F(\boldsymbol{x}))$也就相同。集成模型的方差为

$$\begin{aligned}\mathrm{var}(F(\boldsymbol{x}))&=\mathrm{var}\left(\sum_{t=1}^{T}\gamma_t f_{D_t}(\boldsymbol{x})\right)\\&=2\sum_{i=1}^{T}\sum_{j=i}^{T}\gamma_i\gamma_j\,\mathrm{cov}(f_{D_i}(\boldsymbol{x}),f_{D_j}(\boldsymbol{x}))\end{aligned}$$

$$= \sum_{i=1}^{T} \gamma_i^2 \operatorname{var}(f_{D_i}(\boldsymbol{x})) + 2\sum_{i=1}^{T-1}\sum_{j=i+1}^{T} \gamma_i \gamma_j \operatorname{cov}(f_{D_i}(\boldsymbol{x}), f_{D_j}(\boldsymbol{x}))$$

$$= \sum_{i=1}^{T} \gamma_i^2 \sigma^2 + 2\sum_{i=1}^{T-1}\sum_{j=i+1}^{T} \gamma_i \gamma_j \rho \sigma^2 \tag{7-12}$$

为简化描述,假设每个模型的权重都一样,即

$$\gamma = \gamma_i = \frac{1}{T}, \quad i = 1, 2, \cdots, T \tag{7-13}$$

则有

$$\operatorname{var}(F(\boldsymbol{x})) = \left(\rho + \frac{1-\rho}{T}\right)\sigma^2 \tag{7-14}$$

式(7-14)的两个极端的情况如下。

(1) 所有的单模型 $f_{D_t}(\boldsymbol{x})$ 均相互独立,即 $\rho=0$。此时 $\operatorname{var}(F(\boldsymbol{x}))=\frac{\sigma^2}{T}$,集成模型的方差最小,这是集成模型方差的下界。

(2) 所有的单模型 $f_{D_t}(\boldsymbol{x})$ 均相同,即 $\rho=1$。此时 $\operatorname{var}(F(\boldsymbol{x}))=\sigma^2$,集成模型的方差与单个模型的方差相等,这是集成模型方差的上界。

实际情况往往介于两者之间。综上,Bagging 优化的对象是模型的方差,对模型的偏差影响很小。

7.2.2 随机森林

随机森林(Random Forest)的原理与 Bagging 类似。Bagging 的做法是在不同的样本集合上使用所有的属性训练若干棵树,而随机森林的做法则是在 Bagging 采样得到的样本集合的基础上,随机从中挑选出 k 个属性再组成新的数据集,之后再训练决策树。最后训练 T 棵树进行集成。

相比 Bagging,随机森林在引入样本扰动的基础上又引入了属性的扰动,这样,训练出来的每棵子树的差异就会尽可能大,集成之后的模型不易过拟合,泛化能力大为增强。在实际回归和分类任务中,随机森林往往有着卓越的性能表现。此外,随机森林还有着易于实现、易于并行等优点。

7.3 Boosting 及 AdaBoost

7.3.1 Boosting

Boosting 集成的思路是:首先在样本集合上训练一个简单的弱学习器,这样的模型往往是欠拟合的。后面每次依据前一个弱学习器,对样本集合中的样本权重或者概率分布做新的调整,着重考虑被弱学习器错误分类的样本,然后在调整好的样本集合上训练一个新的弱分类器。不断重复这一过程,直到满足一定的终止条件为止。然后将学习到的各个弱分类器按照性能的高低赋予不同的权重集成起来得到最终的模型。

7.3.2 AdaBoost

AdaBoost 是 Boosting 算法中的代表，在数据挖掘、模式识别等领域有着广泛的应用。对于样本集合 $D=\{(\boldsymbol{x}_1,y_1),(\boldsymbol{x}_2,y_2),\cdots,(\boldsymbol{x}_m,y_m)\}$，记每个样本的权重为$\{\omega_1,\omega_2,\cdots,\omega_m\}$。则对于模型 $f(\boldsymbol{x})$，定义带权错误率为

$$\varepsilon=\sum_{i=1}^{m}\omega_i I\{f(\boldsymbol{x})\neq y_i\} \tag{7-15}$$

假设模型的预测结果可由若干子模型的线性组合实现为

$$F(\boldsymbol{x})=\sum_{t=1}^{T}\alpha_t f_t(\boldsymbol{x}) \tag{7-16}$$

这样的模型称为加法模型。从整体的角度去优化 $F(\boldsymbol{x})$是一个非常困难的问题。前向优化算法是一种启发式的算法，其思路是：从前向后，每次只优化一个子模型 $f_t(\boldsymbol{x})$并估计其系数 α_t。每一步的优化都依赖于上一步的结果。典型地，AdaBoost 算法中，用于训练每个子模型的数据分布依赖于上一步训练好的模型对样本集合中每个样本权重的重新估计。GDBT 算法中，用于训练每个子模型的数据分布依赖于上一步训练好的模型对样本标签的重新表示。

Bagging 算法中的每个子模型可以并行训练，而前向分布算法则需要串行训练(在具体代码实现时，可以实现流水线训练)。在前面介绍的 Bagging 算法中，在采样得到 T 个不同的样本集合后，Bagging 中的每个模型都可以并行地进行训练。在决定训练好的每个模型时，一般朴素地认为每个模型的权重一样大，因为用于训练每个模型的样本集合都是随机采样得到的。

通过以指数损失函数作为目标函数来优化当前加法模型，可以导出 AdaBoost 算法。对于一个以$\{-1,\ +1\}$为类别标记的二分类模型 $f(\boldsymbol{x})$，指数损失函数的定义为

$$l(f(\boldsymbol{x}),y)=\exp(-yf(\boldsymbol{x})) \tag{7-17}$$

令 $F_0(\boldsymbol{x})=0$。不失一般性，当 $t\geqslant 1$ 时，设经过 t 次迭代，已经得到的加法模型为

$$F_t(\boldsymbol{x})=\sum_{i=1}^{t}\alpha_i f_i(\boldsymbol{x}) \tag{7-18}$$

接下来，要进行第 $t+1$ 次迭代，以得到新的加法模型：

$$F_{t+1}(\boldsymbol{x})=F_t(\boldsymbol{x})+\alpha_{t+1}f_{t+1}(\boldsymbol{x}) \tag{7-19}$$

使用式(7-17)作为损失函数，则有

$$\begin{aligned}
l(F_{t+1}(\boldsymbol{x}),y)&=\sum_{i=1}^{m}\exp(-y_iF_{t+1}(\boldsymbol{x}_i))\\
&=\sum_{i=1}^{m}\exp(-y_i(F_t(\boldsymbol{x}_i)+\alpha_{t+1}f_{t+1}(\boldsymbol{x}_i)))\\
&=\sum_{i=1}^{m}\exp(-y_iF_t(\boldsymbol{x}_i))\exp(-y_i\alpha_{t+1}f_{t+1}(\boldsymbol{x}_i))\\
&=\exp(-\alpha_{t+1})\sum_{i\in N_1}\exp(-y_iF_t(\boldsymbol{x}_i))+\\
&\quad\ \exp(\alpha_{t+1})\sum_{i\in N_2}\exp(-y_iF_t(\boldsymbol{x}_i))
\end{aligned} \tag{7-20}$$

其中，N_1、N_2 分别表示被模型 $f_{t+1}(\boldsymbol{x})$预测正确和预测错误的样本。

$$\begin{cases} N_1 = \{i \mid f_{t+1}(\boldsymbol{x}_i) = y_i\} \\ N_2 = \{i \mid f_{t+1}(\boldsymbol{x}_i) \neq y_i\} \end{cases} \tag{7-21}$$

显然有 $m = |N_1| + |N_2|$。令 $l(F_{t+1}(\boldsymbol{x}), y)$对 α_{t+1} 求偏导，有

$$\frac{\partial l(F_{t+1}(\boldsymbol{x}), y)}{\partial \alpha_{t+1}} = -\mathrm{e}^{-\alpha_{t+1}} \sum_{i \in N_1} \exp(-y_i F_t(\boldsymbol{x}_i)) + \mathrm{e}^{\alpha_{t+1}} \sum_{i \in N_2} \exp(-y_i F_t(\boldsymbol{x}_i)) \tag{7-22}$$

令

$$\begin{cases} Z_t = \sum_{i=1}^{m} \exp(-y_i F_t(\boldsymbol{x}_i)) \\ \varepsilon_t = \dfrac{\sum_{i \in N_2} \exp(-y_i F_t(\boldsymbol{x}_i))}{Z_t} \end{cases} \tag{7-23}$$

再令偏导$\dfrac{\partial l(F_{t+1}(\boldsymbol{x}), y)}{\partial \alpha_{t+1}} = 0$，得到子模型 $f_{t+1}(\boldsymbol{x})$的权重 α_{t+1}：

$$\alpha_{t+1} = \frac{1}{2} \log \frac{1 - \varepsilon_{t+1}}{\varepsilon_{t+1}} \tag{7-24}$$

令

$$\omega_{t+1,i} = \frac{\exp(-y_i F_t(\boldsymbol{x}_i))}{Z_t}, \quad i = 1, 2, \cdots, m \tag{7-25}$$

由于 $\omega_{t+1,i}$ 能够很好地表示样本 $\boldsymbol{x}_i$ 被 $F_t(\boldsymbol{x}_i)$正确或错误分类的程度，所以 $\omega_{t+1,i}$ 可以视作当前样本的权重，供训练 $f_{t+1}(\boldsymbol{x})$使用。由式(7-25)，训练模型 $f_{t+1}(\boldsymbol{x})$时，样本的权重可仅由当前已经得到的模型 $F_t(\boldsymbol{x})$来设定。

综上，二分类问题的 AdaBoost 算法流程如算法 7-1 所示。

算法 7-1　AdaBoost

输入：样本集合 $D = \{(\boldsymbol{x}_1, y_1), (\boldsymbol{x}_2, y_2), \cdots, (\boldsymbol{x}_m, y_m)\}$，其中 $y_i \in \{-1, +1\}$；弱分类算法$\mathcal{F}(D, W)$，其中 ω 为样本的权重分布；要训练的分类器的个数 T

输出：AdaBoost 分类器 $F(\boldsymbol{x})$

1. 初始化样本权重 ω_1 的分布，每个样本拥有相同的权重

$$\omega_1 \sim W_1(\boldsymbol{x}) = \frac{1}{m}$$

2. 循环迭代，每次用当前样本的权重分布训练一个新的分类器 $f_t(\boldsymbol{x})$，并基于分类器对样本权重进行重新调整

for each t in $\{1, 2, \cdots, T\}$

　　$f_t(\boldsymbol{x}) = \mathcal{F}(D, \mathcal{W}_t)$

3. 计算当前权重分布下的分类模型的带权错误率

$$\varepsilon_t = \sum_{i=1}^{m} \omega_{ti} I\{f_t(\boldsymbol{x}) \neq y_i\}$$

4. 计算当前模型 $f_t(\boldsymbol{x})$的权重

$$\alpha_t = \frac{1}{2} \log \frac{1 - \varepsilon_t}{\varepsilon_t}$$

5. 更新样本权重的分布

$$\omega_{t+1} \sim W_{t+1}(\boldsymbol{x}) = \frac{W_t(\boldsymbol{x})}{Z_t/Z_{t-1}} \mathrm{e}^{-\alpha_t y f_t(\boldsymbol{x})}$$

其中

$$Z_t/Z_{t-1} = \sum_{i=1}^{m} W_t(x_i) \mathrm{e}^{-\alpha_t y_i f_t(x_i)}$$

end for

$$F(\boldsymbol{x}) = \mathrm{sgn}\left(\sum_{t=1}^{T} \alpha_t f_t(\boldsymbol{x})\right)$$

Return $F(\boldsymbol{x})$

很显然,从偏差—方差分析的角度,AdaBoost 算法每次迭代关注上一步被分类错误的样本,说明 AdaBoost 算法着重优化的是 $\mathrm{bias}(\boldsymbol{x})$。AdaBoost 的每个子模型都是一个弱分类器,着重优化权重大的样本。上一个子模型决定了当前样本集合的权重分布,因而基于这样的样本训练出来的子模型与上一个子模型是强相关的,式(7-14)针对的是回归模型,本例 AdaBoost 算法是回归模型,且各个子模型不是独立同分布,但式(7-14)对解释 AdaBoost 算法对 $\mathrm{var}(\boldsymbol{x})$的优化不明显仍有参考意义,子模型强相关也即式(7-14)中 ρ 接近 1,可以看到此时集成模型的方差与单模型基本相同。

在进行每个子模型 $f_t(\boldsymbol{x})$的训练时,需要依据样本的权重进行训练,一般有两种方式可以实现这一点。第一种是给权重大的样本的损失函数值乘以该权重,以达到着重优化的目的;第二种是按照概率分布$\mathcal{W}_t$从原始样本集合中进行采样,产生新的样本集合。

7.4 提升树

基模型为决策树的 Boosting 算法称为提升树。通常提升树以 CART 算法作为基模型决策树的训练方法。典型的提升树算法有 GBDT、XGBOOST 等。提升树有着可解释性强、伸缩不变性(无须对特征进行归一化)、对异常样本不敏感等优点,被认为是最好的机器学习算法之一,在工业界有着广泛的应用。

7.4.1 残差提升树

在数理统计中,所谓残差 r 是指样本$(\boldsymbol{x},y)$的真实目标值 y 与模型 $f(\boldsymbol{x})$预测值之差,即

$$r = y - f(\boldsymbol{x}) \tag{7-26}$$

7.3 节叙述的以二分类问题为例的 AdaBoost 算法以指数损失函数作为优化目标。对于回归问题,常用的损失函数为平方差损失函数。则对于使用加法模型描述的回归问题,不考虑子模型的权重,训练第 $t+1$ 个子模型,不考虑式(7-19)中的子模型系数,使用平方差损失函数优化式(7-19)可写为

$$\begin{aligned} L(y, F_{t+1}(\boldsymbol{x})) &= L(y, F_t(\boldsymbol{x}) + f_{t+1}(\boldsymbol{x})) \\ &= (y - F_t(\boldsymbol{x}) - f_{t+1}(\boldsymbol{x}))^2 \\ &= (r - f_{t+1}(\boldsymbol{x}))^2 \end{aligned} \tag{7-27}$$

可以看到模型 $f_{t+1}(\boldsymbol{x})$ 实际拟合的是当前已得到模型 $F_t(\boldsymbol{x})$ 的残差。若子模型为决策树，则称为集成模型为残差提升树。

7.4.2 GBDT

梯度提升树(Gradient Boosting Decision Tree，GBDT)的整体结构与残差提升树类似。不同的是，残差提升树拟合的是样本的真实值与当前已训练好的模型的预测值之间的残差，而梯度提升树拟合的则是损失函数对当前已训好模型的负梯度。这样就可以设定任意可导的损失函数。

对于负梯度：

$$-\left[\frac{\partial L(y,F(\boldsymbol{x}))}{\partial F(\boldsymbol{x})}\right]_{F(\boldsymbol{x})=F_{t-1}(\boldsymbol{x})} \tag{7-28}$$

其中

$$F_{t-1}(\boldsymbol{x})=\sum_{i=0}^{t-1} f_i(\boldsymbol{x}) \tag{7-29}$$

GBDT 算法的描述如算法 7-2 所示。

算法 7-2 GBDT 算法

输入：样本集合 $D=\{(\boldsymbol{x}_1,y_1),(\boldsymbol{x}_2,y_2),\cdots,(\boldsymbol{x}_m,y_m)\}$；决策树生成算法

输出：梯度提升树

1. 初始化 $F_0(\boldsymbol{x})$

$$F_0(\boldsymbol{x})=\underset{\gamma}{\operatorname{argmin}}\sum_{i=1}^{m} L(y_i,\gamma)$$

for $t=\{1,2,\cdots,T\}$

2. 对每个样本计算损失函数 L 关于当前模型 $F(\boldsymbol{x}_i)$ 的负梯度

$$\hat{y}_i=-\left[\frac{\partial L(y_i,F(\boldsymbol{x}_i))}{\partial F(\boldsymbol{x}_i)}\right]_{F(\boldsymbol{x}_i)=F_{t-1}(\boldsymbol{x}_i)},\quad i=1,2,\cdots,m$$

3. 以负梯度为拟合对象，构建一棵决策树，假设其参数为 $\boldsymbol{\omega}_t$

$$\boldsymbol{\omega}_t=\underset{\boldsymbol{\omega}}{\operatorname{argmin}}\sum_{i=1}^{m}[\hat{y}_i-f_t(\boldsymbol{x}_i)]^2$$

4. 构建好的决策树将样本集合划分为 J 个子集，每个叶节点是一个子集，记为 R_{tj}，$j=1,2,\cdots,J$

5. 估计每个叶节点的预测值 γ_{tj}

$$\gamma_{tj}=\underset{\gamma}{\operatorname{argmin}}\sum_{x_i\in R_{tj}} L(y_i,\gamma),\quad j=1,2,\cdots,J$$

6. 模型更新

$$F_t(\boldsymbol{x})=F_{t-1}(\boldsymbol{x})+\sum_{j=1}^{J}\gamma_{tj} I(\boldsymbol{x}\in R_{tj})$$

end for

return $F_t(\boldsymbol{x})$

7.4.3 XGBoost

XGBoost 通过正则化项来抑制模型的复杂度，以缓解过拟合。在决策树中，可以充当

正则化项的有叶节点的数目 J 以及每个叶节点的预测值$\boldsymbol{\omega}$，XGBoost 的正则化项采用的是叶节点数目及叶节点预测值的 L2 范数的组合，即

$$\Omega(f_t)=\gamma J+\lambda\frac{1}{2}\|\boldsymbol{\omega}\|_2^2=\gamma J+\frac{1}{2}\lambda\sum_{j=1}^{J}\omega_j^2 \tag{7-30}$$

XGBoost 的目标函数可以写作

$$\begin{aligned}L_t&=\sum_{i=1}^{m}l(y_i,F_t(\boldsymbol{x}_i))+\Omega(f)\\&=\sum_{i=1}^{m}l(y_i,F_{t-1}(\boldsymbol{x}_i)+f_t(\boldsymbol{x}_i))+\Omega(f)\end{aligned} \tag{7-31}$$

根据二阶泰勒展开，有

$$L_t\approx\sum_{i=1}^{m}\left[l(y_i,F_{t-1}(\boldsymbol{x}_i))+g(\boldsymbol{x}_i,y_i)f_t(\boldsymbol{x}_i)+\frac{1}{2}h(\boldsymbol{x}_i,y_i)f_t(\boldsymbol{x}_i)^2\right]+\Omega(f) \tag{7-32}$$

其中

$$\begin{cases}g(\boldsymbol{x},y)=\dfrac{\partial l(y,F_{t-1}(\boldsymbol{x}))}{\partial F_{t-1}(\boldsymbol{x})}\\h(\boldsymbol{x},y)=\dfrac{\partial^2 l(y,F_{t-1}(\boldsymbol{x}))}{\partial F_{t-1}(\boldsymbol{x})^2}\end{cases} \tag{7-33}$$

由于 $F_{t-1}(\boldsymbol{x})$已经通过训练得到，则可以去掉常数项 $l(y_i,F_{t-1}(\boldsymbol{x}_i))$，得到

$$\widetilde{L}_t\approx\sum_{i=1}^{N}\left[g(\boldsymbol{x}_i,y_i)f_t(\boldsymbol{x}_i)+\frac{1}{2}h(\boldsymbol{x}_i,y_i)f_t(\boldsymbol{x}_i)^2\right]+\Omega(f) \tag{7-34}$$

在决策树中，定义 $q(\boldsymbol{x})=i$ 为从输入 $\boldsymbol{x}$ 到叶节点编号 i 的映射，叶节点 i 的取值 ω_i 可表示为 $\omega_{q(\boldsymbol{x})}$，代入 $\omega_i=f_t(\boldsymbol{x}_i)$及 $\Omega(f)$，式(7-34)可写为

$$\widetilde{L}_t=\sum_{i=1}^{N}\left[g(\boldsymbol{x}_i,y_i)\omega_{q(\boldsymbol{x}_i)}+\frac{1}{2}h(\boldsymbol{x}_i,y_i)\omega_{q(\boldsymbol{x}_i)}^2\right]+\gamma J+\frac{1}{2}\lambda\sum_{j=1}^{J}\omega_j^2 \tag{7-35}$$

定义 $I_j=\{i\mid\omega_{q(\boldsymbol{x}_i)}=j\}$为第 j 个叶节点中的样本的索引构成的集合，则式(7-35)可写作

$$\begin{aligned}\widetilde{L}_t&=\sum_{i=1}^{m}\left[g(\boldsymbol{x}_i,y_i)\omega_{q(\boldsymbol{x}_i)}+\frac{1}{2}h(\boldsymbol{x}_i,y_i)\omega_{q(\boldsymbol{x}_i)}^2\right]+\gamma J+\frac{1}{2}\lambda\sum_{j=1}^{J}\omega_j^2\\&=\sum_{i=1}^{J}\left[\omega_{q(\boldsymbol{x}_i)}\sum_{i\in I_j}g(\boldsymbol{x}_i,y_i)+\frac{1}{2}\omega_{q(\boldsymbol{x}_i)}^2\left(\sum_{i\in I_j}h(\boldsymbol{x}_i,y_i)+\lambda\right)\right]+\gamma J\\&=\sum_{i=1}^{J}\left[G_j\omega_{q(\boldsymbol{x}_i)}+\frac{1}{2}(H_j+\lambda)\omega_{q(\boldsymbol{x}_i)}^2\right]+\gamma J\end{aligned} \tag{7-36}$$

假设已经求得决策树的结构 $q(\boldsymbol{x})$，为使 $\widetilde{L}_t$ 最小，则可令 $\widetilde{L}_t$ 对每个叶节点的值 ω_j 的偏导为 0，即$\dfrac{\partial\widetilde{L}_t}{\partial\omega_j}$，解得

$$\omega_j^*=-\frac{G_j}{H_j+\lambda} \tag{7-37}$$

求得的最小损失函数为

$$\widetilde{L}^{*}=-\frac{1}{2}\sum_{j=1}^{J}\frac{G_j^2}{H_j+\lambda}+\gamma J \tag{7-38}$$

至此，就只剩下求解 $q(\boldsymbol{x})$，采用暴力法枚举所有可能的树结构，无疑是一个NP难的问题。XGBoost使用CART决策树构建算法来构建决策树。决策树中关键是如何选取特征的划分方式。观察式(7-38)，其中$\frac{G_j^2}{H_j}+\lambda$表示的是每个叶子节点下的损失，将其分成两个节点后带来的增益为

$$\text{Gain}=\left[\frac{G_L^2}{H_L+\lambda}+\frac{G_R^2}{H_R+\lambda}-\frac{(G_L+G_R)^2}{H_L+H_R+\lambda}\right]-\gamma \tag{7-39}$$

其中，G_L、H_L 分别为左子树样本一阶导数和二阶导数之和，G_R、H_R 的定义类似。这样就得到了XGBoost中构建CART决策树的特征选择的方法。

7.5 Stacking

Stacking的思想是，用不同的子模型对输入提取不同的特征，然后拼接成一个特征向量，得到原始样本在特征空间的表示，然后在特征空间再训练一个学习器进行预测。

7.6 实例：基于梯度下降树实现波士顿房价预测

本节使用GBDT模型实现波士顿房价预测。完整代码如代码清单7-1所示。

代码清单7-1　使用GBDT模型预测波士顿房价

```
from sklearn.datasets import load_boston
from sklearn.ensemble import GradientBoostingRegressor as GBDT
from sklearn.model_selection import train_test_split
if __name__ == '__main__':
    boston = load_boston()
    x_train, x_test, y_train, y_test = train_test_split(boston.data, boston.target)
    model = GBDT(n_estimators = 50)
    model.fit(x_train, y_train)
    train_score = model.score(x_train, y_train)
    test_score = model.score(x_test, y_test)
print(train_score, test_score)
```

sklearn定义了GradientBoostingRegressor类作为GBDT回归模型。其构造函数的n_estimators参数决定了集成模型中包含的决策树的个数，默认值为100。这里我们取n_estimators为50，可以得到模型在训练集和测试集的准确率分别为0.96和0.93。当决策树过多时，集成模型整体表现为过拟合，反之则为欠拟合。因此在使用GBDT模型时，n_estimators是一个非常重要的超参数。

为了方便搜索超参数，sklearn还提供了一个辅助函数validation_curve。这个函数可以帮助我们看到n_estimators的取值是如何影响模型准确性的。具体代码如代码清单7-2所示。

代码清单 7-2　使用 validation_curve 确定 n_estimators 的取值

```
from sklearn.datasets import load_boston
from sklearn.ensemble import GradientBoostingRegressor as GBDT
from sklearn.model_selection import validation_curve
import matplotlib.pyplot as plt
if __name__ == '__main__':
    boston = load_boston()
    param_range = range(20, 150, 5)
    train_scores, val_scores = validation_curve(
        GBDT(max_depth = 3), boston.data, boston.target,
        param_name = 'n_estimators',
        param_range = param_range,
        cv = 5,
        )
```

代码清单 7-3 对 validation_curve 的输出进行了可视化,得到如图 7-3 所示的结果。

代码清单 7-3　validation_curve 的可视化

```
    train_mean = train_scores.mean(axis = -1)
    train_std = train_scores.std(axis = -1)
    val_mean = val_scores.mean(axis = -1)
    val_std = val_scores.std(axis = -1)

    _, ax = plt.subplots(1, 2)
    ax[0].plot(param_range, train_mean)
    ax[1].plot(param_range, val_mean)
    ax[0].fill_between(param_range, train_mean - train_std, train_mean + train_std, alpha = 0.2)
    ax[1].fill_between(param_range, val_mean - val_std, val_mean + val_std, alpha = 0.2)
    plt.show()
```

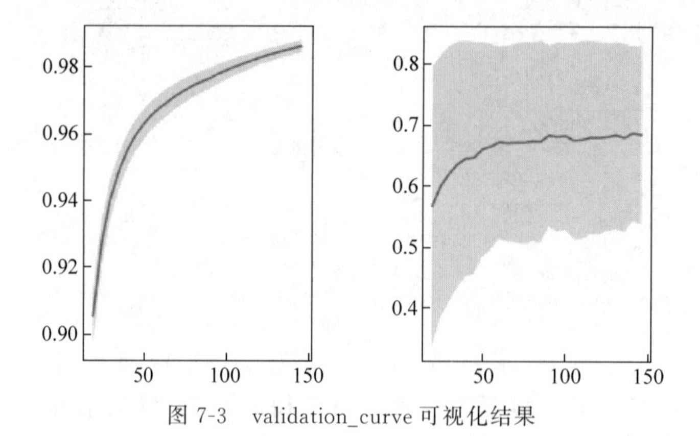

图 7-3　validation_curve 可视化结果

习题 7

一、选择题

1. 在 Bagging 集成学习中,多样性是通过(　　)实现的。
   A. 数据样本扰动　B. 输入属性扰动　C. 输出表示扰动　D. 算法参数扰动

2. 以下哪些算法未使用集成学习的思想？(　　)

A. 随机森林　　B. GBDT　　C. SVM　　D. AdaBoost

3. 数据科学家经常使用多个算法进行预测，并将多个机器学习算法的输出(称为集成学习)结合起来，以获得比所有个体模型都更好的更健壮的输出。下列说法正确的是(　　)。

A. 基本模型之间相关性高

B. 基本模型之间相关性低

C. 集成方法中，使用加权平均代替投票方法

D. 基本模型都来自同一算法

4. 关于随机森林的训练过程，下列描述正确的是(　　)。

A. 样本扰动　　B. 属性扰动

C. 样本扰动并且属性扰动　　D. 不存在扰动现象

5. 下列关于随机森林和 GBDT 的说法正确的是(　　)。

A. 都是一种 Boosting 方法

B. 组成随机森林的树可以分类树也可以是回归树，而 GBDT 只由回归树组成

C. 随机森林的训练属于属性扰动，不属于样本扰动

D. 随机森林对异常值敏感，而 GBDT 对异常值不敏感

二、判断题

1. 集成学习中基本模型应尽量来自同一算法，通过改变训练数据和参数，得到不同的基本模型。(　　)

2. 通常来讲，集成学习中基本模型之间相关性应该低一些。(　　)

3. 集成学习中集成的基本模型的数量越多，集成模型的效果就越好。(　　)

4. Bagging、Boosting 是常用的集成学习的方法。(　　)

5. 我们可以借鉴类似 Bagging 的思想对 GBDT 模型进行一定的改进，例如每个分裂节点只考虑某个随机的特征子集或者每棵树只考虑某个随机的样本子集这两个方案都是可行的。(　　)

三、填空题

1. Adaboost 相对于单个弱分类器而言通过 Boosting ________了模型的方差，________了偏差。

2. 随机森林相对于单个决策树而言通过 Bagging ________了模型的 Variance。

3. 为了防止过拟合，随机森林应该对每一棵子树进行________。

4. XGBoost 模型的损失函数由________得到。

5. 在 AdaBoost 算法中，所有被分错的样本的权重更新比例________。

四、问答题

1. 某电商网站现在需要预测用户未来一周内购买哪些商品，请问：

(1) 可以使用哪些评价指标(至少写出两个)？

(2) 现可供使用的模型有 Logistic 模型和 GBDT(Gradient Boosting Decision Tree)模型，请简述这两个模型的原理，并比较这两个模型的特点。

(3) 训练模型后在线下的离线评价效果很好，但上线使用后发现效果极差，请分析可能

的原因及解决方案。

2. 请描述随机森林与 GBDT 的区别。

3. XGBoost 为什么使用泰勒二阶展开?

4. 使用 adaboost 为什么能快速收敛?

5. Boosting 算法有哪两类?它们之间的区别是什么?

五、应用题

1. 基于第 6 章中的泰坦尼克号数据集,使用随机森林算法进行建模。

2. 基于第 6 章中的泰坦尼克号数据集,使用 XGBoost 算法进行建模。

第8章

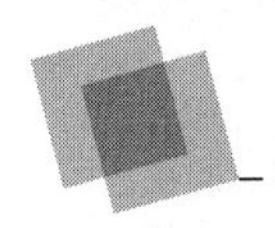

EM算法及其应用

本章目标

- 理解并掌握 EM 算法的算法流程；
- 了解高斯混合模型，结合案例理解数学实现；
- 了解并掌握隐马尔科夫模型，包括核心思想、观测概率的计算、隐马尔可夫模型的参数估计和隐变量序列预测；
- 实现高斯混合模型完成分类问题。

EM 算法是一种迭代优化算法，主要用于含有隐变量模型的参数估计。含有隐变量的模型往往用于对不完全数据进行建模。EM 算法是一种参数估计的思想，典型的 EM 算法有高斯混合模型、隐马尔可夫模型和 K-均值聚类等。本章主要介绍 EM 算法及其在高斯混合模型和隐马尔可夫模型中的应用。K-均值聚类将在第 10 章中进行描述。

8.1 Jensen 不等式

设 x 是一个随机变量，f 是作用于随机变量 x 上的下凸函数，则有

$$E[f(x)] \geqslant f(E[x]) \tag{8-1}$$

式(8-1)为 Jensen 不等式，在 $f(x)$为常数时取等号。如图 8-1 所示，设 $f(x)$是一个二维空间中的下凸函数，$E[x]$是 x_1 和 x_2 之间的任意一点，即

$$E[x] = px_1 + (1-p)x_2, \quad p \in [0,1] \tag{8-2}$$

容易看出 Jensen 不等式成立。

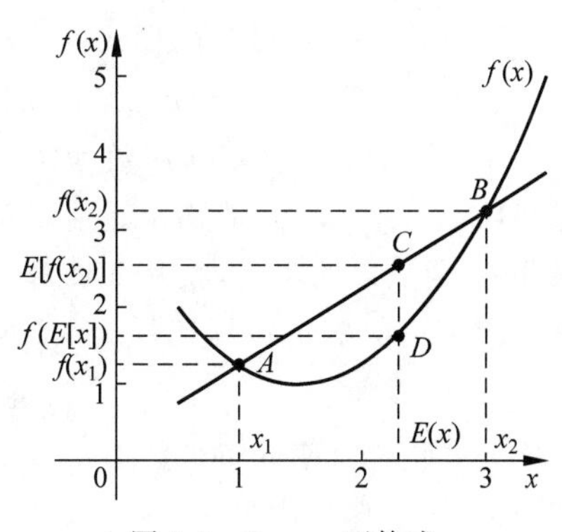

图 8-1 Jensen 不等式

8.2 EM 算法

在含有隐变量的模型中,给定观测数据 x,设其对应的隐变量为 z,称(x,z)为完全数据。产生观测数据的模型记为 $P(x;\theta)$:

$$P(x;\theta)=\sum_{z}P(x,z;\theta) \tag{8-3}$$

其中,θ 为参数,$P(x,z;\theta)$为完全数据的联合概率分布。

假设经过 t 轮迭代后,模型参数的估计值为 θ_t。此时,根据参数 θ_t 可以得到当前时刻隐变量的分布为

$$Q(z)=P(z\mid x;\theta_t)=\frac{P(x,z;\theta_t)}{P(x;\theta_t)}=\frac{P(x,z;\theta_t)}{\sum_{z}P(x,z;\theta_t)} \tag{8-4}$$

根据极大似然估计原理,模型 $P(x;\theta)$的对数似然函数为

$$\begin{aligned}l(\theta)&=\log P(x;\theta)\\&=\log\sum_{z}P(x,z;\theta)\\&=\log\sum_{z}Q(z)\frac{P(x,z;\theta)}{Q(z)}\end{aligned} \tag{8-5}$$

将 $P(x,z;\theta)/Q(z)$看作随机变量 z 的函数,则有

$$l(\theta)=\log E_{Q(z)}\left[\frac{P(x,z;\theta)}{Q(z)}\right] \tag{8-6}$$

由 Jensen 不等式有

$$\begin{aligned}l(\theta)&\geqslant E_{Q(z)}\left[\log\frac{P(x,z;\theta)}{Q(z)}\right]\\&=E_{Q(z)}[\log P(x,z;\theta)]+E_{Q(z)}\left[\log\frac{1}{Q(z)}\right]\\&=E_{Q(z)}[\log P(x,z;\theta)]+H(Q(z))\end{aligned} \tag{8-7}$$

其中,$E_{Q(z)}[\log P(x,z;\theta)]$为随机变量 $\log P(x,z;\theta)$关于隐变量分布 $Q(z)$的期望,$H(Q(z))$是隐变量分布的熵。式(8-7)给出了对数似然函数 $L(\theta)$的一个下界,EM 算法的思想就是通过最大化这个下界,使得 $L(\theta)$最大。因为 $H(Q(z))$与 θ 无关,所以只考虑优化 $E_{Q(z)}[\log P(x,z;\theta)]$即可,称式(8-7)为 Q 函数(与上面的 $Q(z)$无关)

$$Q(\theta,\theta_t)=E_{Q(z)}[\log P(x,z;\theta)]=E_{z\mid x;\theta_t}[\log P(x,z;\theta)] \tag{8-8}$$

对于多个样本,可以定义 Q 函数为每个样本(x,z)的 Q 函数之和,即似然函数 $l(\theta)$关于隐变量集$(z_1,z_2,\cdots,z_m)$的期望。这就是 EM 算法中 E(Expectation)的由来。接下来,关于 θ 极大化 Q 函数得到 θ_{t+1},就是 EM 算法中 M(Maximization)的过程。

总结 EM 算法的流程如算法 8-1 所示。

算法 8-1　EM 算法

输入:联合概率分布函数 $P(x,z;\theta)$;观察数据$(x_1,x_2,\cdots,x_m)$;隐变量$(z_1,z_2,\cdots,z_m)$;EM 算法迭代次数 M

输出:模型 $P(x;\theta^M)$

```
1. 初始化模型参数 θ_0
for each t in 0,1,…,M-1
2. 根据当前参数 θ_t,计算 Q 函数
```

$$Q(\theta,\theta_t)=\sum_{i=1}^{m}E_{z_i|x_i;\theta_t}[\log P(x_i,z_i;\theta)]$$

```
3. 极大化 Q 函数得到 θ_{t+1}
```

$$\theta_{t+1}=\underset{\theta}{\operatorname{argmax}}\,Q(\theta,\theta_t)$$

```
end for
return P(x;θ_M)
```

8.3 高斯混合模型(GMM)

高斯混合模型(Gaussian Mixture Model, GMM)是EM算法的一个典型应用。下面以高斯混合聚类来阐述高斯混合模型。根据大数定律,人群中的身高分布应呈高斯分布。现给定一个随机采样得到的学生身高的样本集合 $D=\{x_1,x_2,\cdots,x_m\}$,设身高服从的高斯分布为 $x\sim\mathcal{N}(\mu,\sigma^2)$,其中 $\theta=(\mu,\sigma^2)$ 为待估计的参数。高斯分布的概率密度函数为

$$f(x;\theta)=\frac{1}{\sqrt{2\pi}\sigma}\exp\left(-\frac{(x-\mu)^2}{2\sigma^2}\right) \tag{8-9}$$

根据极大似然估计原理,身高分布的对数似然函数为

$$l(\theta)=\sum_{i=1}^{m}\log f(x_i;\theta)=\sum_{i=1}^{m}\log\frac{1}{\sqrt{2\pi}}-\frac{1}{2}\log\sigma^2-\frac{1}{2\sigma^2}(x_i-\mu)^2 \tag{8-10}$$

令对数似然函数对 μ 和 σ^2 的导数为0,即可求得 μ 和 σ^2 的估计值 $\hat{\mu}$ 和 $\hat{\sigma}^2$:

$$\begin{cases}\hat{\mu}=\sum_{i=1}^{m}x_i=\bar{x}\\ \hat{\sigma}^2=\frac{1}{m}\sum_{i=1}^{m}(x_i-\bar{x})^2\end{cases} \tag{8-11}$$

现在,假设我们需要对全部的样本进行聚类,分成男人和女人两个类别。根据大数定律,男人和女人的身高分别服从高斯分布,设其参数分别为 $\theta_1=(\mu_1,\sigma_1^2)$ 和 $\theta_2=(\mu_2,\sigma_2^2)$。估计出这两个分布的参数,即可估计出任意样本属于这两个分布的概率。高斯混合模型就是基于这样的思想完成聚类任务的。

高斯混合模型由若干高斯模型的加权求和得到,其形式为

$$P(x;\theta)=\sum_{i=1}^{K}\alpha_i f(x;\theta^k) \tag{8-12}$$

其中,α_i 为第 i 个子模型的权重,$\theta=(\theta^1,\theta^2,\cdots,\theta^K)$ 为混合模型的参数。高斯混合模型假设数据的产生过程分为两步:

(1) 以概率 $\alpha_1,\alpha_2,\cdots,\alpha_K$ 采样选取一个高斯分布 $P(x;\theta^k)$;

(2) 在 $P(x;\theta^k)$ 中进行 m 次采样后获得观测数据集合 $\{x_1,x_2,\cdots,x_m\}$。

然而,我们最终看到的只有数据集 $\{x_1,x_2,\cdots,x_m\}$,实际的采样过程是无法观测的,即无法观测到每个观测是从哪个子模型采样的。记随机变量 $z_i\in\{1,2,\cdots,K\}$ 为第 i 次采样过程中选择的高斯分布编号。由于 z_i 不可观测,所以称 z_i 为隐变量。

以人群身高的聚类问题为例,可以认为采样获得学生身高数据集的过程如下。

(1) 以概率 $\alpha_1,\alpha_2,\cdots,\alpha_K$ 随机选择一个性别 z_i,设这个性别的身高服从高斯分布 $P(x;\theta^k)$;

(2) 在 $P(x;\theta^k)$中进行采样获得一个身高数据 x_i。

估计两种性别对应的高斯分布参数的过程是:对于每个样本,计算性别分布 $P(z_i=k|x_i)$,并假设性别为$\max_k P(z_i=k|x_i)$,直到将所有样本都归类完为止。$P(z_i=k|x_i)$称为 z_i 的后验概率分布,表示 x_i 来自第k 个高斯分布的概率。根据贝叶斯定理有

$$P(z_i=k \mid x_i)=\frac{P(z_i=k)P(x_i \mid z_i=k)}{\sum_{j=1}^{K}P(z_i=j)P(x_i \mid z_i=j)}=\frac{\alpha_k f(x_k;\theta^k)}{\sum_{j=1}^{K}\alpha_j f(x_j;\theta^j)} \tag{8-13}$$

记 θ_t 为 t 次迭代后的模型参数。当 θ_t 给定时,记 $\gamma_t^{ik}=P(z_i=k|x_i;\theta_t)$,此时 γ_t^{ik} 为常数。根据式(8-9)写出 Q 函数,即 EM 算法的 E 步。

$$\begin{aligned}Q(\theta,\theta_t)&=\sum_{i=1}^{m}\sum_{k=1}^{K}P(z_i=k \mid x_i;\theta_t^k)\log(\alpha_k f(x_i;\theta^k))\\&=\sum_{i=1}^{m}\sum_{k=1}^{K}\gamma_t^{ik}\log(\alpha_k f(x_i;\theta^k))\end{aligned} \tag{8-14}$$

极大化 Q 函数,即 EM 算法的 M 步。令 Q 函数对μ^k,$(\sigma^k)^2$ 的导数为 0 可得

$$\begin{cases}\hat{\mu}^k=\left(\sum_{i=1}^{m}\gamma_{ik}\right)^{-1}\sum_{i=1}^{m}\gamma_{ik}x_i\\(\hat{\sigma}^k)^2=\left(\sum_{i=1}^{m}\gamma_{ik}\right)^{-1}\sum_{i=1}^{m}\gamma_{ik}(y_i-\hat{\mu}^k)^2\end{cases} \tag{8-15}$$

最后考虑参数 α_k。在满足$\sum_{k=1}^{K}\alpha_k=1$ 且 $\alpha_k\geqslant 0$ 的条件下极大化 Q 函数,这是一个带有约束条件的最优化问题,可通过拉格朗日乘子法求解。构造拉格朗日函数为

$$\text{Lag}(\alpha)=Q(\theta,\theta_t)+\lambda\left(\sum_{j=1}^{K}\alpha_j-1\right) \tag{8-16}$$

令拉格朗日函数对 α_k 的导数为 0,有

$$\frac{\partial \text{Lag}}{\alpha_k}=\sum_{i=1}^{m}\frac{\gamma_{ik}^t}{\alpha_k}+\lambda=0 \tag{8-17}$$

可得

$$\lambda\alpha_k=-\sum_{i=1}^{m}\gamma_{ik}^t\Rightarrow\sum_{k=1}^{K}\lambda\alpha_k=-\sum_{k=1}^{K}\sum_{i=1}^{m}\gamma_{ik}^t\Rightarrow\lambda=-m \tag{8-18}$$

于是

$$\alpha_k=\frac{1}{m}\sum_{i=1}^{m}\gamma_{ik}^t \tag{8-19}$$

对于前述人群分类的例子,假设以毫米(mm)为单位的男女身高对应高斯分布分别为

$$\begin{cases}\mathcal{N}_{\mathrm{m}}(\mu_{\mathrm{m}}=1693.0,\sigma_{\mathrm{m}}=56.6)\\\mathcal{N}_{\mathrm{f}}(\mu_{\mathrm{f}}=1586.0,\sigma_{\mathrm{f}}=51.8)\end{cases} \tag{8-20}$$

使用计算机模拟采样得到10000个男性身高样本和10000个女性身高样本，共20000个样本。采样的频数分布直方图如图8-2所示。

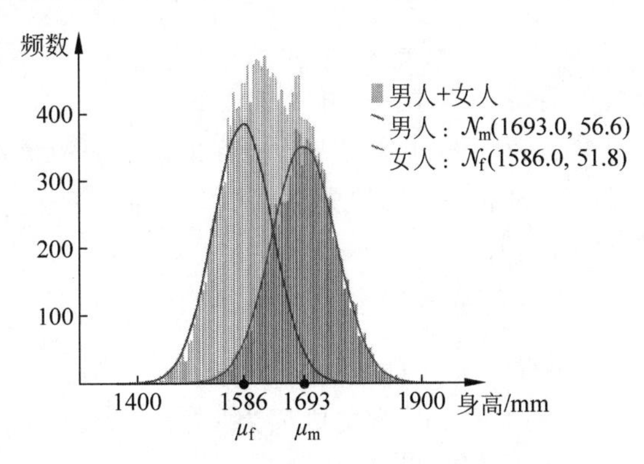

图 8-2 身高频数分布直方图(见彩插)

现对其利用高斯混合模型聚类，可以估计出男女的高斯分布为

$$\begin{cases}\mathcal{N}_m^*(\mu_m^*=1698.2, \sigma_m^*=53.0) \\ \mathcal{N}_f^*(\mu_m^*=1587.0, \sigma_m^*=51.0)\end{cases} \tag{8-21}$$

其中，对应的模型权重分别为

$$\begin{cases}\alpha_m=0.467 \\ \alpha_f=0.533\end{cases} \tag{8-22}$$

从图8-3中可以看到，通过高斯混合模型得到的高斯分布与采样用的高斯分布非常接近。高斯聚类的分类准确率约为83.2%。本例中两个高斯分布有较大面积的重叠，如果高斯混合模型的各个子模型均值之间距离更大、方差更小，则聚类准确率会更高。

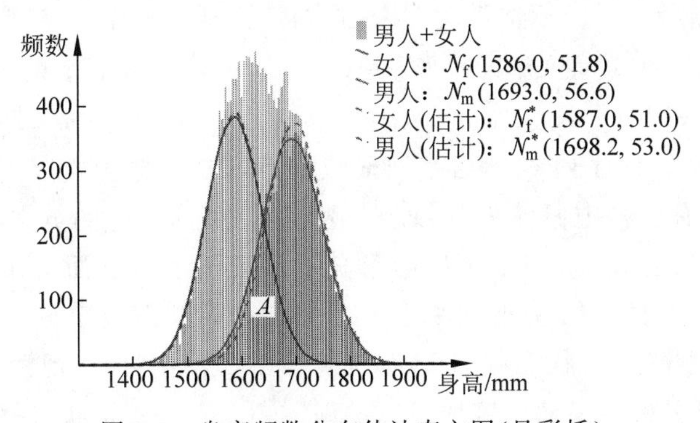

图 8-3 身高频数分布估计直方图(见彩插)

8.4 隐马尔可夫模型

EM算法的另一个典型应用就是隐马尔可夫模型。隐马尔可夫模型是经典的序列建模算法，在语音识别、词性标注、机器翻译等领域有着广泛的应用。下面以一个朴素的机器翻译任务为例，引出隐马尔可夫模型。假定中文句子与其对应的英文翻译中单词数相同，中英

文的单词词库分别为

$$\begin{cases} O = \{o_1, o_2, \cdots, o_N\} \\ S = \{s_1, s_2, \cdots, s_M\} \end{cases} \tag{8-23}$$

现要进行中文到英文的翻译。对于一个中文句子 $\boldsymbol{x}=\{x_1,x_2,\cdots,x_T\}$ 和英文句子 $\boldsymbol{y}=\{y_1,y_2,\cdots,y_T\}$,其中 $x_t \in O$ 和 $y_t \in S$ 分别表示中英文句子中的第 t 个单词。假定第 t 个英文单词为 $y_t=s_i$ 时,其对应的中文单词的概率分布为 $b_{ij}=P(x_t=o_j \mid y_t=s_i)$,构成矩阵 $\boldsymbol{B}=\{b_{ij}\}_{M\times N}$。举例来说,可能有

$$\begin{cases} P(x_t = \text{我的} \mid y_t = \text{My}) = 0.9995 \\ P(x_t = \text{你的} \mid y_t = \text{My}) = 0.0001 \end{cases} \tag{8-24}$$

再假定第 t 个英文单词为 s_i 时,下一个英文单词为 s_j 的概率为 $a_{ij}=P(y_{t+1}=s_j \mid y_t=s_i)$,构成矩阵 $\boldsymbol{A}=\{a_{ij}\}_{M\times M}$。举例来说,可能有

$$\begin{cases} P(y_{t+1} = \text{Model} \mid y_t = \text{Markov}) = 0.997 \\ P(y_{t+1} = \text{Melon} \mid y_t = \text{Markov}) = 0.002 \end{cases} \tag{8-25}$$

此外,根据对所有英文句子的英文单词出现频率进行统计,可以估算出 S 中每个单词的初始概率分布 $\pi=\{\pi_1,\pi_2,\cdots,\pi_M\}$。概率越大,反映出这个单词在英文表达中使用的频率越高。

令 $\lambda=(\boldsymbol{A},\boldsymbol{B},\pi)$。假设 λ 已知,那么中文到英文的翻译过程描述如下。

(1) 将一个中文句子进行分词得到 $\boldsymbol{x}=\{x_1,x_2,\cdots,x_T\}$。

(2) 依据单词的初始分布 π 从 S 中选择一个英文单词,用随机变量 y_1 表示,计算其输出为 x_1 的概率 b_{y_1,x_1}(为方便描述,令 y_t 和 x_t 分别表示对应的单词在英文或者中文词库中的索引,这与直接表示单词等价)。

(3) 然后按照矩阵 $\boldsymbol{A}$,依据当前英文单词 y_1 选择下一个单词 y_2,选择概率为 a_{y_1,y_2},计算 y_2 输出 x_2 的概率 b_{y_2,x_2}。依次进行下去,直到计算 y_T 输出 x_T 的概率 b_{y_T,x_T} 为止。整个过程描述的就是一个生成英文单词序列 $\boldsymbol{y}=\{y_1,y_2,\cdots,y_T\}$ 及相应的中文序列 $\boldsymbol{x}$ 的过程。

(4) 记 $P(\boldsymbol{y},\boldsymbol{x};\lambda)=\pi_{y_1}b_{y_1,x_1}a_{y_1,y_2}b_{y_2,x_2}\cdots a_{y_{T-1},y_T}b_{y_T,x_T}$ 为依据初始分布 π 及单词转移矩阵 $\boldsymbol{A}$ 生成英文单词序列 $\boldsymbol{y}$,然后基于 $\boldsymbol{y}$ 依据矩阵 $\boldsymbol{B}$ 生成中文序列 $\boldsymbol{x}$ 的概率。称 $\boldsymbol{y}$ 为一条路径,计算出所有路径中概率 $P(\boldsymbol{y},\boldsymbol{x};\lambda)$ 最大的路径即对应的英文翻译。

上面描述的翻译模型就是一个典型的隐马尔可夫模型。下面给出马尔可夫模型的定义。一个马尔可夫模型由 3 组模型参数组成,分别是初始状态概率分布 λ、状态转移概率矩阵 $\boldsymbol{A}$ 以及观测概率矩阵 $\boldsymbol{B}$。状态集合记为 $S=\{s_1,s_2,\cdots,s_M\}$,观测集合记为 $O=\{o_1,o_2,\cdots,o_N\}$。马尔可夫模型描述了这样一个过程:首先依据初始状态概率分布 λ 选择一个初始状态;然后依据状态概率转移矩阵 $\boldsymbol{A}$ 不断进行状态转移,最终生成一个状态序列 $\boldsymbol{y}=\{y_1,y_2,\cdots,y_T\}$;在序列 $\boldsymbol{y}$ 中的每个状态 y_t 上,通过 $\boldsymbol{B}$ 生成一个观测值 x_t,形成一个观测序列 $\boldsymbol{x}=\{x_1,x_2,\cdots,x_T\}$。一般情况下,状态序列不能直接观察,这样的马尔可夫模型称为隐马尔可夫模型。

马尔可夫模型假设:在给定当前状态的条件下,下一个时刻的状态与之前的所有状态条件独立,即

$$P(y_{t+1} \mid y_t) = P(y_{t+1} \mid y_t, y_{t-1}, \cdots, y_1) \tag{8-26}$$

这一假设被称为马尔可夫性。

对于上面描述的翻译模型，状态集合为英文单词词库，观测集合为中文单词词库，初始状态分布为英文单词的概率分布，状态转移概率矩阵为从当前英文单词跳转到下一个英文单词的概率矩阵，观测矩阵为每个英文单词对应的中文翻译的概率分布。中文句子的单词序列是可观测的，而对应的英文单词（状态）则不可观测，需要我们进行估计，这就是隐马尔可夫模型中“隐”的由来。

隐马尔可夫模型在实际应用中往往对应着 3 个基本问题，分别如下。

（1）计算观测序列的输出概率。即给定模型参数 $\lambda=(\boldsymbol{A},\boldsymbol{B},\pi)$ 及观测序列 $\boldsymbol{x}$，求从模型产生当前观测的概率 $P(\boldsymbol{x};\lambda)$。

（2）估计隐马尔可夫模型的参数。给定一个观测序列集合 $D=\{\boldsymbol{x}^1,\boldsymbol{x}^2,\cdots,\boldsymbol{x}^K\}$，其中 K 为集合的大小，估计隐马尔可夫模型的参数 $\lambda=(\boldsymbol{A},\boldsymbol{B},\pi)$。

（3）隐变量序列预测。给定隐马尔可夫模型的参数 $\lambda=(\boldsymbol{A},\boldsymbol{B},\pi)$ 及观测序列 $\boldsymbol{x}$，求观测序列最有可能对应的状态序列 $\boldsymbol{y}$。

其中，问题(2)是核心问题。

假设中英文单词词库分别为{西瓜，爸爸，是，我的，警察}和{police, watermelon, father, is, my}。为简化描述，假设初始概率 π_i 均为 20%或者近似相等。图 8-4 展示了一个机器翻译状态转移图，节点之间的连线表示两个单词之间的转移概率。假设句子的长度为 4，从图 8-4 中可以看出 $t=1$ 到 $t=4$ 之间有无数条路径。图 8-5 列出了每个状态下对应每个中文单词的概率。

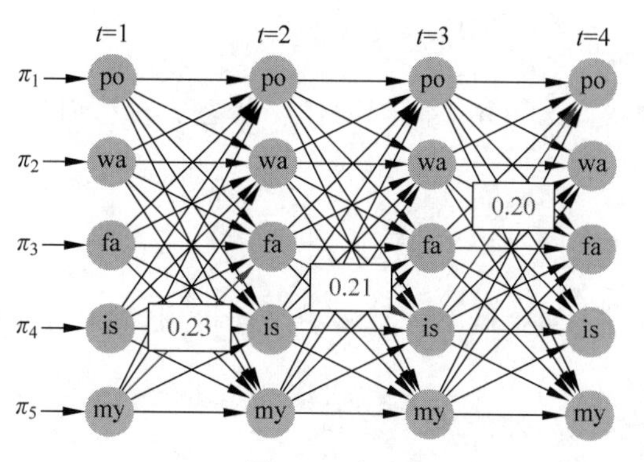

图 8-4 隐马尔可夫链（见彩插）

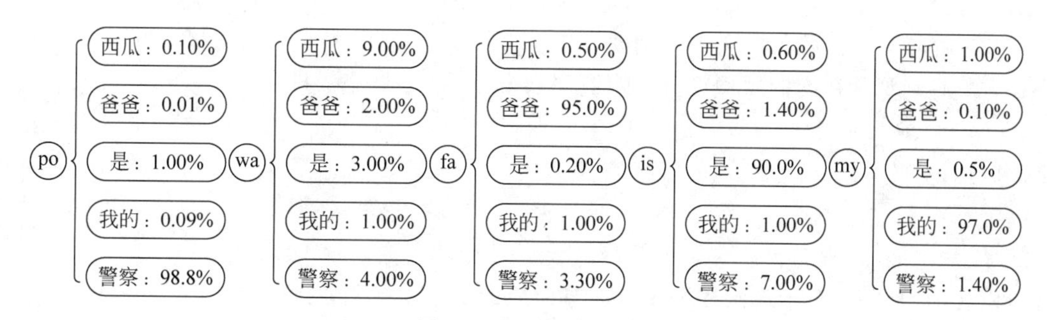

图 8-5 观测概率输出

对于一个中文句子,例如"我的～爸爸～是～警察"。通过计算图 8-4 中每条路径上输出"我的～爸爸～是～警察"的概率。假设路径"My～father～is～police"(图 8-4 中标红色的路径)输出的概率最大,那么就认为"我的～爸爸～是～警察"的英文翻译是"My～father～is～police",且输出概率为

$$\pi_5 \times 97.0\% \times 0.23 \times 95.0\% \times 0.21 \times 90.0\% \times 0.20 \times 98.8\% = 0.79\%\pi_5 \tag{8-27}$$

在使用计算机求解时,往往会通过对数转化成加法运算。

8.4.1 计算观测概率的输出

给定模型参数 $\lambda=(\boldsymbol{A},\boldsymbol{B},\pi)$ 及观测序列 $\boldsymbol{x}=\{x_1,x_2,\cdots,x_T\}$,要计算模型产生当前观测的概率 $P(\boldsymbol{x};\lambda)$。一个朴素的想法就是枚举状态序列 $\boldsymbol{y}$ 的所有可能取值,计算 $P(\boldsymbol{y},\boldsymbol{x};\lambda)$的和为

$$P(\boldsymbol{x};\lambda)=\sum_{\boldsymbol{y}} P(\boldsymbol{y},\boldsymbol{x};\lambda)=\sum_{\boldsymbol{y}} \pi_{y_1} b_{y_1,x_1} a_{y_1,y_2} b_{y_2,x_2} \cdots a_{y_{T-1},y_T} b_{y_T,x_T} \tag{8-28}$$

可以估算,式(8-28)计算的时间复杂度是 $O(TN^T)$,在计算上不可行。下面介绍三种算法。

(1) 前后向算法。可以发现,朴素计算方法中存在大量的冗余计算,因此可以使用动态规划来进行优化。隐马尔可夫模型中称为前后向算法。

(2) 前向算法。定义 α_t^i 为 t 时刻状态为 $y_t=s_i$ 的前向概率:

$$\alpha_t^i=P(\boldsymbol{x}_{[1:t]},s_t=y_i;\lambda) \tag{8-29}$$

其中,$\boldsymbol{x}_{[1:t]}=\{x_1,x_2,\cdots,x_t\}$为包含 t 时刻在内的部分观测序列。可以归纳得到

$$\alpha_{t+1}^i=\sum_{j=1}^{M}\alpha_t^j a_{ji} b_{i,x_{t+1}} \tag{8-30}$$

式(8-30)的含义是: $t+1$ 时刻的状态 i 可由 t 时刻的任一状态 j 转移而来,但是需要满足 $t+1$ 时刻的观测值为 x_{t+1}。

前向概率的初值为

$$\alpha_1^i=\pi_i b_{i,x_1} \tag{8-31}$$

式(8-31)的含义是: 状态需要首先从初始概率分布 π 中采样得到,同时保证生成正确的观测值 x_1。

最终,$P(\boldsymbol{x};\lambda)$为 T 时刻所有状态的前向概率之和。

$$P(\boldsymbol{x};\lambda)=\sum_{i=1}^{M}\alpha_T^i \tag{8-32}$$

(3) 后向算法。后向算法中,t 时刻状态为 $y_t=s_i$ 的后向概率与前向概率互补,定义为不包含 t 时刻观测在内的后面部分的观测序列 $\boldsymbol{x}_{[t+1:T]}$ 的概率。即

$$\beta_t^i=P(\boldsymbol{x}_{[t+1:T]},y_t=s_i;\lambda) \tag{8-33}$$

可以归纳得到

$$\beta_{t-1}^i=\sum_{j=1}^{M} a_{ij} b_{j,x_t} \beta_t^j \tag{8-34}$$

结合前向概率,对于观测序列 $\boldsymbol{x}$,t 时刻对应的状态 $y_t=s_i$ 的概率为

$$P(\boldsymbol{x},y_t=s_i;\lambda)=\alpha_t^i\beta_t^i \tag{8-35}$$

于是有

$$P(\boldsymbol{x};\lambda)=\sum_{i=1}^{M}P(\boldsymbol{x},y_t=s_i;\lambda)=\sum_{i=1}^{M}\alpha_t^i\beta_t^i \tag{8-36}$$

当 $t=T$ 时，$P(\boldsymbol{x};\lambda)=\sum_{i=1}^{M}\alpha_T^i\beta_T^i$，又由于 $P(\boldsymbol{x};\lambda)=\sum_{i=1}^{M}\alpha_T^i$，所以后向概率的初值为

$$\beta_T^i=1 \tag{8-37}$$

8.4.2 估计隐马尔可夫模型的参数

可以看到，估计隐马尔可夫模型的参数就是带有隐变量的极大似然估计问题，所以可以用 EM 算法进行参数估计。假设观测序列的样本集合为 $D=\{\boldsymbol{x}^k\}_{k=1}^{K}$。假设经过 l 轮迭代得到的参数为 $\lambda^l=(A^l,B^l,\pi^l)$，令随机变量 $\boldsymbol{v}$ 表示可能的状态序列，则 Q 函数为

$$\begin{aligned}Q(\lambda,\lambda^l)&=\sum_{k=1}^{K}\sum_{\boldsymbol{v}}P(\boldsymbol{y}^k=\boldsymbol{v}\mid\boldsymbol{x}^k;\lambda^l)\log P(\boldsymbol{x}^k,\boldsymbol{y}^k=\boldsymbol{v};\lambda)\\&=\sum_{k=1}^{K}\sum_{\boldsymbol{v}}P(\boldsymbol{y}^k=\boldsymbol{v}\mid\boldsymbol{x}^k;\lambda^l)\left(\log\pi_{v_1}+\sum_{t=1}^{T}\log b_{v_t,x_t^k}+\sum_{t=1}^{T-1}\log a_{v_t,v_{t+1}}\right)\end{aligned} \tag{8-38}$$

因为参数 λ^l 已知，所以 $P(\boldsymbol{x}^k;\lambda^l)$ 为常数。于是有隐变量的概率分布

$$P(\boldsymbol{y}^k=\boldsymbol{v}\mid\boldsymbol{x}^k;\lambda^l)=\frac{P(\boldsymbol{x}^k,\boldsymbol{y}^k=\boldsymbol{v};\lambda^l)}{P(\boldsymbol{x}^k;\lambda^l)}\propto P(\boldsymbol{x}^k,\boldsymbol{y}^k=\boldsymbol{v};\lambda^l) \tag{8-39}$$

因此 Q 函数可以写作

$$Q(\lambda,\lambda^l)=\sum_{k=1}^{K}\sum_{\boldsymbol{v}}P(\boldsymbol{x}^k,\boldsymbol{y}^k=\boldsymbol{v};\lambda^l)\left(\log\pi_{v_1}+\sum_{t=1}^{T}\log b_{v_t,x_t^k}+\sum_{t=1}^{T-1}\log a_{v_t,v_{t+1}}\right) \tag{8-40}$$

首先通过拉格朗日乘子法求 π_i。由于 $\sum_{i=1}^{M}\pi_i=1$，所以拉格朗日函数为

$$\mathrm{Lag}(\lambda)=Q(\lambda,\lambda^l)+\gamma\left(\sum_{i=1}^{M}\pi_i-1\right) \tag{8-41}$$

令拉格朗日函数对 π_i 的导数为 0，有

$$\frac{\partial\mathrm{Lag}}{\partial\pi_i}=\sum_{k=1}^{K}P(\boldsymbol{y}_1^k=s_j,\boldsymbol{x}^k;\lambda^l)\frac{1}{\pi_i}+\gamma=0 \tag{8-42}$$

可得

$$\begin{aligned}&-\sum_{k=1}^{K}P(\boldsymbol{x}^k,\boldsymbol{y}_1^k=s_j;\lambda^l)=\gamma\pi_i\\&\Rightarrow-\sum_{k=1}^{K}\sum_{j=1}^{M}P(\boldsymbol{x}^k,\boldsymbol{y}_1^k=s_j;\lambda^l)=\sum_{j=1}^{M}\gamma\pi_i\\&\Rightarrow-\sum_{k=1}^{K}P(\boldsymbol{x}^k;\lambda^l)=\gamma\end{aligned} \tag{8-43}$$

于是

$$\pi_i=\frac{\sum_{k=1}^{K}P(\boldsymbol{x}^k,\boldsymbol{y}_1^k=s_j;\lambda^l)}{\sum_{k=1}^{K}P(\boldsymbol{x}^k;\lambda^l)}=\frac{\sum_{k=1}^{K}\alpha_1^j\beta_1^j}{\sum_{k=1}^{K}P(\boldsymbol{x}^k;\lambda^l)} \tag{8-44}$$

下面通过拉格朗日乘子法求 a_{ij}。由于 $\sum_{i=j}^{M} a_{ij}=1$，所以拉格朗日函数为

$$\mathrm{Lag}(\lambda)=Q(\lambda,\lambda^{l})+\gamma\left(\sum_{j=1}^{M} a_{ij}-1\right) \tag{8-45}$$

令拉格朗日函数对 a_{ij} 的导数为0,有

$$\frac{\partial \mathrm{Lag}}{\partial a_{ij}}=\sum_{k=1}^{K} \sum_{t=1}^{T-1} P(\boldsymbol{x}^{k},\boldsymbol{y}_{t}^{k}=s_{i},\boldsymbol{y}_{t+1}^{k}=s_{j};\lambda^{l}) \frac{1}{a_{ij}}+\gamma=0 \tag{8-46}$$

可得

$$\begin{aligned}
&-\sum_{k=1}^{K} \sum_{t=1}^{T-1} P(\boldsymbol{x}^{k},\boldsymbol{y}_{t}^{k}=s_{i},\boldsymbol{y}_{t+1}^{k}=s_{j};\lambda^{l})=\gamma a_{ij} \\
\Rightarrow &-\sum_{k=1}^{K} \sum_{t=1}^{T-1} \sum_{j=1}^{M} P(\boldsymbol{x}^{k},\boldsymbol{y}_{t}^{k}=s_{i},\boldsymbol{y}_{t+1}^{k}=s_{j};\lambda^{l})=\gamma \sum_{j=1}^{M} a_{ij} \\
\Rightarrow &-\sum_{k=1}^{K} \sum_{t=1}^{T-1} P(\boldsymbol{x}^{k},\boldsymbol{y}_{t}^{k}=s_{i};\lambda^{l})=\gamma
\end{aligned} \tag{8-47}$$

于是

$$a_{ij}=\frac{\sum_{k=1}^{K} \sum_{t=1}^{T-1} P(\boldsymbol{x}^{k},\boldsymbol{y}_{t}^{k}=s_{i},\boldsymbol{y}_{t+1}^{k}=s_{j};\lambda^{l})}{\sum_{k=1}^{K} \sum_{t=1}^{T-1} P(\boldsymbol{x}^{k},\boldsymbol{y}_{t}^{k}=s_{i};\lambda^{l})}=\frac{\sum_{k=1}^{K} \sum_{t=1}^{T-1} \alpha_{t}^{i} a_{ij}^{l} b_{j,x_{t+1}}^{l} \beta_{t+1}^{j}}{\sum_{k=1}^{K} \sum_{t=1}^{T-1} \alpha_{t}^{j} \beta_{t}^{j}} \tag{8-48}$$

最后通过拉格朗日乘子法求 b_{ij}。由于 $\sum_{j=1}^{N} b_{ij}=1$，所以拉格朗日函数为

$$\mathrm{Lag}(\lambda)=Q(\lambda,\lambda^{l})+\gamma\left(\sum_{j=1}^{N} b_{ij}-1\right) \tag{8-49}$$

令拉格朗日函数对 b_{ij} 的导数为0,有

$$\frac{\partial \mathrm{Lag}}{\partial b_{ij}}=\sum_{k=1}^{K} \sum_{t=1}^{T} P(\boldsymbol{x}^{k},\boldsymbol{y}_{t}^{k}=s_{j};\lambda^{l}) I(x_{t}^{k}=o_{j}) \frac{1}{b_{ij}}+\gamma=0 \tag{8-50}$$

可得

$$\begin{aligned}
&-\sum_{k=1}^{K} \sum_{t=1}^{T} P(\boldsymbol{x}^{k},\boldsymbol{y}_{t}^{k}=s_{j};\lambda^{l}) I(x_{t}^{k}=o_{j})=\gamma b_{ij} \\
\Rightarrow &-\sum_{k=1}^{K} \sum_{t=1}^{T} \sum_{j=1}^{N} P(\boldsymbol{x}^{k},\boldsymbol{y}_{t}^{k}=s_{j};\lambda^{l}) I(x_{t}^{k}=o_{j})=\gamma \sum_{j=1}^{N} b_{ij} \\
\Rightarrow &-\sum_{k=1}^{K} \sum_{t=1}^{T} P(\boldsymbol{x}^{k},\boldsymbol{y}_{t}^{k}=s_{i};\lambda^{l})=\gamma
\end{aligned} \tag{8-51}$$

于是

$$b_{ij}=\frac{\sum_{k=1}^{K} \sum_{t=1}^{T} P(\boldsymbol{x}^{k},\boldsymbol{y}_{t}^{k}=s_{j};\lambda^{l}) I(x_{t}^{k}=o_{j})}{\sum_{k=1}^{K} \sum_{t=1}^{T} P(\boldsymbol{x}^{k},\boldsymbol{y}_{t}^{k}=s_{i};\lambda^{l})}$$

$$=\frac{\sum_{k=1}^{K}\sum_{t=1}^{T-1}\alpha_t^i\beta_t^j I(x_t^k=o_j)}{\sum_{k=1}^{K}\sum_{t=1}^{T}\alpha_t^j\beta_t^j} \tag{8-52}$$

至此,我们解出了隐马尔可夫模型中所有的参数。该方法称为 Baum-Welch 算法。

8.4.3　隐变量序列预测

给定隐马尔可夫模型的参数 $\lambda=(\boldsymbol{A},\boldsymbol{B},\pi)$ 及观测序列 $\boldsymbol{x}=\{x_1,x_2,\cdots,x_T\}$,求观测序列最有可能对应的状态序列 $\boldsymbol{y}=\{y_1,y_2,\cdots,y_T\}$。从中文到英文的翻译问题就属于这个问题。其思想很简单,就是求 $\underset{\boldsymbol{y}}{\operatorname{argmax}}P(\boldsymbol{x},\boldsymbol{y};\lambda)$。

使用枚举法求解该问题的时间复杂度为 $O(TM^T)$。可以通过动态规划进行求解,称为 Viterbi 算法。求解出来的状态序列称为最优路径。记 t 时刻状态为 s_i 的最优路径的观测概率为 h_t^i。

$$h_t^i=\max_{\boldsymbol{y}_{[1:t-1]}}P(y_t=s_i,\boldsymbol{y}_{[1:t-1]},\boldsymbol{x}_{[1:t]};\lambda) \tag{8-53}$$

h_t^i 递推公式为

$$h_{t+1}^i=\max_j(h_t^j a_{ji}b_{i,x_{t+1}}) \tag{8-54}$$

初始值为

$$h_1^i=\pi_i b_{1,x_1} \tag{8-55}$$

记最优路径为 $\boldsymbol{l}=[l_1,l_2,\cdots,l_T]$。对于第 T 个时刻 $l_T=\underset{i}{\operatorname{argmax}}(h_T^i)$;对于第 $t=1,2,\cdots,T-1$ 个时刻,通过回溯法可得 $l_t=\underset{j}{\operatorname{argmax}}(h_t^j a_{j,l_{t+1}})$。

8.5　实例:基于高斯混合模型实现鸢尾花分类

本节使用 GMM 模型对鸢尾花数据集进行聚类。模型的构造与训练如代码清单 8-1 所示。

代码清单 8-1　GMM 模型的构造与训练

```
from scipy import stats
from sklearn.datasets import load_iris
from sklearn.mixture import GaussianMixture as GMM
import matplotlib.pyplot as plt
if __name__ == '__main__':
    iris = load_iris()
    model = GMM(n_components = 3)
    pred = model.fit_predict(iris.data)
    print(score(pred, iris.target))
```

代码中使用的 Score 函数如代码清单 8-2 所示,该函数给出聚类模型的 Purity 评分。假设某个聚类由 48 个 Setosa 样本、1 个 Versicolour 样本和 1 个 Virginica 样本组成,那么就认为该聚类对应的类别为 Setosa,Purity 评分为 48/50=0.96。每个聚类 Purity 评分的加权均值即为聚类模型的 Purity 评分。根据程序输出,GMM 模型的 Purity 评分为 0.97。

代码清单 8-2 purity 评分函数

```
from scipy import stats
def score(pred, gt):
    assert len(pred) == len(gt)
    m = len(pred)

    map_ = {}
    for c in set(pred):
        map_[c] = stats.mode(gt[pred == c])[0]
    score = sum([map_[pred[i]] == gt[i] for i in range(m)])
    return score[0] / m
```

代码清单 8-3 对模型输出进行了可视化,得到图 8-6,其中左图表示数据集中提供的标签信息,右图为模型预测的类别信息。

代码清单 8-3 聚类结果可视化

```
_, axes = plt.subplots(1, 2)
axes[0].set_title("ground truth")
axes[1].set_title("prediction")
for target in range(3):
    axes[0].scatter(
        iris.data[iris.target == target, 1],
        iris.data[iris.target == target, 3],
        )
    axes[1].scatter(
        iris.data[pred == target, 1],
        iris.data[pred == target, 3],
        )
plt.show()
```

从图 8-6 可以看出,GMM 模型正确区分了大部分样本。只有 Versicolour 和 Virginica 交界处的几个样本被错分。

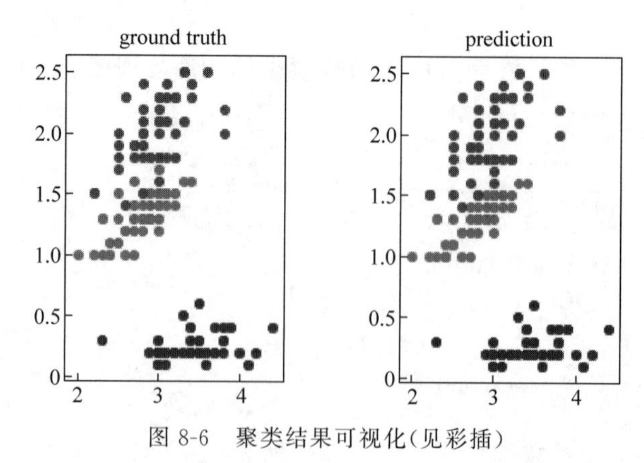

图 8-6 聚类结果可视化(见彩插)

习题 8

题库

一、选择题

1. EM 算法是(　　)。

A. 有监督　　B. 无监督　　C. 半监督　　D. 都不是

2. 关于 EM 算法的优缺点,下列说法错误的是(　　)。

A. EM 算法简单而且稳定

B. EM 算法迭代速度受数据规模的影响

C. EM 算法的收敛速度,并不依赖于初始值

D. EM 算法求导函数找到的极值点不一定是最优解

3. 高斯混合模型(GMM)的极大似然估计(MLE)(　　)。

A. 只能得到非退化(协方差矩阵正定)的局部最优解

B. 存在非退化的全局最优解

C. 解情况依赖于数据分布

D. A 与 C 正确

4. 在 HMM 中,如果已知观察序列和产生观察序列的状态序列,那么可用(　　)方法直接进行参数估计。

A. EM 算法　　B. 维特比算法　　C. 前向后向算法　　D. 极大似然估计

5. 如下数据集中,不适合使用隐马尔可夫模型(HMM)建模的是(　　)。

A. 基因序列集合　　B. 电影影评数据集合

C. 股票市场数据集合　　D. 北京气温数据集合

二、判断题

1. EM 算法是一种迭代算法。　(　　)

2. EM 算法可用于计算后验分布。　(　　)

3. HMM 只依赖于每一个状态和它对应的观察对象,没有考虑上下文信息。　(　　)

4. HMM 中存在两个假设:一是输出观察值之间严格独立,二是状态的转移过程中当前状态只与前一状态有关。　(　　)

5. HMM 是一种有向图。　(　　)

三、填空题

1. 隐马尔可夫模型(HMM)的无监督预测方法是________。

2. 隐马尔可夫模型(HMM)的参数估计方法是________。

3. 隐马尔可夫模型(HMM),设其观察值空间为 $O=\{O_1,O_2,O_3,\cdots,O_N\}$,状态空间为 $S=\{S_1,S_2,S_3,\cdots,S_K\}$,如果用维特比算法进行解码,时间复杂度为________。

4. HMM 与 GMM 都属于________模型。

5. 在 EM 推导过程中,可以通过________不等式得到对数似然函数下界。

四、问答题

1. 请描述 EM 算法。

2. 采用 EM 算法求解的模型有哪些？为什么不用牛顿法或者梯度下降法？

3. 请简述 GMM 算法。

4. 给定已知参数的 HMM 和一个观测序列(即给定 λ 和 O)，如何计算出由 HMM 得到此观测序列的概率？

五、应用题

1. 假设有 3 个盒子，编号为 1、2、3，每个盒子都装有红白两种颜色的小球，数目如下：

盒子号	1	2	3
红球数	5	4	7
白球数	5	6	3

然后按照下面的方法抽取小球，来得到球颜色的观测序列：

按照 $\boldsymbol{\pi}=(0.2,\ 0.4,\ 0.4)^{\mathrm{T}}$ 的概率选择 1 个盒子，从盒子随机抽出 1 个球，记录颜色后放回盒子；按照 $\boldsymbol{A}$ 选择新的盒子，按照 $\boldsymbol{B}$ 抽取球，重复上述过程。

$\boldsymbol{A}$ 的第 i 行是选择到第 i 号盒子，第 j 列是转移到 j 号盒子，如第一行第二列的 0.2 代表上一次选择 1 号盒子后这次选择 2 号盒子的概率是 0.2。

$\boldsymbol{B}$ 的第 i 行是选择到第 i 号盒子，第 j 列是抽取到 j 号球，如第二行第一列的 0.4 代表选择了 2 号盒子后抽取红球的概率是 0.4。

$$\boldsymbol{\pi}=\begin{bmatrix}0.2\\0.4\\0.4\end{bmatrix}\quad \boldsymbol{A}=\begin{bmatrix}0.5&0.2&0.3\\0.3&0.5&0.2\\0.2&0.3&0.5\end{bmatrix}\quad \boldsymbol{B}=\begin{bmatrix}0.5&0.5\\0.4&0.6\\0.7&0.3\end{bmatrix}$$

求得到观测序列“红白红”的概率是多少？

2. 已知

$$\boldsymbol{a}=\begin{bmatrix}1&0&0&0\\0.2&0.3&0.1&0.4\\0.2&0.5&0.2&0.1\\0.8&0.1&0&0.1\end{bmatrix}$$

$$\boldsymbol{b}=\begin{bmatrix}1&0&0&0&0\\0&0.3&0.4&0.1&0.2\\0&0.1&0.1&0.7&0.1\\0&0.5&0.2&0.1&0.2\end{bmatrix}$$

通过前向算法编程求 $\boldsymbol{v}=(2,3,4,5,2)$ 这个序列出现的概率。

3. 使用隐马尔可夫模型进行股价预测。数据可通过 http://data.pystock.com 获取。

第9章

降　　维

本章目标

- 了解降维的目的；
- 理解主成分分析的数学实现；
- 理解并掌握主成分分析算法的流程，实现鸢尾花数据降维；
- 了解奇异值分解；
- 了解并掌握奇异值分解的用途和几何解释；
- 实现利用奇异值分解将图片压缩。

给定一个数据集 $D=\{\boldsymbol{x}_1,\boldsymbol{x}_2,\cdots,\boldsymbol{x}_m\}$，其中 $\boldsymbol{x}_i=(x_{i1},x_{i2},\cdots,x_{in})$。当 n 非常大时，$\boldsymbol{x}_i$ 是一个高维的数据。降维的目的就是降低数据的维度从而方便后续对数据的存储、可视化、建模等操作。

降维对数据的处理主要包含特征筛选和特征提取。特征筛选是指过滤掉数据中无用或冗余的特征，例如相对于年龄，出生年月就是冗余特征。特征提取是指对现有特征进行重新组合产生新的特征，例如用质量特征除以体积特征就可以得到密度特征。

如果将每个特征看作坐标系中的一个轴，降维的最终结果是将原始数据用轴数更少的新坐标系来表示，这样也方便了后续机器学习算法对数据建模。生产实践中直接得到的数据往往需要首先进行降维处理，然后才会用机器学习算法进行数据建模分析。

常用降维方法有主成分分析、奇异值分解、线性判别分析、T-SNE 等。本节仅介绍主成分分析、奇异值分解。

9.1　主成分分析

主成分分析(Principal Components Analysis，PCA)是一种经典的线性降维分析算法。给定一个 n 维的特征变量 $\boldsymbol{x}=\{x_1,x_2,\cdots,x_n\}$，主成分分析希望能够通过旋转坐标系将数据在新的坐标系下表示,如果新的坐标系下某些轴包含的信息太少,则可以将其省略,从而达到降维的目的。例如,如果二维空间中数据点的分布在一条直线周围,那么可以旋转坐标系,将 x 轴旋转到该直线的位置,此时每个数据点在 y 轴方向上的取值基本接近于零。也即 y 方向上数据的方差极小,携带信息量极少,可以将 y 轴略去。这样就相当于在一维空间对数据进行了表示,也相当于将原始数据投影到了该直线上。

对于 n 维特征变量中的每个子变量,主成分分析使用样本集合中对应子变量上取值的方差来表示该特征的重要程度。方差越大,特征的重要程度越高;方差越小,特征的重要程度越低。直观上,方差越大,样本集合中的数据在该轴上的取值分散得越开,混乱度越大,携带信息量越大;反之分布越集中,混乱度越小,携带信息量越小。上面的例子中,样本集合中的数据在旋转过后的新的 y 轴上的方差接近于 0,几乎不携带任何信息量,故可将其省去,达到降维的目的。

对坐标系进行旋转后,数据的坐标可以用正交变换来描述。假设原始 n 维空间中的数据用特征变量 $\boldsymbol{x}=\{x_1,x_2,\cdots,x_n\}$ 表示,旋转过后新的坐标系下的数据用特征变量 $\boldsymbol{y}=\{y_1,y_2,\cdots,y_n\}$,正交变换的矩阵记为 $\boldsymbol{A}=(\boldsymbol{a}_1,\boldsymbol{a}_2,\cdots,\boldsymbol{a}_n)$,矩阵 $\boldsymbol{A}$ 中的向量是一组标准正交基,则正交变换过程可写为

$$\boldsymbol{y}=\boldsymbol{A}^{\mathrm{T}}\boldsymbol{x} \tag{9-1}$$

记特征变量 $\boldsymbol{x}=\{x_1,x_2,\cdots,x_n\}$ 的均值为 $\boldsymbol{\mu}=\{\mu_1,\mu_2,\cdots,\mu_n\}$,协方差矩阵为 $\boldsymbol{\Sigma}$。主成分分析即迭代求解 $\boldsymbol{A}$ 的过程。首先求旋转过后新坐标系的第一个轴,要求在新的坐标表示下,样本集合的数据在该轴上取值的方差尽可能大。样本集合在该轴上的取值用随机变量 y_1 表示,$y_1=\boldsymbol{a}_1^{\mathrm{T}}\boldsymbol{x}$。此时求解过程可描述为

$$\begin{aligned} &\max_{\boldsymbol{a}_1} \quad \operatorname{var}(y_1)=\boldsymbol{a}_1^{\mathrm{T}}\boldsymbol{\Sigma}\boldsymbol{a}_1 \\ &\text{s.t.} \quad \boldsymbol{a}_1^{\mathrm{T}}\boldsymbol{a}_1=1 \end{aligned} \tag{9-2}$$

求解该问题可使用拉格朗日乘子法,拉格朗日函数为

$$\operatorname{Lag}(\boldsymbol{a}_1)=\boldsymbol{a}_1^{\mathrm{T}}\boldsymbol{\Sigma}\boldsymbol{a}_1-\lambda_1(\boldsymbol{a}_1^{\mathrm{T}}\boldsymbol{a}_1-1) \tag{9-3}$$

其中,λ_1 为拉格朗日乘子,令 $\operatorname{Lag}(\boldsymbol{a}_1)$ 对 $\boldsymbol{a}_1$ 的导数为 0 可得

$$\boldsymbol{\Sigma}\boldsymbol{a}_1=\lambda_1\boldsymbol{a}_1 \tag{9-4}$$

可以发现拉格朗日乘子 λ_1 为协方差矩阵 $\boldsymbol{\Sigma}$ 的特征值,而 $\boldsymbol{a}_1$ 则为对应的特征向量,则有

$$\operatorname{var}(y_1)=\boldsymbol{a}_1^{\mathrm{T}}\boldsymbol{\Sigma}\boldsymbol{a}_1=\boldsymbol{a}_1^{\mathrm{T}}\lambda_1\boldsymbol{a}_1=\lambda_1\boldsymbol{a}_1^{\mathrm{T}}\boldsymbol{a}_1=\lambda_1 \tag{9-5}$$

求解 $\operatorname{var}(y_1)$ 的最大就转化成了求 $\boldsymbol{\Sigma}$ 的最大特征值。对 $\boldsymbol{\Sigma}$ 进行特征值分解,选择其中最大的特征值作为 λ_1,对应的特征向量即要求解的 $\boldsymbol{a}_1$,这样就确定了第一个坐标轴,称 $y_1=\boldsymbol{a}_1^{\mathrm{T}}\boldsymbol{x}$ 为第一主成分。

接下来固定上述第一步确定下来的坐标轴,继续对坐标系进行旋转以确定第二个坐标轴。求解过程可描述为

$$\begin{aligned} &\max_{\boldsymbol{a}_2} \quad \operatorname{var}(y_2)=\boldsymbol{a}_2^{\mathrm{T}}\boldsymbol{\Sigma}\boldsymbol{a}_2 \\ &\text{s.t.} \quad \boldsymbol{a}_1^{\mathrm{T}}\boldsymbol{a}_2=0 \\ &\qquad\ \ \boldsymbol{a}_2^{\mathrm{T}}\boldsymbol{a}_2=1 \end{aligned} \tag{9-6}$$

同样可以使用拉格朗日乘子法求解,拉格朗日函数为

$$\mathrm{Lag}(\boldsymbol{a}_2)=\boldsymbol{a}_2^{\mathrm{T}}\boldsymbol{\Sigma}\boldsymbol{a}_2-\lambda_2(\boldsymbol{a}_2^{\mathrm{T}}\boldsymbol{a}_2-1)-\theta(\boldsymbol{a}_1^{\mathrm{T}}\boldsymbol{a}_2-0) \tag{9-7}$$

其中，λ_2,θ 为拉格朗日乘子。令 $\mathrm{Lag}(\boldsymbol{a}_2)$对 $\boldsymbol{a}_2$ 的导数为 0 可得

$$2\boldsymbol{\Sigma}\boldsymbol{a}_2-\theta\boldsymbol{a}_1=2\lambda_2\boldsymbol{a}_2 \tag{9-8}$$

等式两边同时乘以 $\boldsymbol{a}_1^{\mathrm{T}}$，可得

$$\boldsymbol{\Sigma}\boldsymbol{a}_2=\lambda_2\boldsymbol{a}_2 \tag{9-9}$$

可以发现拉格朗日乘子 λ_2 为协方差矩阵$\boldsymbol{\Sigma}$ 的另一个特征值，而 $\boldsymbol{a}_2$ 则为对应的特征向量。则有

$$\mathrm{var}(y_2)=\boldsymbol{a}_2^{\mathrm{T}}\boldsymbol{\Sigma}\boldsymbol{a}_2=\boldsymbol{a}_2^{\mathrm{T}}\lambda_2\boldsymbol{a}_2=\lambda_2\boldsymbol{a}_2^{\mathrm{T}}\boldsymbol{a}_2=\lambda_2 \tag{9-10}$$

求解 $\mathrm{var}(y_2)$的最大值就转化成了求$\boldsymbol{\Sigma}$ 的除λ_1 之外的最大特征值。对$\boldsymbol{\Sigma}$ 进行特征值分解，选择第二大的特征值作为 λ_2，对应的特征向量即要求解的 $\boldsymbol{a}_2$，这样就确定了第二个坐标轴，称 $y_2=\boldsymbol{a}_2^{\mathrm{T}}\boldsymbol{x}$ 为第二主成分。

以此类推，直到所有的主成分 $\boldsymbol{y}=(\boldsymbol{a}_1^{\mathrm{T}}\boldsymbol{x},\boldsymbol{a}_2^{\mathrm{T}}\boldsymbol{x},\cdots,\boldsymbol{a}_n^{\mathrm{T}}\boldsymbol{x})$都被确定为止，可以发现 $\boldsymbol{A}$ 即协方差矩阵$\boldsymbol{\Sigma}$ 对应的特征向量组，相应的特征值为 $\lambda_1,\lambda_2,\cdots,\lambda_n$ 即为新坐标系下每个轴上的方差，且 $\lambda_1\geqslant\lambda_2\geqslant\cdots\geqslant\lambda_n$。

根据矩阵与其特征值之间的关系有 $\sum_{i=1}^{n}\lambda_i=\sum_{i=1}^{n}\sigma_{ii}^2$，其中 σ_{ii}^2 为协方差矩阵$\boldsymbol{\Sigma}$ 对角线上的元素，即原始坐标系中第 i 个特征的方差。可以发现将矩阵旋转后，方差的和未发生改变，即信息量没发生改变，改变的是每个轴上携带信息量的大小，越重要的轴携带的信息量越大，反之越小。同时新坐标系下，特征之间线性无关。

生成实践中，数据的维度往往非常高，进行主成分分析后，特征值越小的组成分(方差越小的轴)基本不携带任何信息，这样就可将特征值最小的几个主成分省略，只保留特征值较大的几个主成分。具体量化保留几个主成分，往往根据实际情况通过计算累计方差贡献率来决定。这个过程其实就是将新坐标系中的样本投影到了一个低维的空间中。

方差 λ_i 的方差贡献率又称为解释方差(Explained Variance)，定义为

$$\varepsilon_i=\frac{\lambda_i}{\sum_{j=1}^{n}\lambda_j} \tag{9-11}$$

则累计方差贡献率 e_k 为

$$e_k=\sum_{i=1}^{k}\varepsilon_i \tag{9-12}$$

为累计方差贡献率设定一个阈值 t，一般选择 $t=80\%$左右，则要保留的主成分的个数 k^* 为

$$k^*=\underset{k}{\mathrm{argmax}}(e_k>t) \tag{9-13}$$

这样就可以将正交矩阵 $\boldsymbol{A}=(\boldsymbol{a}_1,\boldsymbol{a}_2,\cdots,\boldsymbol{a}_n)$压缩为 $\boldsymbol{A}_{[1:k^*]}=(\boldsymbol{a}_1,\boldsymbol{a}_2,\cdots,\boldsymbol{a}_{k^*})$，原始的数据用一个 n 维的向量 $\boldsymbol{x}$ 进行表示，在经过正交变换后，新的数据 $\boldsymbol{y}=\boldsymbol{A}_{[1:k^*]}^{\mathrm{T}}\boldsymbol{x}$ 用一个 k^* 维的向量表示，达到降维的目的。

主成分分析的过程中用到了总体的协方差矩阵$\boldsymbol{\Sigma}$，生产实际中需要我们根据样本集合对总体的方差进行估计。通常情况下，用样本集合对总体的协方差矩阵进行估计时，使用的是协方差矩阵的无偏估计量。

9.1.1 方差即协方差的无偏估计

在概率统计中,设总体 X 的均值和方差分别为

$$\begin{cases} E(X)=\mu \\ \operatorname{var}(X)=\sigma^2 \end{cases} \tag{9-14}$$

设 $X_1, X_2, \cdots, X_m$ 是来自总体的样本,则每个样本也是随机变量。每个样本之间独立同分布,且与整体具有相同的分布,即 $\operatorname{var}(X_i)=\operatorname{var}(X)=\sigma^2$。对于整体,有

$$\sigma^2=E\left[(X-EX)^2\right]=E\left[X^2-2XEX+(EX)^2\right]=E\left[X^2\right]-\mu^2 \tag{9-15}$$

则

$$E[X_i^2]=E[X^2]=\mu^2+\sigma^2 \tag{9-16}$$

用统计量 $\bar{X}=\frac{1}{m}\sum_{i=1}^{m} X_i$ 表示样本的均值,则样本均值的期望为

$$E[\bar{X}]=E\left[\frac{1}{m}\sum_{i=1}^{m} X_i\right]=\frac{1}{m}\sum_{i=1}^{m} E[X_i]=\mu \tag{9-17}$$

用统计量 $S^2=\frac{1}{m-1}\sum_{i=1}^{m}(X_i-\bar{X})^2$ 表示样本的方差,则样本方差的期望为

$$\begin{aligned} E[S^2] &= \frac{1}{m-1}E\left[\sum_{i=1}^{m}(X_i-\bar{X})^2\right] \\ &= \frac{1}{m-1}E\left[\sum_{i=1}^{m}X_i^2-m\bar{X}^2\right] \\ &= \frac{1}{m-1}E\left[\sum_{i=1}^{m}X_i^2-\frac{1}{m}\sum_{i=1}^{m}\sum_{j=1}^{m}X_iX_j\right] \\ &= \frac{1}{m-1}E\left[\frac{m-1}{m}\sum_{i=1}^{m}X_i^2+\sum_{i=1}^{m}\sum_{j=1,j\neq i}^{m}X_iX_j\right] \\ &= \frac{1}{m-1}\left(\frac{m-1}{m}\sum_{i=1}^{m}E\left[X_i^2\right]+\sum_{i=1}^{m}\sum_{j=1,j\neq i}^{m}E\left[X_i\right]E\left[X_j\right]\right) \\ &= \frac{1}{m-1}\left(\frac{m-1}{m}m(\mu^2+\sigma^2)-\frac{m(m-1)}{m}\mu^2\right) \\ &= \sigma^2 \end{aligned} \tag{9-18}$$

称样本统计量 $\bar{X}$ 和 S^2 为总体均值 μ 和方差 σ^2 的无偏估计量。

将方差的估计量推广到主成分分析中,估计协方差矩阵 $\boldsymbol{\Sigma}$ 时有着类似的形式,记协方差矩阵中的元素为 s_{ij},则有

$$s_{ij}=\frac{1}{n-1}\sum_{k=1}^{n}(x_{ik}-\bar{x}_i)(x_{jk}-\bar{x}_j) \tag{9-19}$$

此外,在主成分分析中,用于描述样本的 n 维特征向量中,每一维的量纲可能不同,这会对方差的估计造成较大的影响,从而影响主成分分析的过程。例如假设其中的一维的特征身高用米来描述,而另一维特征体重用克来描述。这样计算下来身高的方差往往会远小

于体重的方差。所以，在进行主成分分析前，一般需要对样本集合中的所有数据在每一维特征进行规范化，即

$$x_{ij}=\frac{x_{ij}-\mu_j}{\sqrt{\sigma_j^2}}=\frac{x_{ij}-\bar{x}_j}{S_j} \tag{9-20}$$

主成分分析的过程描述如算法 9-1 所示。

算法 9-1 主成分分析(PCA)算法

输入：样本集合 $D=\{\boldsymbol{x}_1,\boldsymbol{x}_2,\cdots,\boldsymbol{x}_m\}$，其中 $\boldsymbol{x}_i=(x_{i1},x_{i2},\cdots,x_{in})$；$n$ 为描述每个样本的特征的个数；用于确定主成分个数的阈值 t

输出：样本集合的 k 个主成分表示

1. 对样本集合进行规范化，为方便描述，规范化后的样本仍用 x_{ij} 表示

$$x_{ij}=\frac{x_{ij}-\mu_j}{\sqrt{\sigma_j^2}}=\frac{x_{ij}-\bar{x}_j}{S_j}$$

2. 用规范化后的样本集合估计出特征变量的协方差矩阵$\boldsymbol{\Sigma}$

$$\boldsymbol{\Sigma}=\{s_{ij}\}_{m\times m}$$

其中

$$s_{ij}=\frac{1}{n-1}\sum_{k=1}^{n}(x_{ik}-\bar{x}_i)(x_{jk}-\bar{x}_j)$$

3. 对协方差矩阵$\boldsymbol{\Sigma}$进行特征值分解，将特征值按照从到大到小的顺序排序，得到 n 个特征值 λ_1，λ_2，…，λ_n 及对应的特征向量 $\boldsymbol{a}_1,\boldsymbol{a}_2,\cdots,\boldsymbol{a}_n$

4. 根据 t 计算累计方差贡献率确定要返回的特征向量的个数 k^*

$$k^*=\underset{k}{\operatorname{argmax}}\sum_{i=1}^{k}\lambda_i\Big/\sum_{j=1}^{n}\lambda_j\geqslant t$$

return $\boldsymbol{Y}=\boldsymbol{A}^{\mathrm{T}}\boldsymbol{X}$, $\boldsymbol{A}=(\boldsymbol{a}_1,\boldsymbol{a}_2,\cdots,\boldsymbol{a}_{k^*})$ //返回样本集合的 k^* 个主成分表示

9.1.2 实例：基于主成分分析实现鸢尾花数据降维

本节以鸢尾花数据集的分类来直观理解 PCA。如代码清单 9-1 所示，首先加载鸢尾花数据集并对每一个属性维度的数据进行标准化处理。经过 scale 函数处理的数据，均值为 0，方差为 1。

代码清单 9-1 鸢尾花数据集加载与归一化

```
from sklearn.datasets import load_iris
from sklearn.preprocessing import scale
iris = load_iris()
data, targets = scale(iris.data), iris.target
```

鸢尾花数据集中的每个样本有四个特征。对于四维数据，我们无法对其进行可视化处理，故我们使用 PCA 降维：选择两个主成分将四维数据降低到二维，然后再进行数据可视化处理，如代码清单 9-2 所示。

代码清单 9-2 PCA 降维鸢尾花数据集

```
from sklearn.decomposition import PCA
pca = PCA(n_components = 2)
y = pca.fit_transform(data)
```

降维后的第一个主成分的方差贡献率为 0.7296,第二个主成分的方差贡献率为 0.2285。两者的累计方差贡献率为 0.9581。如图 9-1 所示,只用第一个主成分和第二个主成分就能较好地在二维空间表示原始数据。

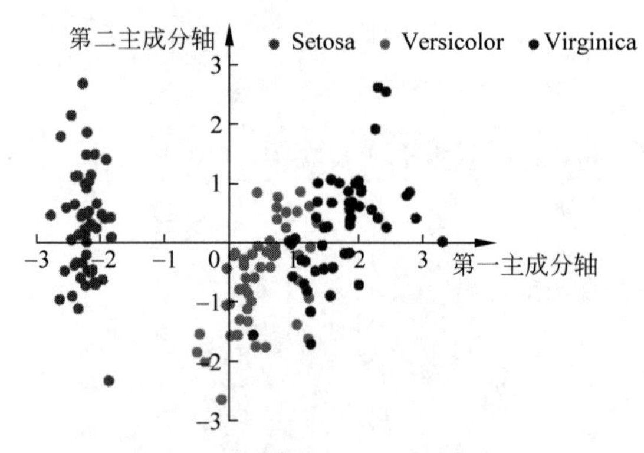

图 9-1 Iris 数据集 PCA 降维(见彩插)

为直观上理解主成分分析中坐标轴旋转的过程,本例只挑选出花瓣长度和花瓣宽度两个属性进行阐述。通过计算,第一主成分轴的方向为$\left(\frac{\sqrt{2}}{2},\frac{\sqrt{2}}{2}\right)$,主成分分析相当于将原始坐标系绕原点逆时针旋转了 45°后旋转到红色的坐标轴,如图 9-2 所示。

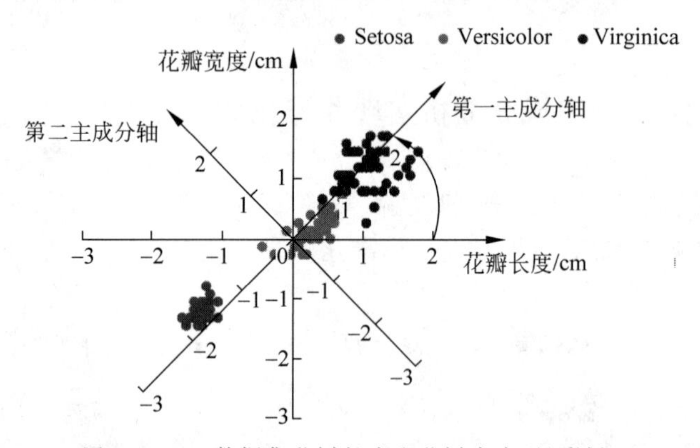

图 9-2 Iris 数据集花瓣长度和花瓣宽度(见彩插)

将图 9-2 中红色坐标轴摆正,得到数据集的主成分表示,如图 9-3 所示。该坐标系中,第一主成分的贡献率为 0.9814,第二主成分的贡献率为 0.0186。可见第一主成分贡献了绝大部分信息。从图 9-3 中也可以看出,第一主成分上样本的取值分散程度要远大于第二个主成分。

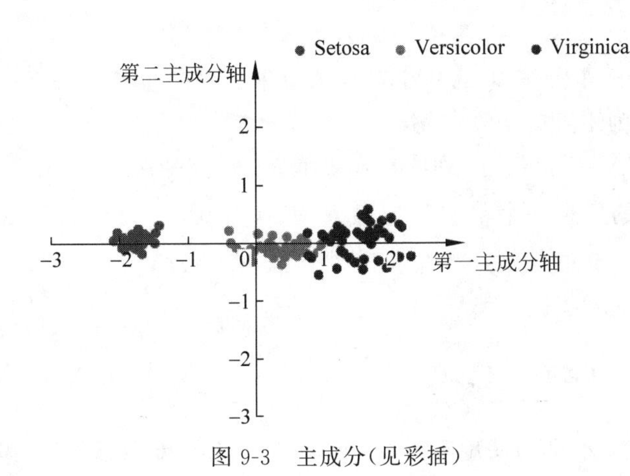

图 9-3　主成分(见彩插)

9.2　奇异值分解

奇异值分解(Singular Value Decomposition, SVD)是一种机器学习中的常用算法,被广泛应用于数据降维、数据压缩等。奇异值分解是指,对于任意一个矩阵 $\boldsymbol{A}_{m\times n}$,我们都可以将其分解为三个矩阵乘积的形式,即

$$\boldsymbol{A}_{m\times n}=\boldsymbol{U\Sigma V}^{\mathrm{T}} \tag{9-21}$$

其中,$\boldsymbol{U}=(\boldsymbol{u}_1,\boldsymbol{u}_2,\cdots,\boldsymbol{u}_m)$和 $\boldsymbol{V}=(\boldsymbol{v}_1,\boldsymbol{v}_2,\cdots,\boldsymbol{v}_n)$分别为 m 阶和 n 阶正交方阵,称 $\boldsymbol{U}$ 为左奇异矩阵,$\boldsymbol{V}$ 为右奇异矩阵;$\boldsymbol{\Sigma}=\mathrm{diag}(\sigma_1,\sigma_2,\cdots,\sigma_{\min(m,n)})$是大小为 $m\times n$ 的对角阵,且对角上的元素从大到小排列,称$\boldsymbol{\Sigma}$ 为奇异值矩阵。

9.2.1　奇异值分解的构造

根据 $\boldsymbol{A}$ 可以构造一个实对称矩阵 $\boldsymbol{AA}^{\mathrm{T}}$,且有 $\mathrm{rank}(\boldsymbol{A}^{\mathrm{T}}\boldsymbol{A})=\mathrm{rank}(\boldsymbol{A})=r$。对 $\boldsymbol{AA}^{\mathrm{T}}$ 进行特征值分解并按照从大到小的顺序对特征值进行排列可以得到 n 个单位特征值,记为

$$\lambda_1\geqslant\lambda_2\geqslant\cdots\geqslant\lambda_r>\lambda_{r+1}=\lambda_{r+1}=\cdots=\lambda_n=0 \tag{9-22}$$

其中,包含 r 个非 0 的特征值,以及 $n-r$ 个 0 特征值,对应的单位特征向量记为 $\boldsymbol{V}=\{\boldsymbol{v}_1,\boldsymbol{v}_2,\cdots,\boldsymbol{v}_r,\boldsymbol{v}_{r+1},\cdots,\boldsymbol{v}_n\}$,其中前 r 个单位特征向量固定,后 $n-r$ 个特征向量可以是齐次线性方程组 $\boldsymbol{A}^{\mathrm{T}}\boldsymbol{Ax}=\boldsymbol{0}$ 的任意单位基础解系。可以证明

$$\|\boldsymbol{Av}_i\|^2=(\boldsymbol{Av}_i)^{\mathrm{T}}(\boldsymbol{Av}_i)=\boldsymbol{v}_i^{\mathrm{T}}\boldsymbol{A}^{\mathrm{T}}\boldsymbol{Av}_i=\boldsymbol{v}_i^{\mathrm{T}}\lambda_i\boldsymbol{v}_i=\lambda_i\|\boldsymbol{v}_i\|^2=\lambda_i \tag{9-23}$$

将 $\boldsymbol{A}^{\mathrm{T}}\boldsymbol{Av}_i=\lambda_i\boldsymbol{v}_i$ 等式两端同时乘以 $\boldsymbol{A}$ 得到 $\boldsymbol{AA}^{\mathrm{T}}(\boldsymbol{Av}_i)=\lambda_i(\boldsymbol{Av}_i)$,可以看到 λ_i 同时也是方阵 $\boldsymbol{AA}^{\mathrm{T}}$ 的特征值,其对应的特征向量为 $\boldsymbol{Av}_i$。记 $\sigma_i=\sqrt{\lambda_i}$,$\boldsymbol{u}_i=\dfrac{\boldsymbol{A}\,\boldsymbol{v}_i}{|\boldsymbol{A}\,\boldsymbol{v}_i|}=\dfrac{\boldsymbol{A}\,\boldsymbol{v}_i}{\sigma_i}$,则

$$\begin{aligned}\boldsymbol{AV}_r&=(\boldsymbol{Av}_1,\boldsymbol{Av}_2,\cdots,\boldsymbol{Av}_r)\\&=(\sigma_i\boldsymbol{u}_1,\sigma_i\boldsymbol{u}_2,\cdots,\sigma_i\boldsymbol{u}_r)\\&=\boldsymbol{U}_r\boldsymbol{\Sigma}_r\end{aligned} \tag{9-24}$$

其中,$\boldsymbol{U}_r=\{\boldsymbol{u}_1,\boldsymbol{u}_2,\cdots,\boldsymbol{u}_r\}$,$\boldsymbol{\Sigma}_{r\times r}=\mathrm{diag}(\sigma_1,\sigma_2,\cdots,\sigma_r)$。则有

$$\boldsymbol{A}=\boldsymbol{U}_r\boldsymbol{\Sigma}_r\boldsymbol{V}_r^{\mathrm{T}} \tag{9-25}$$

这样就通过构造法构造了矩阵 $\boldsymbol{A}$ 的一个奇异值分解。同时也间接证明了奇异值分解的存在性。$\boldsymbol{U}_r\boldsymbol{\Sigma}_r\boldsymbol{V}_r^{\mathrm{T}}$ 又称为矩阵的满秩分解。

若将$\boldsymbol{\Sigma}$ 通过增加全 0 行或全 0 列的方式表示成 $m\times n$ 矩阵$\boldsymbol{\Sigma}_{m\times n}$ 的形式,并计算齐次线性方程组 $\boldsymbol{AA}^{\mathrm{T}}\boldsymbol{x}=\boldsymbol{0}$ 的任意一个单位基础解系,表示为 $\boldsymbol{U}_{r+1:m}=\{\boldsymbol{u}_{r+1},\boldsymbol{u}_{r+2},\boldsymbol{u}_m\}$,计算齐次线性方程组 $\boldsymbol{A}^{\mathrm{T}}\boldsymbol{Ax}=\boldsymbol{0}$ 的任意一个单位基础解系,表示为 $\boldsymbol{V}_{r+1:n}=\{\boldsymbol{v}_{r+1},\boldsymbol{v}_{r+2},\cdots,\boldsymbol{v}_n\}$,令 $\boldsymbol{U}_{m\times m}=(\boldsymbol{U}_r,\boldsymbol{U}_{r+1:m})$,$\boldsymbol{V}_{n\times n}=(\boldsymbol{V}_r,\boldsymbol{V}_{r+1:n})$,则有

$$\boldsymbol{A}=\boldsymbol{U\Sigma V}=(\boldsymbol{U}_r,\boldsymbol{U}_{r+1:m})\begin{pmatrix}\boldsymbol{\Sigma}_r & \boldsymbol{0}\\ \boldsymbol{0} & \boldsymbol{0}\end{pmatrix}\begin{pmatrix}\boldsymbol{V}_r\\ \boldsymbol{V}_{r+1:n}\end{pmatrix}=\boldsymbol{U}_r\boldsymbol{\Sigma}_r\boldsymbol{V}_r^{\mathrm{T}} \tag{9-26}$$

当矩阵 $\boldsymbol{AA}^{\mathrm{T}}$ 或者 $\boldsymbol{A}^{\mathrm{T}}\boldsymbol{A}$ 不是满秩矩阵时,由于 $\boldsymbol{AA}^{\mathrm{T}}\boldsymbol{x}=\lambda\boldsymbol{x}=\boldsymbol{0}$ 及 $\boldsymbol{A}^{\mathrm{T}}\boldsymbol{Ax}=\boldsymbol{0}$ 存在多个基础解系,可以看出矩阵的奇异值分解可能有不止一种表示,当且仅当 $\boldsymbol{AA}^{\mathrm{T}}$ 为满秩矩阵时,矩阵 $\boldsymbol{A}$ 的奇异值分解存在唯一解。

9.2.2 奇异值分解用于数据压缩

定义矩阵 $\boldsymbol{A}_{m\times n}$ 的 F-范数(Frobenius 范数)为矩阵中所有元素的平方和的再开方:

$$\|\boldsymbol{A}\|_{\mathrm{F}}=\left(\sum_{i=1}^{m}\sum_{j=1}^{n}a_{ij}^2\right)^{\frac{1}{2}} \tag{9-27}$$

根据矩阵加法的性质,矩阵的奇异值分解还可以表示成如下形式。

$$\boldsymbol{A}=\boldsymbol{U\Sigma V}^{\mathrm{T}}=\sum_{i=1}^{r}\sigma_i\boldsymbol{u}_i\boldsymbol{v}_i^{\mathrm{T}} \tag{9-28}$$

其中,每个 $\boldsymbol{u}_i\boldsymbol{v}_i^{\mathrm{T}}$ 是秩为 1 的 $m\times n$ 阶矩阵,σ_i 是其对应的权重。从这个角度上讲,任何一个矩阵都可以写成若干子矩阵加权求和的形式。

$$\|\boldsymbol{A}\|_{\mathrm{F}}^2=(\boldsymbol{U\Sigma V}^{\mathrm{T}})^2=\left(\sum_{i=1}^{r}\sigma_i\boldsymbol{u}_i\,\boldsymbol{v}_i^{\mathrm{T}}\right)^2=\sum_{i=1}^{r}\sigma_i^2\boldsymbol{u}_i\boldsymbol{v}_i^{\mathrm{T}}\boldsymbol{v}_i\boldsymbol{u}_i^{\mathrm{T}}=\sum_{i=1}^{r}\sigma_i^2 \tag{9-29}$$

可以证明,从集合$\{1,2,\cdots,r\}$中任选 k 个不同的元素$\{p_1,p_2,\cdots,p_k\}$,有

$$\operatorname{rank}\left(\sum_{i=1}^{k}\sigma_{p_i}\boldsymbol{u}_{p_i}\,\boldsymbol{v}_{p_i}^{\mathrm{T}}\right)=k \tag{9-30}$$

对于式(9-29)的展开式,记其前 j 项累加和为 $\boldsymbol{B}_j$,即

$$\boldsymbol{B}_j=\sum_{i=1}^{j}\sigma_i\boldsymbol{u}_i\boldsymbol{v}_i^{\mathrm{T}} \tag{9-31}$$

有 $\operatorname{rank}(\boldsymbol{B}_j)=j$。可以证明 $\boldsymbol{B}_j$ 是所有秩为 j 的矩阵中,能使 $\boldsymbol{A}-\boldsymbol{B}_j$ 的 F-范数 $\|\boldsymbol{A}-\boldsymbol{B}_j\|_{\mathrm{F}}$ 达到最小的,即 L2 损失函数最小,且损失值为 $\sum_{i=j+1}^{p}\sigma_i^2$。据此,可以对矩阵在 L2 损失指导下进行压缩,压缩后的矩阵是在 L2 损失为 $\sum_{i=j+1}^{r}\sigma_i\boldsymbol{u}_i\boldsymbol{v}_i^{\mathrm{T}}$ 情况下的近似。可以参考主成分分析中的累计方差贡献率,只保留 σ 最大的前 k 项,完成数据压缩。压缩后的数据表示为

$$\boldsymbol{A}=\boldsymbol{U}_k\boldsymbol{\Sigma}_k\boldsymbol{V}_k^{\mathrm{T}} \tag{9-32}$$

式(9-32)称为矩阵 $\boldsymbol{A}$ 的截断奇异值分解。

在进行数据压缩时,原始数据需要的存储空间记为 $s=m\times n$。压缩后需要的存储空间是存储三个矩阵需要的空间大小,记为 $t=m\times k+k+n\times k$。要想达到数据压缩的目的,需要满足 $t<s$,即 $k<\dfrac{mn}{m+n+1}$。实际应用中往往有 $k\ll m$ 使得该式成立。

9.2.3 SVD 与 PCA 的关系

实际上,如果将矩阵 $\boldsymbol{A}_{m\times n}$ 看作一个样本集合,其中的行看作特征随机变量,列看作每一个样本。当对数据集进行规范化后,矩阵 $\boldsymbol{A}^{\mathrm{T}}\boldsymbol{A}$ 就是样本集合的协方差矩阵。这样,SVD 分解后的右奇异矩阵 $\boldsymbol{V}^{\mathrm{T}}$ 就是 PCA 分析中的特征向量组成的矩阵。

9.2.4 奇异值分解的几何解释

在标准坐标系中,一个 n 维的向量 $\boldsymbol{x}$ 可以用如下形式表示。

$$\boldsymbol{x}=x_1\boldsymbol{e}_1+x_2\boldsymbol{e}_2+\cdots+x_n\boldsymbol{e}_n=\sum_{i=1}^{n}x_i\boldsymbol{e}_i=(\boldsymbol{e}_1,\boldsymbol{e}_2,\cdots,\boldsymbol{e}_n)\begin{pmatrix}x_1 & & & \\ & x_2 & & \\ & & \ddots & \\ & & & x_n\end{pmatrix} \tag{9-33}$$

其中,$\boldsymbol{E}=(\boldsymbol{e}_1,\boldsymbol{e}_2,\cdots,\boldsymbol{e}_n)$为 n 维空间的一个基或一组坐标轴。$(x_1,x_2,\cdots,x_n)$是在每个坐标轴上的取值,称为 $\boldsymbol{x}$ 在基 $\boldsymbol{E}$ 下的描述。

对向量 $\boldsymbol{x}$ 使用矩阵 $\boldsymbol{A}$ 进行线性变换得到向量 $\boldsymbol{z}$,有

$$\boldsymbol{z}=\boldsymbol{A}\boldsymbol{x}=\boldsymbol{U}\boldsymbol{\Sigma}\boldsymbol{V}^{\mathrm{T}}\boldsymbol{x} \tag{9-34}$$

由 9.2.3 节的 PCA 分析,式(9-34)中 $\boldsymbol{V}^{\mathrm{T}}\boldsymbol{x}$ 表示旋转坐标系,将 $\boldsymbol{x}$ 转化为新坐标系下的表述的过程,记为 $\boldsymbol{y}=\boldsymbol{V}^{\mathrm{T}}\boldsymbol{x}=(y_1,y_2,\cdots,y_n)^{\mathrm{T}}$。假设 $\boldsymbol{A}$ 用满秩奇异值分解表示(即 $\boldsymbol{A}=\boldsymbol{U}_r\boldsymbol{\Sigma}_r\boldsymbol{V}_r^{\mathrm{T}}$),这样 $\boldsymbol{A}\boldsymbol{x}$ 可以写作

$$\boldsymbol{z}=\boldsymbol{A}\boldsymbol{x}=\boldsymbol{U}\boldsymbol{\Sigma}\boldsymbol{V}^{\mathrm{T}}\boldsymbol{x}=\boldsymbol{U}\boldsymbol{\Sigma}\boldsymbol{y}=(\boldsymbol{u}_1,\boldsymbol{u}_2,\cdots,\boldsymbol{u}_r)\begin{pmatrix}\sigma_1 y_1 & & & \\ & \sigma_2 y_2 & & \\ & & \ddots & \\ & & & \sigma_r y_r\end{pmatrix} \tag{9-35}$$

可以发现$(\sigma_1 y_1,\sigma_2 y_2,\cdots,\sigma_r y_r)$相当于是在基 $\boldsymbol{U}=(\boldsymbol{u}_1,\boldsymbol{u}_2,\cdots,\boldsymbol{u}_r)$下对向量 $\boldsymbol{z}$ 的描述,即$(y_1,y_2,\cdots,y_r)$是基 $\boldsymbol{U}'=\left(\dfrac{\boldsymbol{u}_1}{\sigma_1},\dfrac{\boldsymbol{u}_2}{\sigma_2},\cdots,\dfrac{\boldsymbol{u}_r}{\sigma_r}\right)$下的描述。那么 $\boldsymbol{U}'$ 即为将 $\boldsymbol{x}$ 所在的坐标系经过 $\boldsymbol{V}^{\mathrm{T}}$ 旋转得到的坐标系。

所以 $\boldsymbol{z}=\boldsymbol{A}\boldsymbol{x}$ 可以描述为,首先对 $\boldsymbol{x}$ 所在的坐标系进行旋转,并将 $\boldsymbol{x}$ 表示为新坐标系 $\boldsymbol{U}'$ 下的表示 $\boldsymbol{y}$,然后再将 y_i 沿新坐标系下的第 i 个轴 $\boldsymbol{u}_{i'}$ 伸缩为原来的 σ_i 倍。如果在原始坐标系 $\boldsymbol{E}=(\boldsymbol{e}_1,\boldsymbol{e}_2,\cdots,\boldsymbol{e}_n)$中,随机变量 $\boldsymbol{x}$ 分布在一个半径为 R 的超球面上,那么 $\boldsymbol{z}$ 将会是新坐标系 $\boldsymbol{U}$ 下的一个超椭圆,且第 i 个轴上的半径为 $R\sigma_i$。

9.2.5 实例：基于奇异值分解实现图片压缩

图 9-4 Lenna 图

Lenna 图[①]是计算机图形学中广为使用的示例图片，如图 9-4 所示。

本节使用 SVD 对 Lenna 图进行压缩。压缩使用的核心代码如代码清单 9-3 所示。在 SVD 类的构造函数中，会根据传入的 img_path 参数读取 Lenna 图并进行 SVD 分解。相反的过程被封装在 compress_img 中。假设在压缩图片时使用了 k 个奇异值，compress_img 可以根据这些数据恢复原始图像。

代码清单 9-3 使用 SVD 压缩图片

```
import numpy as np
from PIL import Image

class SVD:
    def __init__(self, img_path):
        with Image.open(img_path) as img:
            img = np.asarray(img.convert('L'))
        self.U, self.Sigma, self.VT = np.linalg.svd(img)

    def compress_img(self, k: "# singular value") -> "img":
        return self.U[:, :k] @ np.diag(self.Sigma[:k]) @ self.VT[:k, :]
```

调用代码如代码清单 9-4 所示。

代码清单 9-4 调用 SVD

```
model = SVD('lenna.jpg')
result = [
    Image.fromarray(model.compress_img(i))
    for i in [1, 10, 20, 50, 100, 500]
]
```

代码运行结果如图 9-5 所示，其中每个子图为 Lenna 图在不同 k 值下的压缩效果。可以看到当 $k\approx100$ 时，就已经能够很好地表示原始图像。

(a) k=1　(b) k=10　(c) k=20

图 9-5 SVD 分解用于图像压缩(k 表示保留奇异值的个数)

① 图片来源：http://www.lenna.org/full/l_hires.jpg。

(d) k=50

(e) k=100

(f) k=500(原图)

图 9-5 （续）

题库

习题 9

一、选择题

1. 关于 PCA 说法错误的是（　　）。

A. 变量表示成各公因子的线性组合　　B. 可以解决多重共线性

C. 业务不可解释性　　D. 基于主元方向的样本方差最大

2. 数字图像处理中常使用主成分分析(PCA)来对数据进行降维，下列关于 PCA 算法错误的是（　　）。

A. PCA 算法是用较少数量的特征对样本进行描述以达到降低特征空间维数的方法

B. PCA 本质是 K-L 变换

C. PCA 是最小绝对值误差意义下的最优正交变换

D. PCA 算法通过对协方差矩阵做特征分解获得最优投影子空间，来消除模式特征之间的相关性、突出差异性

3. 应用 PCA 后，以下哪项可以是前两个主成分？（　　）

(1) (0.5,0.5,0.5,0.5)和(0.71,0.71,0,0)

(2) (0.5,0.5,0.5,0.5)和(0,0,−0.71,0.71)

(3) (0.5,0.5,0.5,0.5)和(0.5,0.5,−0.5,−0.5)

(4) (0.5,0.5,0.5,0.5)和(−0.5,−0.5,0.5,0.5)

A. (1)和(2)　　B. (1)和(3)　　C. (2)和(4)　　D. (3)和(4)

4. 为了得到和 SVD 一样的投射，需要在 PCA 中怎样做？（　　）

A. 将数据转换成零均值　　B. 将数据转换成零中位数

C. 无法做到　　D. 以上方法不行

5. 主成分分析(PCA)和数据矩阵的奇异值分解(SVD)（　　）。

A. 完全等价，可以得到相同的特征空间

B. 数据均值归零化后，SVD 与 PCA 等价，可以得到相同的特征空间

C. 无法得到不等价形式

D. 以上都不对

二、判断题

1. 必须在使用 PCA 前规范化数据。 (　　)
2. 应该选择使得模型有最大 Variance 的主成分。 (　　)
3. PCA 是一种无监督的方法。 (　　)
4. SVD 算法的时间复杂度为 $O(n^2)$。 (　　)
5. 任何 n 阶方阵的奇异值就是特征值。 (　　)

三、填空题

1. PCA 的最大数量________特征能数量。
2. PCA 所有主成分彼此________。
3. 利用 PCA 将下列数据进行降维,得到的特征值为________。

$$\begin{pmatrix} -2 & 0 & 0 & 1 & 1 \\ -1 & -1 & 0 & 2 & 0 \end{pmatrix}$$

4. PCA 中原始数据在第一主成分上的投影方差最________。
5. SVD 经常作为特征降维的一种有效方法,对于以下四个样本,$x_1=\{6,6\}$,$x_2=\{0,1\}$,$x_3=\{4,0\}$,$x_4=\{0,6\}$,如果采用 SVD 的特征处理方式后,只保留最大特征值,则 SVD 后的样本向量的均方差误差为________。

四、问答题

1. 请简述 PCA 适用场景。
2. 为什么需要降维?
3. PCA 中第一主成分是第一的原因是什么?
4. 简述 PCA 与 SVD 的区别与联系。

五、应用题

1. 对这个矩阵做奇异值分解(Singular Value Decomposition)后,求解非 0 的奇异值(Singular Value)个数。

$$\begin{bmatrix} 1 & 2 & 3 \\ 4 & 5 & 6 \\ 7 & 8 & 9 \\ 10 & 11 & 12 \end{bmatrix}$$

2. 通过 sklearn 的鸢尾花数据集进行 PCA 降维处理并进行可视化展示。
3. 使用 SVD 对表 9-1 所示用户商品打分数据进行降维。

表 9-1　用户商品打分数据

	商品 1	商品 2	商品 3	商品 4
用户 1	5	5	0	5
用户 2	5	0	3	4
用户 3	3	4	0	3
用户 4	0	0	5	3
用户 5	5	4	4	5
用户 6	5	4	5	5

第10章

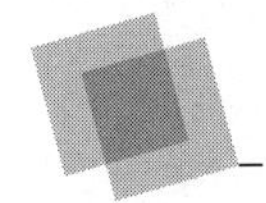

聚　类

本章目标

- 了解聚类的目的；
- 理解不同的距离度量；
- 了解并掌握层次聚类的算法流程；
- 理解并掌握 K-Means 聚类的算法流程；
- 理解并掌握 K-Medoids 聚类的算法流程；
- 理解并掌握 DBSCAN 的算法流程和含义；
- 实现 K-Means 模型完成鸢尾花数据聚类。

聚类的目的是对样本集合进行自动分类，以发掘数据中隐藏的信息、结构，从而发现可能的商业价值。聚类时，相似的样本被划分到相同的类别，不同的样本被划分到不同的类别。聚类的宗旨是：类内距离最小化，类间距离最大化。同一个类别中的样本应该尽可能靠拢，不同类别的样本应该尽可能分离，以避免误分类的发生。

聚类任务的形式化描述如下：给定样本集合 $D=\{\boldsymbol{x}_1,\boldsymbol{x}_2,\cdots,\boldsymbol{x}_m\}$，通过聚类算法将样本划分到不同的类别，使得特征相似的样本被划分到同一个簇，不相似的样本划分到不同的簇，最终形成 k 个簇 $C=\{C_1,C_2,\cdots,C_k\}$。聚类分为硬聚类和软聚类。对于硬聚类，聚类之后形成的簇互不相交，即对任意的两个簇 C_i 和 C_j，有 $C_i\cap C_j=\varnothing$。对于软聚类，同一个样本可能同时属于多个类别。

10.1　距离度量

聚类过程中需要计算样本之间的相似程度，即样本之间距离的度量。常用的距离度量方式有闵可夫斯基距离、余弦相似度、马氏距离、汉明距离等。

10.1.1 闵可夫斯基距离

闵可夫斯基距离将样本看作高维空间中的点来进行距离的度量。设给定样本点的集合 D,对于其中任意的 n 维向量 $\boldsymbol{x}_i=(x_i^1,x_i^2,\cdots,x_i^n)^{\mathrm{T}}$ 和 $\boldsymbol{x}_j=(x_j^1,x_j^2,\cdots,x_j^n)^{\mathrm{T}}$,闵可夫斯基距离(Minkowski Distance)定义为

$$m_{ij}=\left(\sum_{k=1}^{n}|x_i^k-x_j^k|^p\right)^{\frac{1}{p}} \tag{10-1}$$

其中,$p\geqslant 1$,$|x_i^k-x_j^k|^p$ 为 $x_i^k-x_j^k$ 的 p 范数。当 $p=1$ 时,有

$$m_{ij}=\sum_{k=1}^{n}|x_i^k-x_j^k| \tag{10-2}$$

此时又称为曼哈顿距离(Manhattan Distance),即绝对值之和。直观上,当 $n=2$ 时,曼哈顿距离表示从 $\boldsymbol{x}_i$ 出发,只能沿水平或竖直方向前进到达 $\boldsymbol{x}_j$ 的最短距离。

当 $p=2$ 时,有

$$m_{ij}=\left(\sum_{k=1}^{n}|x_i^k-x_j^k|^2\right)^{\frac{1}{2}} \tag{10-3}$$

此时,又称为欧几里得距离或者欧氏距离(Euclidean Distance)。直观上,当 $n=2$ 时,欧氏距离表示二维空间上两点之间的直线距离。

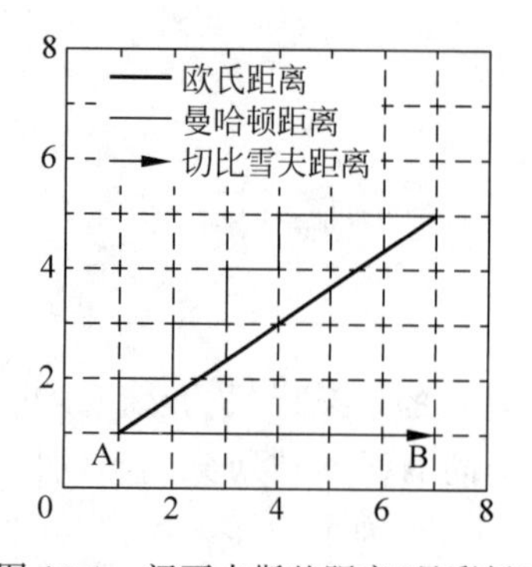

图 10-1 闵可夫斯基距离(见彩插)

当 $p=\infty$ 时,有

$$m_{ij}=\max_{k}|x_i^k-x_j^k| \tag{10-4}$$

此时,又称为切比雪夫距离(Chebyshev Distance)。直观上,当 $n=2$ 时,切比雪夫距离表示横坐标和纵坐标方向上分量之差的绝对值的最大值。

不同种类的闵可夫斯基距离比较如图 10-1 所示。

使用闵可夫斯基距离作为距离度量时,两个样本之间的距离越小,相似度越大;两个样本点之间的距离越大,相似度越小。

10.1.2 余弦相似度

余弦相似度通过将样本看作高维空间的向量进行度量。给定样本向量 $\boldsymbol{x}_i$ 和 $\boldsymbol{x}_j$,两者之间的余弦相似度(Cosine Similarity)定义为

$$c_{ij}=\frac{\sum_{k=1}^{n}x_i^k x_j^k}{\sqrt{\sum_{k=1}^{n}x_i^k\sum_{k=1}^{n}x_j^k}} \tag{10-5}$$

直观上,当 $n=2$ 时,余弦相似度表示二维空间中两条直线之间的夹角的余弦值。使用余弦相似度进行距离度量时,两个样本之间的夹角越小,相似度越大;夹角越大,相似度越小。

10.1.3　马氏距离

马哈拉诺比斯距离(Mahalanobis Distance),又称马氏距离。生产环境中,变量之间往往存在一定的相关性,例如人的身高和体重,马氏距离能够同时考虑变量之间的相关性且又独立于尺度。

给定用矩阵表示的样本集合 $\boldsymbol{X}=(x_{ij})_{m\times n}$,矩阵中的每一列表示样本的一个特征分量,每行表示一个样本。样本集合的协方差矩阵记为$\boldsymbol{\Sigma}$,则对于任意给定样本 $\boldsymbol{x}_i$ 和 $\boldsymbol{x}_j$,两者之间的马氏距离定义为

$$m_{ij}=\sqrt{(\boldsymbol{x}_i-\boldsymbol{x}_j)^{\mathrm{T}}\boldsymbol{\Sigma}^{-1}(\boldsymbol{x}_i-\boldsymbol{x}_j)} \tag{10-6}$$

可以看到,当样本的各个特征分量两两无关,即矩阵 $\boldsymbol{x}$ 的协方差矩阵为单位阵时,马氏距离退化为欧氏距离,即欧氏距离是马氏距离的特例。使用马氏距离作为度量时,两个样本之间的距离越小,相似度越大;距离越大,相似度越小。

10.1.4　汉明距离

令样本各分量的取值只能为 0 或 1 时,即 $x_i^k\in\{0,1\}$,则样本 $\boldsymbol{x}_i$ 和 $\boldsymbol{x}_j$ 之间的汉明距离定义为

$$h_{ij}=\sum_{k=1}^{n}I\{x_i^k\neq x_j^k\} \tag{10-7}$$

汉明距离规定样本各分量的取值只能为 0 或者 1,通过比较两个样本的每个特征分量是否相同来进行距离度量。使用汉明距离进行度量时,距离越小,相似度越大;距离越大,相似度越小。

不同的距离度量方式有着各自不同的适用场景,例如欧氏距离计算的是高维空间中两点之间的距离,而余弦相似度则计算的是两个高维向量之间的余弦夹角。假设表示两个样本的向量 $\boldsymbol{x}_i$ 和 $\boldsymbol{x}_j$ 线性相关,即 $\boldsymbol{x}_i=\lambda\boldsymbol{x}_j$,则他们的余弦相似度为 1,表示两者完全相同,而欧氏距离则不一定为 0(欧氏距离为 0 时,两者完全相同)。

10.2　层次聚类

层次聚类是一种按照不同的尺度逐层进行聚类的一种聚类方法,聚类后的模型呈树状结构,每个样本处于树中叶节点的部分,非叶节点表示不同尺度下的类别。特别地,树的根节点表示将所有的样本都划分到同一个类别。聚类后,依据预先设定的类别数目,在相应的尺度上对树进行"剪枝","剪枝"下来的每棵子树中的所有节点形成一个类,用该类中所有节点的均值作为类的中心点 C_i^*,即该类的标记。在预测时,对于新的样本点,可以计算样本点与每个类别中心的相似度,将其划分到距离最小的类别。考虑到不同的类别规模可能不同,在距离度量方式使用欧氏距离时,也可以在欧氏距离的基础上减去每个类的半径后再进行分类。类的半径定义为类中距类的中心点距离最远的样本到类的中心点的距离,即

$$r_i = \max_{c=1,2,\cdots,|C_k|} d_{ic} \tag{10-8}$$

其中,d_{ic} 表示第 i 个类别的中心点与类中第 c 个样本之间的相似度,$|C_k|$表示类别 C_k 中样本的数目。

层次聚类可自底向上进行也可自顶向下进行。在自顶向下进行时,首先将所有的样本都划分到同一个类别作为树的根节点,然后再依据一定的距离度量方式将根节点划分成两棵子树,在子树上递归进行划分直到子树中只剩一个样本为止,此时的子树为叶节点。在自底向上进行时,首先将每一个样本都划分到一个单独的类,然后依据一定的距离度量方式每次将距离最近的两个类别进行合并,直到所有的样本都合并为一个类别为止。

定义两个类别 C_i 和 C_j 之间的最小距离函数为两个类别中距离最小的两个样本之间的距离,即

$$d_{\min}(C_i, C_j) = \min\{d(\boldsymbol{x}_p, \boldsymbol{x}_q) \mid \boldsymbol{x}_p \in C_i, \boldsymbol{x}_q \in C_j\} \tag{10-9}$$

定义两个类别 C_i 和 C_j 之间的最大距离函数为两个类别中距离最大的两个样本之间的距离,即

$$d_{\max}(C_i, C_j) = \max\{d(\boldsymbol{x}_p, \boldsymbol{x}_q) \mid \boldsymbol{x}_p \in C_i, \boldsymbol{x}_q \in C_j\} \tag{10-10}$$

定义两个类别 C_i 和 C_j 之间的平均距离函数为两个类别中所有样本之间距离的平均距离,即

$$d_{\text{avg}}(C_i, C_j) = \frac{1}{|C_i||C_j|} \sum_{\boldsymbol{x}_p \in C_i} \sum_{\boldsymbol{x}_q \in C_j} d(\boldsymbol{x}_p, \boldsymbol{x}_q) \tag{10-11}$$

定义两个类别 C_i 和 C_j 之间的中心距离为两个类别中心点$\bar{\boldsymbol{x}}_i$ 和$\bar{\boldsymbol{x}}_j$ 之间的距离,即

$$d_{\text{cen}}(C_i, C_j) = d(\bar{\boldsymbol{x}}_i, \bar{\boldsymbol{x}}_j) \tag{10-12}$$

其中

$$\begin{cases} \bar{\boldsymbol{x}}_i = \dfrac{1}{|C_i|} \displaystyle\sum_{\boldsymbol{x}_p \in C_i} \boldsymbol{x}_p \\ \bar{\boldsymbol{x}}_j = \dfrac{1}{|C_j|} \displaystyle\sum_{\boldsymbol{x}_q \in C_j} \boldsymbol{x}_q \end{cases} \tag{10-13}$$

层次聚类一般使用类间的最小距离作为距离的度量。自下而上的层次算法的描述如算法 10-1 所示。

算法 10-1　层次聚类

输入:样本集合 $D=\{\boldsymbol{x}_1, \boldsymbol{x}_2, \cdots, \boldsymbol{x}_m\}$;聚类的类别数目 K

输出:层次化聚类形成的簇的集合

1. 初始化过程:将每个样本初始化为一个类

$$C_i = \{\boldsymbol{x}_i\}, \quad i \in \{1,2,\cdots,m\}$$

返回结果的集合的初始化

$$A_1 = \bigcup_{i=1}^{m} \{C_i\}$$

初始化类别索引集合

$$I = \{1,2,\cdots,m\}$$

并计算两两之间的距离

$$D(i,j) = d(C_i, C_j), \quad i,j \in \{1,2,\cdots,m\}$$

```
2. 不断合并距离最小的类别,形成新类,直到所有的样本都合并为1个类别
for k = 1,2, ⋯ ,m - 1                        //记录迭代次数
```
$p,q=\underset{i,j\in I,i\neq j}{\arg\min}D(i,j)$　　//找到距离最近的两个类的索引

$C_{m+k}=C_p\cup C_q$

$I=(I\backslash\{p,q\})\cup\{m+k\}$　　//更新类的索引集合

$D_{i,m+k}=d(C_i,C_{m+k}),\quad i\in I-\{m+k\}$

$A_{k+1}=(A_k\backslash\{C_p,C_q\})\cup C_{m+k}$

```
end for
```
Return A_{m+1-K}　　//对任意给定的聚类数目 K,返回聚类形成的簇的集合

上面介绍的算法需要用所有的样本建立一棵完整的树,实际建立树的过程中,如果预先指定了聚类的数目 K,则在整个样本集合被分成 K 个类别时即可停止建树的过程。

10.3　*K*-Means 聚类

K-Means 聚类又称 *K*-均值聚类。对于给定的欧式空间中的样本集合,*K*-Means 聚类将样本集合划分为不同的子集,每个样本只属于其中的一个子集。*K*-Means 算法是典型的EM 算法,通过不断迭代更新每个类别的中心,直到每个类别的中心不再改变或者满足指定的条件为止。

K-Means 聚类需要指定聚类的类别数目 K。首先,任意初始化 K 个不同的点,当作每个类别的中心点,然后将样本集合中的每个样本划分到距离其最近的类。然后对每个类别,以其中样本的均值作为新的类别中心,继续将每个样本划分到距离其最近的类别,直到类别中心不再发生显著变化为止。*K*-Means 的算法过程描述如算法 10-2 所示。

算法 10-2　*K*-Means 聚类

输入:样本集合 $D=\{\boldsymbol{x}_1,\boldsymbol{x}_2,\cdots,\boldsymbol{x}_m\}$;聚类的类别数目 K;阈值 ε

输出:*K*-Means 聚类形成的簇的中心

1. 从 D 中抽取 K 个不同的样本作为每个类别的中心点,每个类别的中心用 C_i^* 表示

$$C_i^*=\text{Random}(D),\quad i\in\{1,2,\cdots,K\}$$

while 每个类别中心的变化 $\Delta C_i^*>\varepsilon,i\in\{1,2,\cdots,K\}$

2. 将每个样本划分到与其距离最近的样本

$$C_i=\{x_j\mid i=\underset{k\in\{1,2,\cdots,K\}}{\operatorname{argmin}}\,d(x_j,C_k^*)\}$$

3. 更新每个类别的中心

$$C_i^*=\frac{1}{|C_i|}\sum_{x\in C_i}x$$

end while

return $\{C_i^*\mid i=1,2,\cdots,K\}$　　//返回聚类形成的每个类别的中心

可以证明,*K*-Means 聚类是一个收敛的算法,本书略。*K*-Means 聚类不能保证收敛到全局最优解,所以每次随机选取的类别中心不同,聚类的结果也会不同。关于 K 值的选取,一般需要根据实际问题指定,也可以多次尝试不同的 K 值,选取其中效果最佳的。

K-Means 聚类是一个广泛使用的聚类算法,以人脸聚类为例。假定现有一堆杂乱无章

的照片,需要将同一个人的照片都划分到相同的类别。首先通过人脸识别算法为每张照片中的人脸提取特征向量,然后使用 K-Means 聚类算法对人脸特征向量进行聚类,这样就能够实现一个智能相册。

10.4 *K*-Medoids 聚类

K-Medoids 聚类算法与 K-Means 聚类的原理相似,不同的是,K-Means 聚类可以用不在样本集合中的点表示每个类别的中心,而 K-Medoids 聚类则要求每个类别的中心必须是样本中的点。K-Medoids 的算法描述如算法 10-3 所示。

算法 10-3 *K*-Medoids 聚类

输入:样本集合 $D=\{\boldsymbol{x}_1,\boldsymbol{x}_2,\cdots,\boldsymbol{x}_m\}$;聚类的类别数目 K

输出:K-Medoids 聚类形成的簇的中心

1. 从 D 中抽取 K 个不同的样本作为每个类别的中心点,每个类别的中心用 C_i^* 表示

$$C_i^* = \text{Random}(\{1,2,\cdots,m\}),\quad i\in\{1,2,\cdots,K\}$$

缓存每个样本点之间的距离 d_{ij}

$$d_{ij}=d_{ji}=d(\boldsymbol{x}_i,\boldsymbol{x}_j),\quad i,j\in\{1,2,\cdots,m\}$$

repeat

2. 将每个样本划分到与其距离最近的样本

$$C_i=\{x_j \mid i=\underset{k\in\{1,2,\cdots,K\}}{\operatorname{argmin}}\, d_{j,C_k^*}\}$$

3. 更新每个类别的中心

$$C_i^* = \underset{j\in C_i}{\operatorname{argmin}} \sum_{p\in C_i} d_{pj}$$

until $\{C_i^* \mid i=1,2,\cdots,K\}$不再发生变化

return $\{C_i^* \mid i=1,2,\cdots,K\}$ //返回聚类形成的每个类别的中心

10.5 DBSCAN

基于密度的聚类方法通过空间中样本分布的密度进行聚类,能够对任意形状的簇进行聚类,而基于距离的聚类方法(如K-Means)形成的簇则呈球状。直观上,在二维空间中,K-Means 聚类的结果是,每个簇都是一个圆形,而基于密度的聚类方法则能够实现对任意形状的簇的聚类。

DBSCAN 是一种典型的基于密度的聚类方法。该方法由两个参数确定,ε 表示半径,MinPts 表示点的数目阈值,通常参数使用一个二元组(ε,MinPts)表示。在描述 DBSCAN 算法之前,首先进行如下定义。

(1) ε-邻域:样本集合 D 中任意一点 $\boldsymbol{x}_i$ 的ε-邻域,表示以 $\boldsymbol{x}_i$ 为中心,到 $\boldsymbol{x}_i$ 的半径不超过 ε 的样本点组成的集合,记为 $N_\varepsilon(\boldsymbol{x}_i)=\{\boldsymbol{x}_j \mid d(\boldsymbol{x}_i,\boldsymbol{x}_j)\leqslant\varepsilon\}$。

(2) 核心点(core point):对任意的样本点 $\boldsymbol{x}_i$,如果 $\boldsymbol{x}_i$ 的ε-邻域内包含的点的数目大于或等于 MinPts,即 $N_\varepsilon(\boldsymbol{x}_i)\geqslant$MinPts,则称 $\boldsymbol{x}_i$ 为一个核心点。

(3) 边界点(border point):如果样本 $\boldsymbol{x}_i$ 不是核心点,但是它被包含在至少一个其他核心点的 ε-邻域内,则称 $\boldsymbol{x}_i$ 为边界点。

（4）噪声点（noise point）：如果样本 $\boldsymbol{x}_i$ 既不是核心点也不是边界点，则该样本为噪声点，聚类时将被忽略。可见 DBSCAN 聚类具有一定的抗干扰能力。

（5）密度直达（directly density-reachable）：如果样本 $\boldsymbol{x}_j$ 位于样本 $\boldsymbol{x}_i$ 的ε-邻域内，则称由 $\boldsymbol{x}_i$ 到 $\boldsymbol{x}_j$ 可密度直达。

（6）密度可达（density-reachable）：对于样本 $\boldsymbol{x}_i$ 和样本 $\boldsymbol{x}_j$，如果存在一个密度直达样本序列 $\boldsymbol{x}_i,\boldsymbol{p}_1,\boldsymbol{p}_2,\cdots,\boldsymbol{p}_n,\boldsymbol{x}_j$，则称由 $\boldsymbol{x}_i$ 到 $\boldsymbol{x}_j$ 密度可达。

（7）密度相连（density-connected）：对于样本 $\boldsymbol{x}_i$ 和样本 $\boldsymbol{x}_j$，如果存在一个样本点 $\boldsymbol{p}$，使得 $\boldsymbol{x}_i$ 和 $\boldsymbol{x}_j$ 都由 $\boldsymbol{p}$ 密度可达，则称样本 $\boldsymbol{x}_i$ 和样本 $\boldsymbol{x}_j$ 密度相连。

DBSCAN 算法的过程描述如算法 10-4 所示。

算法 10-4　DBSCAN 聚类

输入：样本集合 D，聚类参数二元组（ε，MinPts）

输出：DBSCAN 聚类形成的簇的集合

```
初始化核心对象的集合
Ω = ∪_{N_ε(x_i)≥MinPts} {x_i}
C = ∅      //聚类形成的簇的集合
while Ω≠∅
    从 Ω 中取出一个样本 x，即 Ω = Ω - {x}，并初始化一个队列 Q = {x}
    C_k = {x}
    while Q≠∅
        从 Q 中取出队首元素 q
        C_k = C_k ∪ (N_ε(q) ∩ Ω)
        Q = Q ∪ (N_ε(q) ∩ Ω)
        Ω = Ω - N_ε(q)
    end while
    C = C ∪ {C_k}
end while
return C
```

DBSCAN 聚类的聚类过程可描述如下：给定参数 ε 和 MinPts，任选一个核心点作为种子，并以此为基础，依据密度可达的标准形成一个簇。之后不断选择未被使用的核心点作为新的种子形成新的簇，直到所有的核心点都被使用完毕，聚类结束。可以看到 DBSCAN 聚类算法不需要指定聚类的数目。对于密度太低的点，DBSCAN 具有一定的抗干扰能力。

图 10-2 是通过数据采样工具随机生成的两个月牙形的簇和一个圆形的簇。现分别在其上运行 K-Means 聚类和 DBSCAN 聚类算法进行对比。如图 10-3(a)所示，当指定聚类个数 $K=3$ 时，K-Means 聚类结果显然不符合数据的实际分布。如图 10-3(b)所示，当指定 DBSCAN 聚类的参数为 $\varepsilon=0.25$，MinPts$=10$ 时，可以自动聚类得到 4 个类别，其中 ε 为 DBSCAN 识别出来的噪声点，显示了 DBSCAN 聚类算法的抗干扰能力。除此之外，DBSCAN 将剩余的点正确聚为 3 个类别，与样本真实分布整体接近。

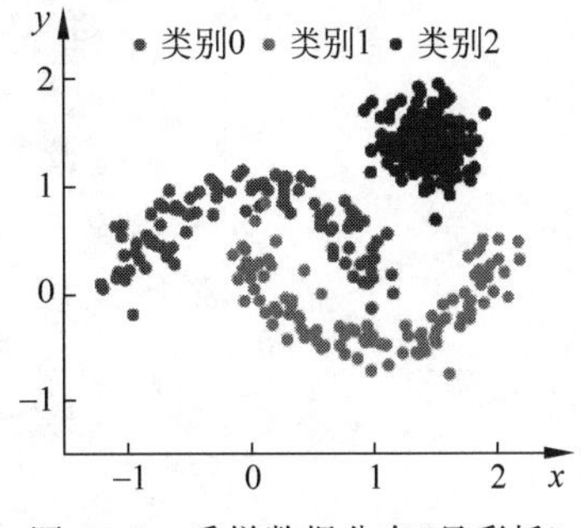

图 10-2　采样数据分布（见彩插）

对于 DBSCAN 聚类，若 ε 太大，则可能会导致聚类数

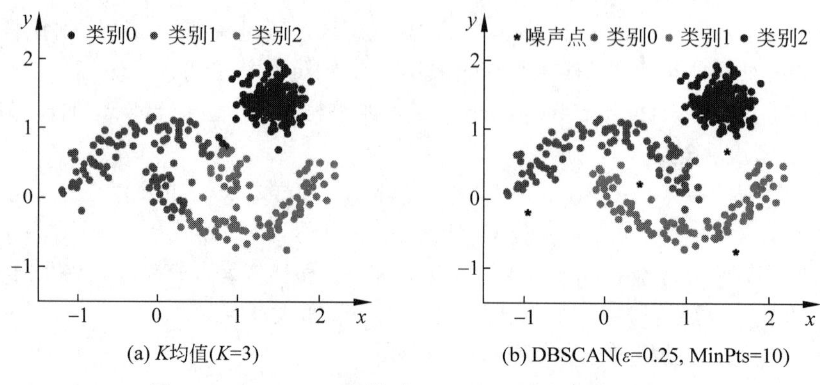

图 10-3 K-Means 聚类对比 DBSCAN 聚类(见彩插)

目较少,若干相邻的簇可能会被合并为一个,极端情况下,会将所有样本聚为一个簇。若 MinPts 太大,同样可能会导致聚类数目较少。因此,选择合适的参数非常重要。

10.6 实例:基于 *K*-Means 实现鸢尾花聚类

本节基于鸢尾花数据集实现 *K*-Means 聚类,整体流程与 8.5 节类似。模型训练与测试代码如代码清单 10-1 所示。

代码清单 10-1 *K*-Means 模型的训练与评估

```
from sklearn.cluster import KMeans
from sklearn.datasets import load_iris
import matplotlib.pyplot as plt
if __name__ == '__main__':
    iris = load_iris()
    model = KMeans(n_clusters = 3)
    pred = model.fit_predict(iris.data)
    print(score(pred, iris.target))
```

程序输出显示,模型的 purity 评分为 0.893。图 10-4 展示了模型的聚类结果。可以发现 Setosa 的聚类效果较好,而另外两类样本由于本身差别不明显,所以聚类效果较差。

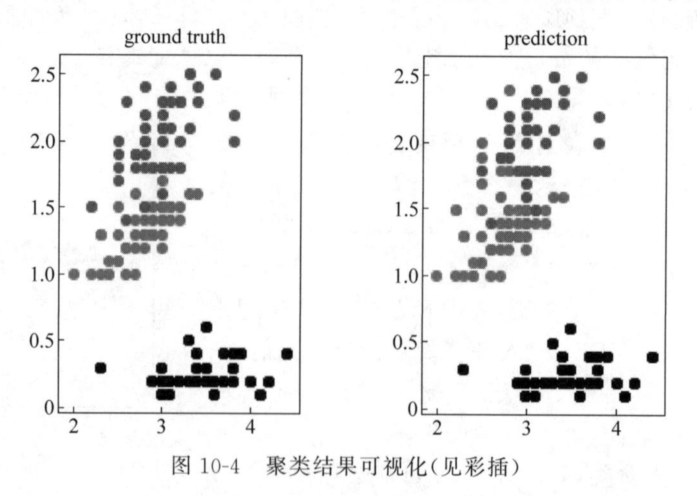

图 10-4 聚类结果可视化(见彩插)

习题 10

一、选择题

1. 以下哪几种聚类算法在训练时需要设定聚类个数？（　　）

A. *K*-Means　　B. AP 聚类　　C. DBSCAN　　D. 层次聚类

题库

2. 在有监督学习中，我们如何使用聚类方法？（　　）

(1) 可以先创建聚类类别，然后在每个类别上用监督学习分别进行学习

(2) 可以使用聚类"类别 id"作为一个新的特征项，然后再用监督学习分别进行学习

(3) 在进行监督学习之前，不能新建聚类类别

(4) 不可以使用聚类"类别 id"作为一个新的特征项，然后再用监督学习分别进行学习

A. (2)和(4)　　B. (1)和(2)　　C. (3)和(4)　　D. (1)和(3)

3. 下面哪种情况不会影响 *K*-Means 聚类的效果？（　　）

A. 数据点密度分布不均　　B. 数据点呈圆形状分布

C. 数据中有异常点存在　　D. 数据点呈非凸形状分布

4. 下列有关聚类说法正确的是（　　）。

A. 聚类过程找出描述并区分数据类或概念的模型（或函数），以便能够使用模型预测类标记未知的对象类

B. 在聚类分析中，簇内的相似性越大，簇间的差别越大，聚类的效果就越差

C. 聚类分析可以看作一种非监督的分类

D. *K*-Means 是一种产生划分聚类的基于密度的聚类算法，簇的个数由算法自动确定

5. 关于 *K*-Means 和 DBSCAN 的比较，以下说法错误的是（　　）。

A. *K*-Means 使用簇的基于原型的概念，而 DBSCAN 使用基于密度的概念

B. *K*-Means 很难处理非球形的簇和不同大小的簇，DBSCAN 可以处理不同大小和不同形状的簇

C. *K*-Means 可以发现不是明显分离的簇，即便簇有重叠也可以发现，但是 DBSCAN 会合并有重叠的簇

D. *K*-Means 丢弃被它识别为噪声的对象，而 DBSCAN 一般聚类所有对象

二、判断题

1. 两个向量间的余弦值可以通过使用欧几里得点积公式求出。（　　）

2. *K*-Means 是一种无监督的聚类算法。（　　）

3. *K*-Means 算法能自动识别类的个数，随机挑选初始点为中心点计算。（　　）

4. 使用 *K*-Means 算法进行聚类时，一些参数需要用户预先指定，例如聚类的数据和中心。（　　）

5. DBSCAN 算法可以适用于凸样本集与非凸样本集。（　　）

三、填空题

1. 请给出三种常见的聚类算法________、________、________。

2. K-Means 算法常使用________距离作为其中心距离的度量。

3. K-Means 算法________(适合/不适合)对螺旋分布的样本进行聚类。

4. DBSCAN 在最坏情况下的时间复杂度是________。

5. 马氏距离是不受________影响的欧氏距离。

四、问答题

1. 常见的聚类算法有哪些？请描述它们的原理。

2. 简述余弦距离、欧氏距离、马氏距离之间的关系。

3. 简述 K-Means 聚类算法的实现流程。

4. 简述 K-Means 聚类 K 值对结果的影响。

5. 某学校对入学的新生进行性格问卷调查，没有心理学家的参与，根据学生对问题的回答，把学生的性格分成了 8 个类别。请说明该数据挖掘任务是属于分类任务还是聚类任务？为什么？

五、应用题

1. 针对如下数据集，使用 K-Means 对酒类进行聚类分析。数据可通过 http://archive.ics.uci.edu/ml/datasets/Wine 下载。

2. 使用第 1 题的数据集，再通过 DBSCAN 算法进行聚类分析。

第11章

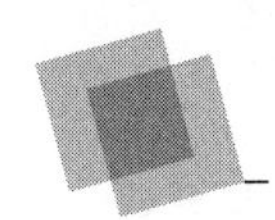

神经网络与深度学习

本章目标

- 理解神经元模型和各种激活函数；
- 掌握多层感知机的组成；
- 理解损失函数的数学含义；
- 了解并掌握反向传播算法，包括梯度下降法的算法流程及梯度消失问题的解决办法；
- 理解卷积神经网络，包括卷积、池化和网络结构；
- 理解循环神经网络，了解 LSTM；
- 理解生成对抗网络的组成和算法流程；
- 了解图卷积神经网络的数学含义；
- 实现卷积神经网络完成手写数字的识别。

近些年神经网络在计算机视觉、自然语言处理、语音识别等领域产生了突破性的进展，成功应用于生产实践并引发了新一轮人工智能的科技变革。人工智能逐渐在各行各业赋能，如智能交通、自动驾驶、智能制造、智慧医疗、智能客服、智能物流等。人们正在进入人工智能时代。

11.1 神经元模型

神经网络的基本组成单位是神经元模型，用于模拟生物神经网络中的神经元。生物神经网络中，神经元的功能是感受刺激传递兴奋。每个神经元通过树突接受来自其他被激活神经元的，通过轴突释放出来的化学递质，改变当前神经元内的电位，然后将其汇总。当神经元内的电位累积到一个水平时就会被激活，产生动作电位，然后通过轴突释放化学物质。

机器学习中的神经元模型类似于生物神经元模型，由一个线性模型和一个激活函数组

成。表示为

$$y=f(\boldsymbol{\omega}^{\mathrm{T}}\boldsymbol{x}+b) \tag{11-1}$$

其中,$\boldsymbol{x}$ 为上一层神经元的输出,$\boldsymbol{\omega}^{\mathrm{T}}$ 为当前神经元与上一层神经元的连接权重,b 为偏置,f 为激活函数。激活函数的作用是进行非线性化,这是因为现实世界中的数据仅通过线性化建模往往不能够反映其规律。

常用的激活函数有 Sigmoid、ReLU、Tanh、Softmax 等。下面对这些激活函数进行介绍。

1. Sigmoid 函数

$$\mathrm{Sigmoid}(x)=\frac{1}{1+\mathrm{e}^{-x}} \tag{11-2}$$

如图 11-1 所示,Sigmoid 函数的输出介于 0~1。当 $x=0$ 时,y 接近于 0.5;当 x 远离原点 0 时,y 快速向左逼近 0 或者向右逼近 1。Sigmoid 函数的优点有易于求导 $\frac{\mathrm{d}y}{\mathrm{d}x}=y(1-y)$;输出区间固定,训练过程不易发散;可作为二分类问题的概率输出函数。当一个输入 x 有多个输出时,可以在神经网络的输出层使用多个 Sigmoid 函数计算其属于或不属于某个类别的概率。Sigmoid 函数的缺点在于当 x 远离原点时,Sigmoid 导数快速趋于 0,当神经网络层数较深时容易造成梯度消失,这种现象称为饱和。

2. ReLU 函数

$$\mathrm{ReLU}(x)=\max(0,x) \tag{11-3}$$

ReLU(Rectified Linear Unit)函数是目前广泛使用的一种激活函数。如图 11-2 所示,ReLU 函数在 $x>0$ 时导数值恒为 1,所以不存在梯度消失的问题。对比 Sigmoid 函数,ReLU 函数还有运算简单、求导简单等优点。此外,ReLU 还能起到很好的稀疏化作用,对 $x\geqslant 0$ 的特征进行保留,对 $x<0$ 的特征则进行裁剪。ReLU 的缺点在于其会导致一些神经元无法激活,且输出分布不以 0 为中心。LeakyReLU 在 $x<0$ 时的输出值为 σx,其中 σ 是一个极小值,在保证能起到非线性化作用的情况下,使得神经元在 $x<0$ 时仍然能够被激活。

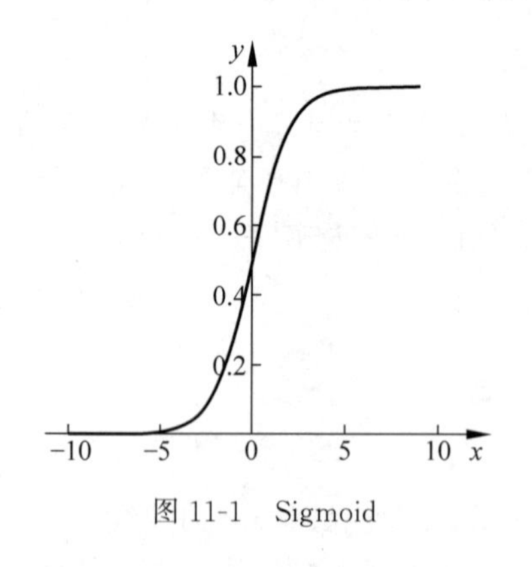

图 11-1 Sigmoid

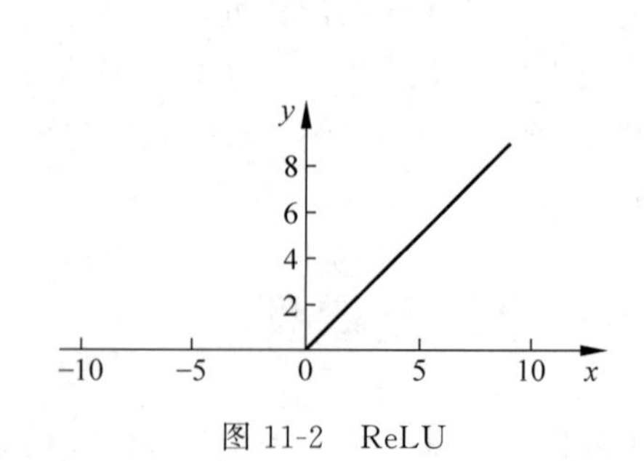

图 11-2 ReLU

3. Tanh 函数

$$y=\mathrm{Tanh}(x)=\frac{\mathrm{e}^{x}-\mathrm{e}^{-x}}{\mathrm{e}^{x}+\mathrm{e}^{-x}} \tag{11-4}$$

如图 11-3 所示，Tanh 的取值范围为(−1, 1)，其函数曲线与 Sigmoid 函数类似。Tanh 的导数为$\frac{\mathrm{d}y}{\mathrm{d}x}=1-y^2$。Tanh 的值域要大于 Sigmoid，梯度更大，所以使用 Tanh 的神经网络往往收敛更快。

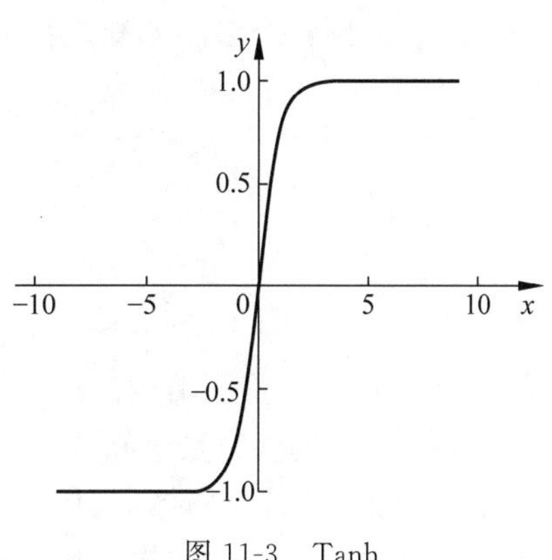

图 11-3　Tanh

4. Softmax 函数

$$y_i=\mathrm{Softmax}(\boldsymbol{x},i)=\frac{\mathrm{e}^{x_i}}{\sum_{j=1}^{n}\mathrm{e}^{x_j}} \tag{11-5}$$

Softmax 函数常用于将函数的输出转化为概率分布。例如，多分类问题中使用 Softmax 函数将模型的输出转化为每个类别的概率分布，如图 11-4 所示。直观上，当我们对一个样本进行分类时，使用 argmax 是最佳的选择。但是由于 argmax 不可导，所以需要用一个"软"的 max 来近似，这就是 Softmax 中 Soft 的由来。Softmax 可以看作 argmax 的一个平滑近似。

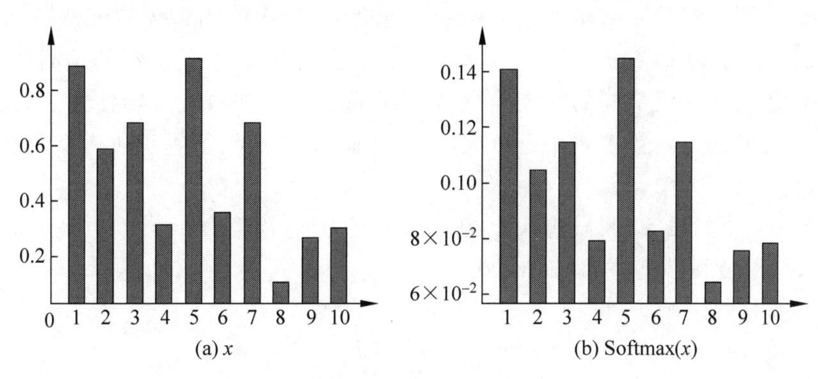

图 11-4　Softmax

11.2　多层感知机

多层感知机通过堆叠多个神经元模型组成，是最简单的神经网络模型。这里以一个 3 层的二分类感知机为例。图 11-5 中 $\boldsymbol{x}=(x_1,x_2)$称为输入层，包含两个节点，对应数据的两个特征；$\boldsymbol{y}=(y_1,y_2)$称为输出层，包含两个节点；除输入层 $\boldsymbol{x}$ 和输出层 $\boldsymbol{y}$ 之外的层称为隐藏层，图中只有一个隐藏层 $\boldsymbol{h}$，神经元节点个数为 4。输入层与隐藏层、隐藏层与输出层之间的神经元节点两两都有连接。输入层 $\boldsymbol{x}$ 没有激活函数，假设隐藏层 $\boldsymbol{h}$ 的激活函数为 Sigmoid，输出层的激活函数为 Softmax 函数。记输入层到隐藏层的参数为$\boldsymbol{\alpha}^{\mathrm{T}}=(\boldsymbol{\alpha}_1^{\mathrm{T}},\boldsymbol{\alpha}_2^{\mathrm{T}},\boldsymbol{\alpha}_3^{\mathrm{T}},\boldsymbol{\alpha}_4^{\mathrm{T}})$。其中$\boldsymbol{\alpha}_i=(\alpha_{i1},\alpha_{i2})$；记隐藏层到输出层的参数为$\boldsymbol{\beta}^{\mathrm{T}}=(\boldsymbol{\beta}_1^{\mathrm{T}},\boldsymbol{\beta}_2^{\mathrm{T}})$，其中$\boldsymbol{\beta}_i=(\beta_{i1}$,

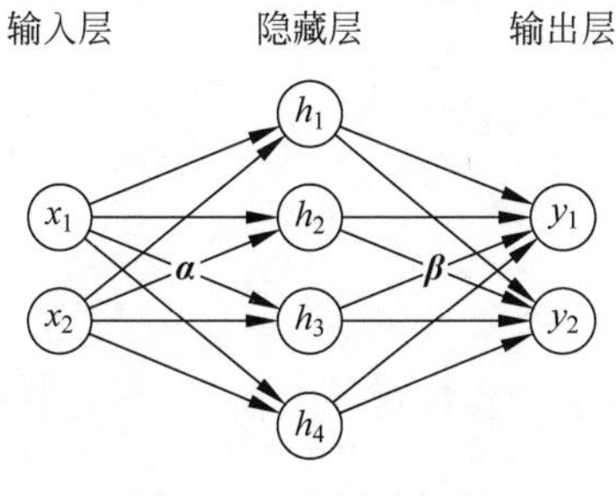

图 11-5　多层感知机

$\beta_{i2},\beta_{i3},\beta_{i4}$)。则整个多层感知机神经网络 $\boldsymbol{y}=f(\boldsymbol{x})$可以描述为

$$\begin{cases}\boldsymbol{a}=\boldsymbol{\alpha}^{\mathrm{T}}\boldsymbol{x}\\ \boldsymbol{h}=\mathrm{Sigmoid}(\boldsymbol{a})\\ \boldsymbol{z}=\boldsymbol{\beta}^{\mathrm{T}}\boldsymbol{h}\\ \boldsymbol{y}=\mathrm{Softmax}(\boldsymbol{z})\end{cases} \tag{11-6}$$

即 $\boldsymbol{y}=f(\boldsymbol{x})=\mathrm{Softmax}(\boldsymbol{\beta}^{\mathrm{T}}\mathrm{Sigmoid}(\boldsymbol{\alpha}^{\mathrm{T}}\boldsymbol{x}))$。这样就得到了一个简单的二分类多层感知机模型,该模型的输入是原始数据的特征 $\boldsymbol{x}$,输出是 $\boldsymbol{x}$ 属于每个类别的概率分布。

目前模型 f 的参数是未知的,需要选择一种优化算法、一个损失函数通过大量样本对模型的参数进行估计。整体上,任何机器学习或深度学习任务都可归结为分类或者回归任务,由此产生了两个主要的损失函数:交叉熵损失函数和平方误差损失函数。反向传播算法是一种广泛使用的神经网络模型训练算法。

11.3 损失函数

损失函数被用于对神经网络模型的性能进行度量,其评价的是模型预测值与真实值之间的差异程度,记为 $J(\hat{y},y;\boldsymbol{\theta})$,其中 y 是样本 $\boldsymbol{x}$ 的真实标签,$\hat{y}$ 是模型的预测结果。

不同的任务往往对应不同的损失函数,常用损失函数主要有交叉熵损失函数、平方误差损失函数。交叉熵损失函数主要用于分类任务中,如图像分类、行为识别等;平方误差损失函数主要用于回归任务中。

对于一个 K-分类任务,假设输入 $\boldsymbol{x}$ 的类别标签为 y。定义 $\boldsymbol{q}=[q_1,q_2,\cdots,q_y,\cdots,q_K]$ 表示 $\boldsymbol{x}$ 属于每个类别的期望概率分布,则

$$q_i=\begin{cases}1, & i=y\\ 0, & \text{其他}\end{cases} \tag{11-7}$$

记神经网络模型的输出:

$$f(\boldsymbol{x})=\boldsymbol{p}=[p_1,p_2,\cdots,p_y,\cdots,p_K] \tag{11-8}$$

交叉熵损失函数用于衡量两个分布 $\boldsymbol{q}$ 和 $\boldsymbol{p}$ 之间的差异性,值越小越好。

$$J(\boldsymbol{x};\boldsymbol{\theta})=-\sum_{i=1}^{K}q_i\log p_i=-\log p_y \tag{11-9}$$

对于一个回归任务,假设输入 $\boldsymbol{x}$ 的标签为 y。$f(\boldsymbol{x})$是模型的预测值,平方误差损失函数用于描述模型的预测值与真实标签之间的欧氏距离,距离越小越好。

$$J(\boldsymbol{x};\boldsymbol{\theta})=\frac{1}{2}(y-f(\boldsymbol{x}))^2 \tag{11-10}$$

11.4 反向传播算法

反向传播算法即梯度下降法。之所以称为反向传播,是由于在深层神经网络中,需要通过链式法则将梯度逐层传递到底层。

11.4.1　梯度下降法

梯度下降法是一种迭代优化算法。假设函数 $l(x)$ 是下凸函数，我们要求解函数 $l(x)$ 的最小值。根据泰勒公式将 $l(x)$ 进行展开，得到

$$l(x)=l(x_0)+l'(x_0)(x-x_0)+\frac{l''(x_0)}{2!}(x-x_0)^2+\cdots+\frac{l^{(n)}(x_0)}{n!}+R_n(x) \tag{11-11}$$

根据函数的数学性质，函数值沿着梯度的反方向下降最快。假设迭代开始时，数据点位于 x_0 处，则其向梯度指向的方向更新能够最快接近最优解，更新幅度称为学习率（记为 η），则梯度下降法中 x 的更新公式为

$$x=x-\eta l'(x) \tag{11-12}$$

经过若干次迭代，就能近似得到模型的最小值及其对应的 $\boldsymbol{x}^*$。

当模型 f 为深度网络，其中包含多个参数时，需要使用链式法则进行求导，这就是反向传播算法。为简化描述，以样本$(\boldsymbol{x},y)$的一次迭代为例描述反向传播算法的计算过程，如算法 11-1 所示。

算法 11-1　反向传播算法

输入：输入样本及其标签$(\boldsymbol{x},y)$，神经网络模型 $f(\boldsymbol{x};\boldsymbol{\theta})$，损失函数 J

输出：更新模型后的模型 $f(\boldsymbol{x};\boldsymbol{\theta}^*)$

1. 将 $\boldsymbol{x}$ 输入模型，进行前向计算得到预测值 $\hat{y}$

$$\hat{y}=f(\boldsymbol{x})$$

2. 将模型的预测值 $\hat{y}$ 和真实标签 y 输入损失函数 J，计算损失

$$J(\hat{y},y;\boldsymbol{\theta})$$

3. 使用链式法则从后向前，计算每一层的参数的梯度，并更新有参数的层的参数值（假设每种计算都视作一个层，如 $f=\mathrm{ReLU}(\boldsymbol{\omega}^{\mathrm{T}}\boldsymbol{x})+b$ 视作一个线性层和一个激活函数层）

for $l=L,L-1,\cdots,1$

$$\nabla_{f^l}J=\nabla_{f^L}J\odot\nabla_{f^{L-1}}f^L\cdots\nabla_{f^l}f^{l+1}$$

4. 如果 l 层有参数，则计算该层参数并更新，否则进入下一轮计算

　　if f^l 层包含参数 θ^l

$$\nabla_{\boldsymbol{\theta}_l}J=\nabla_{f^l}J\odot\nabla_{\boldsymbol{\theta}_l}f^l$$

$$\boldsymbol{\theta}_l^*=\boldsymbol{\theta}_l-\eta\nabla_{\boldsymbol{\theta}_l}J$$

　　end if

end for

return $f(\boldsymbol{x};\boldsymbol{\theta}^*)$　　//返回更新参数后的模型

对于前述多层感知机的例子，以参数 α_{11} 为例来说明模型的更新过程。假设输入 $\boldsymbol{x}$ 的类别标签为 1，则有

$$\begin{aligned}\frac{\partial J}{\partial\alpha_{11}}&=\frac{\partial J}{\partial\hat{y}_1}\frac{\partial\hat{y}_1}{\partial h_1}\frac{\partial h_1}{\partial a_1}\frac{\partial a_1}{\partial\alpha_{11}}\\&=-\frac{1}{\hat{y}_1}\left(\frac{\partial\hat{y}_1}{\partial z_1}\frac{\partial z_1}{\partial h_1}\frac{\partial h_1}{\partial a_1}\frac{\partial a_1}{\partial\alpha_{11}}+\frac{\partial\hat{y}_1}{\partial z_2}\frac{\partial z_2}{\partial h_1}\frac{\partial h_1}{\partial a_1}\frac{\partial a_1}{\partial\alpha_{11}}\right)\end{aligned}$$

$$=-\frac{1}{\hat{y}_1}(\hat{y}_1(1-\hat{y}_1)\beta_{11}h_1(1-h_1)x_1-\hat{y}_1\hat{y}_2\beta_{21}h_1(1-h_1)x_1) \tag{11-13}$$

之后使用学习率 η 对参数进行更新即可。

$$\alpha_{11}=\alpha_{11}-\eta\frac{\partial J}{\partial \alpha_{11}} \tag{11-14}$$

实际训练神经网络的过程中,往往需要进行很多轮迭代才能让神经网络参数达到收敛。对于多个样本的情形,假设样本集合的容量为 m,则损失函数为 $\sum_{i=1}^{m}J(\hat{y}_i,y_i;\boldsymbol{\theta})$。反向传播算法优化的也是这个损失函数,称为批梯度下降(Batch Gradient Descent,BGD)。实际优化神经网络参数的过程中,由于计算机硬件内存的限制,往往选择小批次梯度下降法(Mini Batch Gradient Descent),每次只将一部分样本送入模型中,用这一部分样本对模型进行一次迭代优化。相比批梯度下降算法,小批次梯度下降算法的优点如下:可以将少部分样本都放入内存中;每次用不同的样本训练模型,模型不易陷入局部最优解。其缺点在于:需要耗费的时间较长,批梯度下降法可以通过增量的方式将所有样本都送入网络并迭代更新每层输出的均值及损失函数,最终只进行一次梯度反传及参数更新,而小批次梯度下降法则需要每次都进行梯度反传及参数更新。当小批次梯度下降法输入样本的个数为1时,称其为随机梯度下降法(Stochastic Gradient Descent, SGD),此时参数更新的过程会发生较剧烈的震荡。神经网络的训练中最常用的优化算法是小批梯度下降法。一般的深度学习框架不对三者进行区分,统一称为随机梯度下降法(SGD)。

除了原始的梯度下降算法,为提高神经网络的收敛速度和模型的准确率,人们还发明了其他梯度下降法的变种,其中带有动量的随机梯度下降法(Stochastic Gradient Descent with Momentum, SGDM)最为常用。SGDM 更新梯度时使用的是先前每个小批次值的滑动平均,梯度计算及参数更新过程如下。

$$\begin{cases}\nabla_{\boldsymbol{\theta}_l}J=\nabla_{f^l}J\ \nabla_{\boldsymbol{\theta}_l}f^l\\ \boldsymbol{v}=\lambda\,\boldsymbol{v}+(1-\lambda)\ \nabla_{\boldsymbol{\theta}_l}J\\ \boldsymbol{\theta}_l^*=\boldsymbol{\theta}_l-\eta\boldsymbol{v}\end{cases} \tag{11-15}$$

其中,$\boldsymbol{v}$ 为累积梯度,其初始值为0;λ 为滑动平均系数,控制当前梯度及先前累计梯度之间的比例。由于使用累计梯度进行参数更新,SGDM 能够很好地防止模型训练过程中梯度方向的剧烈振荡,从而提高神经网络的收敛速度。

由于 SGD 中,每次只将一个小批次的数据送入模型中训练,所以每个批次的损失函数都不一样,不易作图。图 11-6 中是一个含有两个参数的模型参数的优化过程,图中的 SGD 及 SGDM 分别表示批梯度下降和动量批梯度下降(即每次都使用全部样本训练)。可以看到,SGD 能够直接收敛到最优解附近,速度较慢,而 SGDM 优化速度较快,但是由于惯性,不易直接收敛到最优解。对于小批次梯度下降法,使用动量法可以很好地避免由于每次输入样本的不同而造成的梯度振荡。

11.4.2 梯度消失及梯度爆炸

神经网络的优化过程中,梯度消失及梯度爆炸是两个较为常见的问题。其中梯度消失

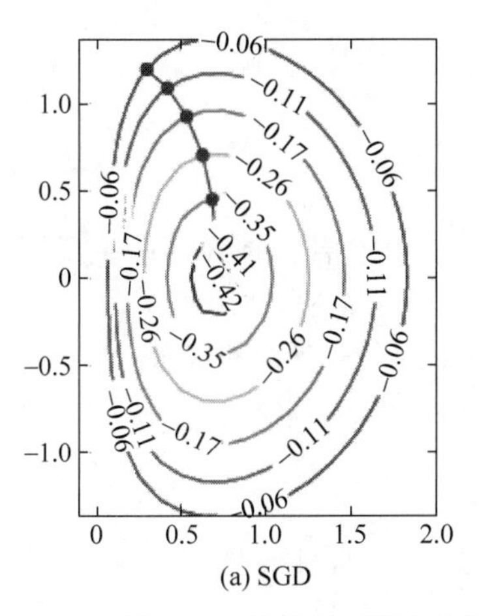

(a) SGD

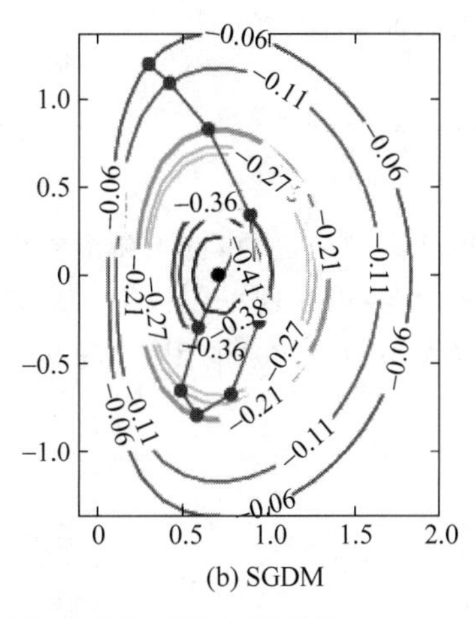

(b) SGDM

图 11-6　批梯度下降法和带动量的随机梯度下降法(见彩插)

问题尤为常见。

梯度消失问题是指,在反向传播算法中使用链式法则进行连乘时,靠近输入层的参数梯度几乎为 0,即几乎消失。例如,如果深层神经网络的激活函数都选用 Sigmoid,因为 Sigmoid 函数极容易饱和(梯度为 0),所以越靠近输入层的参数在经过网络中夹杂的连续若干 Sigmoid 的导数连乘后,梯度将几乎接近于 0。这样进行参数更新时,参数将几乎不发生变化,就会使得神经网络难以收敛。缓解梯度消失问题的主要方法有更换激活函数,如选择 ReLU 这种梯度不易饱和的函数;调整神经网络的结构,减少神经网络的层数等。

梯度爆炸问题与梯度消失问题正好相反。如果神经网络的中参数的初始化不合理,由于每层的梯度与其函数形式、参数、输入均有关系,当连乘的梯度均大于 1 时,就会造成底层参数的梯度过大,导致更新时参数无限增大,直到超出计算机所能表示的数的范围。模型不稳定且不收敛。实际情况中,人们一般都将输入进行规范化,初始化权重往往分布在原点周围,所以梯度爆炸发生的频率一般要低于梯度消失。缓解梯度消失问题的主要方法如下:①对模型参数进行合适的初始化,一般可以通过在其他大型数据集上对模型进行预训练以完成初始化,例如图像分类任务中人们往往会将在 ImageNet 数据集上训练好的模型参数迁移到自己的任务中;②进行梯度裁剪,即当梯度超过一定阈值时就将梯度进行截断,这样就能够控制模型参数不会无限增长,从而限制了梯度不至于太大;③参数正则化,正则化能够对参数的大小进行约束,使得参数不至于太大等。

11.5　卷积神经网络

卷积神经网络(Convolutional Neural Network, CNN)是深度神经网络中的一种,受生物视觉认知机制启发而来,神经元之间使用类似动物视觉皮层组织的连接方式,大多数情况下用于处理计算机视觉相关的任务,例如分类、分割、检测等。与传统方法相比较,卷积神经网络不需要利用先验知识进行特征设计,预处理步骤较少,在大多数视觉相关任务上获得了不错的效果。卷积神经网络最先出现于 20 世纪 80 到 90 年代,LeCun 提出了 LeNet 用于解决手写数字识别的问题。随着深度学习理论的不断完善,计算机硬件水平的提高,卷积神经网络也随之快速发展。

11.5.1 卷积

介绍卷积神经网络之前,首先介绍卷积的概念。由于卷积神经网络主要用于计算机视觉相关的任务中,我们在这里仅讨论二维卷积,对于高维卷积,情况类似。

给定一张大小为 $m \times n$ 的图像,设 $\boldsymbol{x}$ 是图像上的一个 $k \times k$ 的区域,即

$$\boldsymbol{x} = \begin{pmatrix} x_{11} & x_{12} & \cdots & x_{1k} \\ x_{21} & x_{22} & \cdots & x_{2k} \\ \vdots & \vdots & \ddots & \vdots \\ x_{k1} & x_{k2} & \cdots & x_{kk} \end{pmatrix} \tag{11-16}$$

设$\boldsymbol{\omega}$ 是与 $\boldsymbol{x}$ 具有相同形状的权重矩阵,其中的元素记为 ω_{ij} ,b 为偏置参数,则卷积神经元的计算可以描述为

$$y = f\left(\sum_{i=1}^{n}\sum_{j=1}^{n}\omega_{ij}x_{ij} + b\right) \tag{11-17}$$

其中 f 为激活函数。

卷积层使用卷积核在特征图上滑动,同时不断计算卷积输出而获得特征图每层卷积的计算结果。卷积核可以视为一个特征提取算子。卷积神经网络的每一层往往拥有多个卷积核用于从上一层的特征图中提取特征,组成当前层的特征图,每个卷积核只提取一种特征。为保证相邻层的特征图具有相同的长宽尺度,有时还需要对上一层的输出补齐后再计算当前层的特征图,常用的补齐方式是补零。记上一层的特征图的大小为 $W_{l-1} \times H_{l-1} \times C_{l-1}$,其中 C_{l-1} 为特征图的通道数,补齐零的宽度和高度分别为 P_{l-1}^{w} 和 P_{l-1}^{h},当前层用于提取特征的卷积核个数为 C_l 个,每个卷积核的尺度是 $K_l^w \times K_l^l$,则当前层的特征图大小为 $W_l \times H_l \times C_l$,其中

$$W_l = \left\lfloor \frac{W_{l-1} + 2P_{l-1}^{w} - K_l^{w}}{S_l^{w}} \right\rfloor + 1$$

$$H_l = \left\lfloor \frac{H_{l-1} + 2P_{l-1}^{h} - K_l^{h}}{S_l^{h}} \right\rfloor + 1 \tag{11-18}$$

S 称为步长,表示在卷积核滑动过程中,每 S 步执行一次卷积操作。

单通道的卷积过程如图 11-7 所示,x_{11} 所在的行列的白色区域表示补齐零。

11.5.2 池化

池化(Pooling)的目的在于降低当前特征图的维度,常见的池化方式有最大池化(Max Pooling)和平均池化。池化需要一个池化核,池化核的概念类似于卷积核。对于最大池化,在每个通道上,选择池化核中的最大值作为输出。对于平均池化,在每个通道上,对池化核中的均值进行输出。图 11-8 是一个单通道的最大池化的例子,其中池化核大小为 2×2。

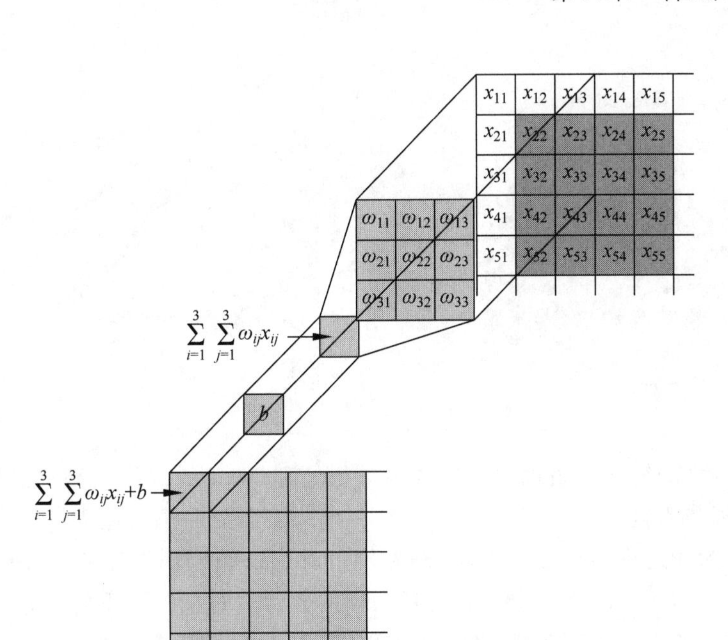

图 11-7 卷积(见彩插)

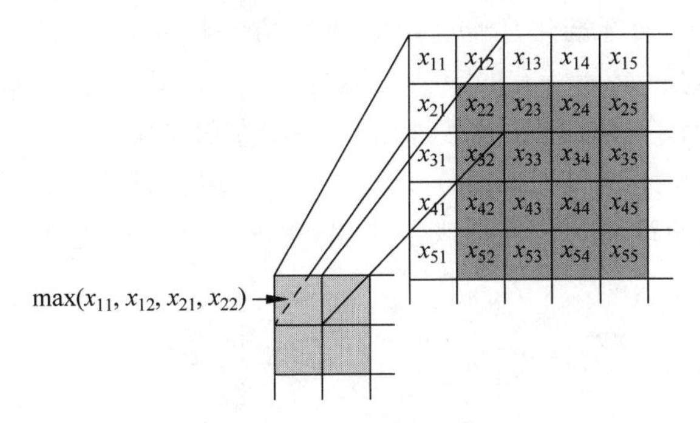

图 11-8 最大池化(见彩插)

相比多层感知机网络,卷积神经网络的特点是局部连接、参数共享。在多层感知机模型中,当前层的所有节点与上一层的每一个节点都有连接,这样就会产生大量的参数。而在卷积神经网络中,当前层的每个神经元节点仅与上一层的局部神经元节点有连接。当前层中,每个通道的所有神经元共享一个卷积核参数,提取同一种特征,通过共享参数的形式大大降低了模型的复杂度,防止了参数冗余。

11.5.3 网络架构

卷积神经网络通常由一个输入层(Input Layer)和一个输出层(Output Layer)以及多个隐藏层组成。隐藏层包括卷积层(Convolutional Layer)、激活层(Activation Layer)、池化层(Pooling Layer)以及全连接层(Fully-connected Layer)等。如图 11-9 所示为一个 LeNet 神经网络的结构。目前许多研究者针对不同任务对层结构或网络结构进行设置,从而获得更优的效果。

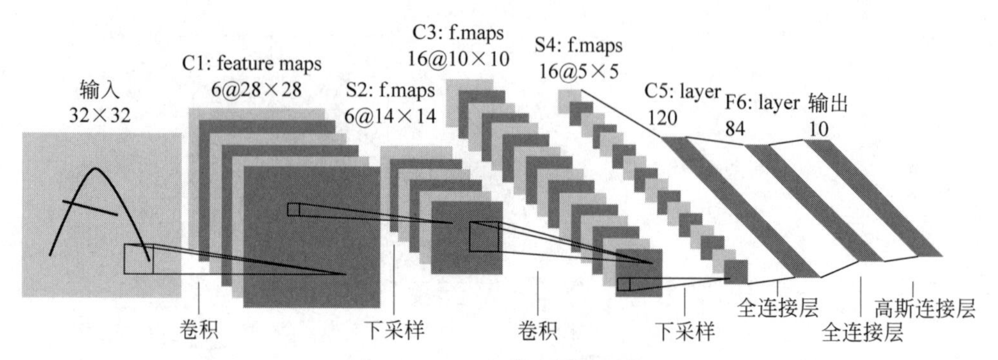

图 11-9 LeNet 卷积神经网络

卷积神经网络的输入层可以对多维数据进行处理,常见的二维卷积神经网络可以接受二维或三维数据作为输入。对于图片类任务,一张 RGB 图片作为输入的大小可写为 $H\times W\times C$,其中 C 为通道数,H 为长度,W 为宽度。对于视频识别类任务,一段视频作为输入的大小可写为 $T\times H\times W\times C$,其中 T 为视频帧的数目。对于三维重建任务,一个三维体素模型,其作为输入的大小可写为 $1\times H\times L\times W$,其中 H、L、W 分别为模型的高、长、宽。与其他神经网络算法相似,在训练时会使用梯度下降法对参数进行更新,因此所有的输入都需要在通道或时间维度进行预处理(归一化、标准化等)。归一化是通过计算极值将所有样本的特征值映射到[0, 1],而标准化是通过计算均值、方差将数据分布转化为标准正态分布。

卷积层是卷积神经网络所特有的一种子结构。一个卷积层包含多个卷积核,卷积核在输入数据上进行卷积计算,从而提取得到特征。一个卷积操作一般由四个超参数组成,卷积核大小 K(Kernel Size)、步长 S(Stride)、填充 P(Padding)以及卷积核数目 C(Number of Kernels)。具体来说,假设输入的特征大小为 $W'\times H'\times C'$,则输出特征的维度 $W\times H\times C$ 为

$$
\begin{aligned}
W &= \left\lfloor \frac{W'+2P-F}{S} \right\rfloor + 1 \\
H &= \left\lfloor \frac{H'+2P-F}{S} \right\rfloor + 1
\end{aligned}
\tag{11-19}
$$

激活层在前几章中已经进行了介绍,如图 11-10 所示,有 Sigmoid、ReLU、Tanh 等常用的激活函数可供使用。

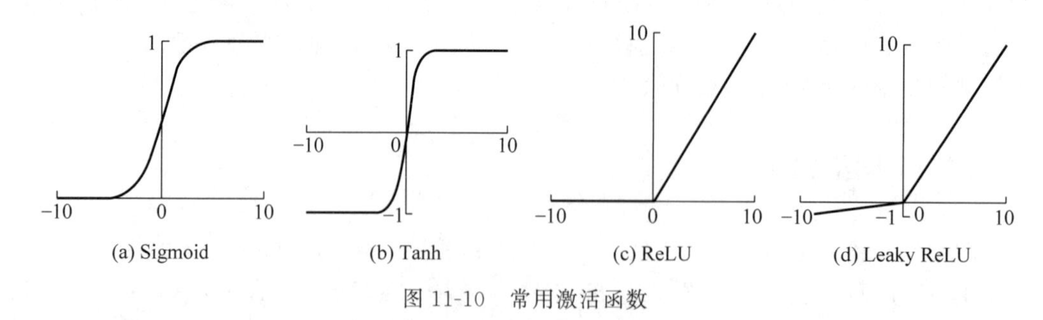

图 11-10 常用激活函数

池化层一般包括两种,一种是平均池化层(Average Pooling),另一种是最大池化层。池化层可以起到保留主要特征、减少下一层的参数量和计算量的作用,从而降低过拟合

风险。

全连接层一般用于分类网络最后面，起到类似于“分类器”的作用，将数据的特征映射到样本标记特征。相比卷积层的某一位置的输出仅与上一层中相邻位置有关，全连接层中每一个神经元都会与前一层的所有神经元有关，因此全连接层的参数量也是很大的。

归一化层包括了 BatchNorm、LayerNorm、InstanceNorm、GroupNorm 等方法，本节仅介绍 BatchNorm。BatchNorm 在 batch 的维度上进行归一化，使得深度网络中间卷积的结果也满足正态分布，整个训练过程更快，网络更容易收敛。

前面介绍的这些部件组合起来就能构成一个深度学习的分类器，基于大量的训练集，从而在某些任务上可以获得与人类相当的准确性。科学家们也在不断实践如何去构建一个深度学习的网络，如何设计并搭配这些部件，从而获得更优异的分类性能。下面是一些较为经典的网络结构，其中有一些依旧活跃在科研的一线。

LeNet 卷积神经网络由 LeCun 在 1998 年提出，这个网络仅由两个卷积层、两个池化层以及两个全连接层组成，在当时用以解决手写数字识别的任务，也是早期最具有代表性的卷积神经网络之一。同时 LeNet 也奠定了卷积神经网络的基础架构，包含了卷积层、池化层、全连接层。

2012 年，Alex 提出的 AlexNet 在 ImageNet 比赛上取得了冠军，其正确率远超第二名。AlexNet 成功使用 ReLU 作为激活函数，并验证了在较深的网络上，ReLU 效果好于 Sigmoid，同时成功实现在 GPU 上加速卷积神经网络的训练过程。另外 Alex 在训练中使用了 Dropout 和数据扩增以防止过拟合的发生。这些处理方法成为后续许多工作的基本流程，从而开启了深度学习在计算机视觉领域的新一轮爆发。

GoogLeNet 是 2014 年 ImageNet 比赛的冠军模型，证明了使用更多的卷积层可以得到更好的结果。其巧妙地在不同的深度增加了两个损失函数来保证梯度在反向传播时不会消失。

VGGNet 是牛津大学计算机视觉组和 Google DeepMind 公司的研究员一起研发的深度卷积神经网络，它探索了卷积神经网络的性能与深度的关系，通过不断叠加 3×3 的卷积核与 2×2 的最大池化层，成功构建了一个 16～19 层深的卷积神经网络，并大幅降低了错误率。虽然 VGGNet 简化了卷积神经网络的结构，但训练中需要更新的参数量依旧非常巨大。

卷积深度的不断上升带来了效果的提升，但当深度超过一定数目后梯度消失的现象越来越明显，反而导致无法提升网络的效果。ResNet 提出了残差模块来解决这一问题，允许原始信息直接输入后面的网络层中。传统的卷积层或全连接层在进行信息传递时，每一层只能接受其上一层的信息，导致信息可能丢失。ResNet 在一定程度上缓解了该问题，通过残差的方式，提供了让信息从输入传到输出的途径，保证了信息的完整性。

使用深度模型时需要注意的一点是，由于模型参数较多，因此数据集也不能太小，否则会出现过拟合的现象。还有一种使用深度模型的方法是，使用在 ImageNet 上预训练好的模型，固定除了全连接层外所有的参数，只在当前数据集下训练全连接层参数，这种方式可以大大减少训练的参数量，使深度模型在规模较小的数据集上也能得到应用。

卷积神经网络近些年来在计算机视觉领域取得了重要进展。研究者设计了许多不同的神经网络结构用于提高不同视觉任务的效率及精度。不少智能技术成功从实验室走向生产应用,如人脸识别、目标检测、人脸结构化分析、视频分类、图像文字描述、视频文字描述、光学字符识别等。

11.6 循环神经网络

循环神经网络可以对序列数据进行建模,如处理句子的单词序列数据、语音数据的帧序列、视频的图像序列、基因的脱氧核糖核苷酸序列、蛋白质的氨基酸序列等。

循环神经网络(Recurrent Neural Network, RNN)中每个时刻 t 的输入是原始的输入数据 $\boldsymbol{x}_t$ 及 $t-1$ 时刻提取的隐藏特征 h_{t-1}。图 11-11 展示了一个由多层感知机表示的简单循环神经网络及其时序展开。$\boldsymbol{W}_I$、$\boldsymbol{W}_O$、$\boldsymbol{W}_H$ 分别表示输入、输出及隐藏层的转化参数矩阵。$\boldsymbol{s}_i$ 为每个时刻的状态。初始时状态记为 $\boldsymbol{s}_0$,是一个全 0 的向量。

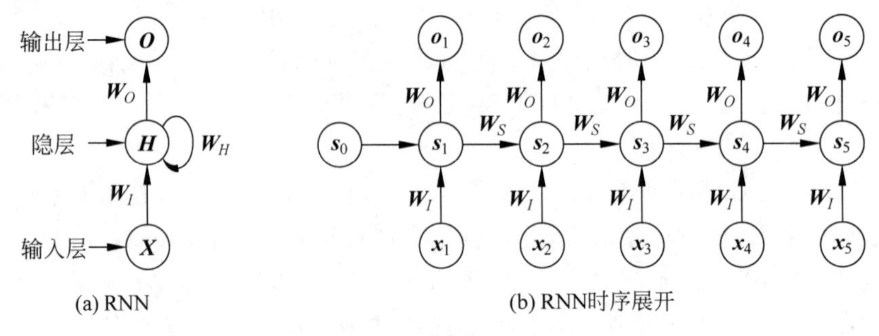

图 11-11 RNN 及其时序展开

循环神经网络中的代表网络结构是长短期记忆网络(Long Short-Term Memory, LSTM)。一个 LSTM 的单元结构如图 11-12 所示。LSTM 的数据流计算如式(11-20)所示。

$$\begin{cases} \boldsymbol{f}_t = \sigma(\boldsymbol{\omega}_f[\boldsymbol{h}_{t-1}, \boldsymbol{x}_t] + \boldsymbol{b}_f) \\ \boldsymbol{i}_t = \sigma(\boldsymbol{\omega}_i[\boldsymbol{h}_{t-1}, \boldsymbol{x}_t] + \boldsymbol{b}_i) \\ \tilde{c} = \mathrm{Tanh}(\boldsymbol{\omega}_C[\boldsymbol{h}_{t-1}, \boldsymbol{x}_t] + \boldsymbol{b}_C) \\ \boldsymbol{C}_t = \boldsymbol{f}_t \boldsymbol{C}_{t-1} + \boldsymbol{i}_t \tilde{\boldsymbol{C}}_t \\ \boldsymbol{o}_t = \sigma(\boldsymbol{\omega}_o[\boldsymbol{h}_{t-1}, \boldsymbol{x}_t] + \boldsymbol{b}_o) \\ \boldsymbol{h}_t = \boldsymbol{o}_t \mathrm{Tanh}(\boldsymbol{C}_t) \end{cases} \tag{11-20}$$

其中,$\boldsymbol{C}$ 是 LSTM 中的核心,表示信息在 LSTM 中的流动。LSTM 中包含了输入门 $\boldsymbol{i}_t$、输出门 $\boldsymbol{o}_t$、遗忘门 $\boldsymbol{f}_t$。输入门 $\boldsymbol{i}_t$ 表示上个时刻传递下来的隐藏层信息 $\boldsymbol{h}_{t-1}$ 和当前时刻输入的信息 $\boldsymbol{x}_t$,哪些需要被输入,输出门 $\boldsymbol{o}_t$ 表示哪些信息需要被输出,遗忘门 $\boldsymbol{f}_t$ 表示哪些信息需要被遗忘。$\boldsymbol{h}_t$ 是隐藏层,同时也是 t 时刻的输出层 $\boldsymbol{y}_t$。图 11-12 中的"×"表示向量元素级别的乘法,"+"表示向量元素级别的加法。

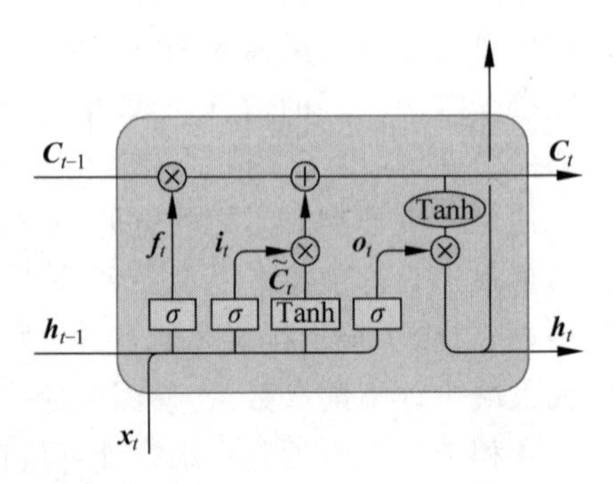

图 11-12 长短时记忆网络

由于 LSTM 中若干门单元的作用,LSTM 在一定程度上实现对距离当前时刻较远之前的信息的保留，而普通的 RNN 则更倾向于只记住距离当前时刻较近的时刻输入的信息。所以，LSTM 比经典的 RNN 更适合对序列进行上下文建模。

LSTM 在机器翻译、词性标注、情感计算、语音识别、生物信息学等领域有着广泛的应用。将循环神经网络中的全连接特征提取网络替换为提取图像信息的卷积神经网络，可以对视频图像序列进行建模，如视频分类、手语识别等。

11.7 生成对抗网络

生成对抗网络(Generative Adversarial Networks, GAN)是近些年来发展迅速的一种神经网络模型，主要用于图像、文本、语音等数据的生成。生成对抗网络最早在计算机视觉领域中被提出。本节以图像生成为例介绍生成对抗网络。

如图 11-13 所示，生成对抗网络包含两部分：生成器 G(Generator)和判别器 D(Discriminator)。其中生成器 G 从给定数据分布中进行随机采样并生成一张图片，判别器 D 用来判断生成器生成的数据的真实性。例如，生成器负责生成一张鸟的图片，而判别器的作用就是判断这张生成的图片是否真的像鸟。

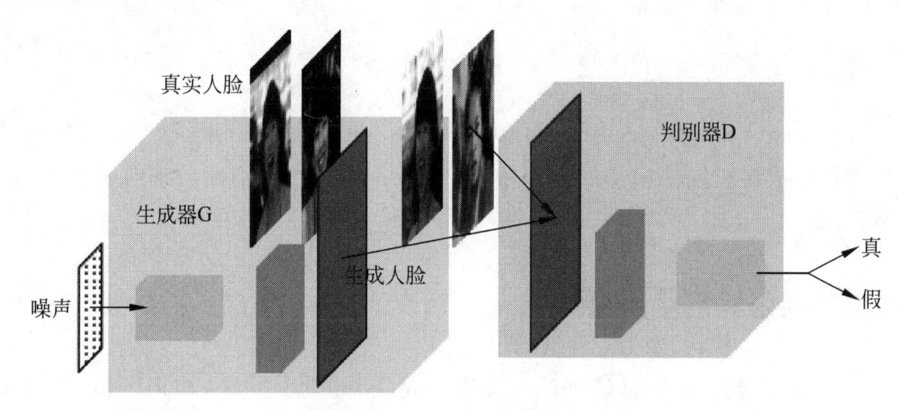

图 11-13 生成对抗网络

给定一个真实样本的数据集，假设其中的样本服从分布 $\boldsymbol{x} \sim P_r(\boldsymbol{x})$。再给定一个噪声分布 $\boldsymbol{z} \sim P_z(\boldsymbol{z})$、一个未训练的生成器 G、一个未训练的判别器 D。训练生成器和判别器的目标是

$$\min_G \max_D V(G,D) = E_{\boldsymbol{x} \sim p_r(\boldsymbol{x})}[\log D(\boldsymbol{x})] + E_{\boldsymbol{z} \sim p_z(\boldsymbol{z})}[\log(1 - D(G(\boldsymbol{z})))] \tag{11-21}$$

首先考察目标函数的第一项 $E_{\boldsymbol{x} \sim p_r(\boldsymbol{x})}[\log D(\boldsymbol{x})]$。对于真实样本 $\boldsymbol{x}$，判别器 D 输出的值越接近 1，该项整体越大。接下来考察第二项 $E_{\boldsymbol{z} \sim p_z(\boldsymbol{z})}[\log(1-D(G(\boldsymbol{z})))]$。对于生成器生成的图像 $G(\boldsymbol{z})$，判别器 D 需要尽量输出 0；而生成器 G 的目标是最小化这一项，所以需要输出一个使判别器 D 输出为 1 的图像 G(z)。于是，生成器 G 与判别器 D 就构成了对抗的关系，这就是生成对抗网络得名的过程。

GAN 的训练分为两步。第一步是固定生成器 G 的参数训练生成器 D，即 $\max_D V(G, D)$，希望判别器 D 能够尽量区分真实数据 $\boldsymbol{x}$ 和生成 $G(\boldsymbol{x})$，也就是使 $D(\boldsymbol{x})$ 尽可能趋近于 1，

$D(G(\boldsymbol{x}))$尽可能趋近于0；第二步是固定判别器D的参数，训练生成器G，即$\min\limits_{G}\max\limits_{D}V(G,D)$，希望生成器G能够生成尽量逼真的真实图片。现给出生成对抗网络的一次迭代的训练描述算法，如算法11-2所示。

算法11-2　生成对抗网络的训练过程

输出：真实样本分布$\boldsymbol{x}\sim P_r(\boldsymbol{x})$，噪声分布$\boldsymbol{z}\sim P_z(\boldsymbol{z})$，生成器模型G，判别器模型D

输出：训练好的生成器G和判别器D

1. 小批次数据采样

从真实分布中采样得到m个真实样本$\{\boldsymbol{x}_i\}_{i=1}^{m}$；

从噪声分布中进行采样得到m个噪声样本$\{\boldsymbol{z}\}_{i=1}^{m}$。

2. 通过反向传播算法训练判别器D

分别将采样得到的真实数据$\{\boldsymbol{x}_i\}_{i=1}^{m}$和噪声数据$\{\boldsymbol{z}\}_{i=1}^{m}$送入判别器和生成器中，计算损失函数，并对判别器D的参数$\boldsymbol{\theta}_D$求导，然后以学习率η_1进行参数更新。

$$\boldsymbol{\theta}_D=\boldsymbol{\theta}_D+\eta_1\nabla_{\boldsymbol{\theta}_D}\frac{1}{m}\sum_{i=1}^{m}[\log(D(\boldsymbol{x}_i))+\log(1-D(G(\boldsymbol{z}_i)))]$$

3. 通过反向传播算法训练生成器G

只将采样的噪声数据$\{\boldsymbol{z}\}_{i=1}^{m}$送入生成器中，计算损失函数，并对生成器G的参数$\boldsymbol{\theta}_G$求导，然后以学习率$\eta_2$进行参数更新。

$$\boldsymbol{\theta}_G=\boldsymbol{\theta}_G+\eta_2\nabla_{\boldsymbol{\theta}_G}\frac{1}{m}\sum_{i=1}^{m}\log(1-D(G(\boldsymbol{z}_i)))$$

return 训练好的G、D

实际训练生成对抗网络模型的过程中，有时会训练k次判别器后训练一次生成器D，k是一个超参数。

11.8　图卷积神经网络

生产实践中，我们还会经常碰到的一类数据是图，如社交网络、知识图谱、文献引用等。图卷积神经网络(Graphic Convolutional Network，GCN)被设计用来处理图结构的数据。GCN能够对图中的节点进行分类、回归，分析连接节点之间的边的关系。

给定一个图$G=(E,V)$，E表示边的集合，V表示顶点的集合，记$N=|V|$为图中节点个数，$\widetilde{\boldsymbol{D}}_{N\times N}$表示图的度矩阵。每个节点使用一个$n$维的特征向量表示，则所有节点的特征可表示为一个矩阵$\boldsymbol{X}_{N\times n}$。用图的邻接矩阵$\boldsymbol{A}_{N\times N}$来表示节点之间的连接关系，其中

$$a_{ij}=\boldsymbol{I}\{节点v_i与节点v_j相邻\} \tag{11-22}$$

类似于卷积神经网络，可以使用一个n维向量表示卷积核$\boldsymbol{\omega}_i$来提取每个神经元j的一种特征，即$\boldsymbol{x}_j^{\mathrm{T}}\boldsymbol{\omega}_i$，使用$K$个卷积核就可以提取$K$种不同的特征，对所有神经元提取多种不同的特征写成矩阵的乘法形式是$\boldsymbol{X\omega}$，其中$\boldsymbol{\omega}=\{\boldsymbol{\omega}_1,\boldsymbol{\omega}_2,\cdots,\boldsymbol{\omega}_K\}$。$\boldsymbol{X\omega}$中的每一行表示节点在新特征下的表示。

图卷积中的神经元就是图节点本身，为在节点传递信息，图卷积假设第j个节点的特征由其本身及与直接连接的节点通过线性组合而构成。图的邻接矩阵中不包含自身到自身的连接，所以定义：

$$\widetilde{\boldsymbol{A}}=\boldsymbol{A}+\boldsymbol{I} \tag{11-23}$$

也就是在邻接矩阵的基础上加上一个表示节点指向自身连接的单位阵 $\boldsymbol{I}$。该矩阵类似于拉普拉斯矩阵,不同之处在于拉普拉斯矩阵加的是节点的度矩阵 $\boldsymbol{D}$ 而不是单位阵 $\boldsymbol{I}$。这样第 j 个节点的特征更新过程可以描述为$\widetilde{\boldsymbol{A}}\boldsymbol{X}\boldsymbol{\omega}$ 。如果$\widetilde{\boldsymbol{A}}$ 中每一行的和不等于 1,在经过若干轮迭代后,得到的每个特征的表示会逐渐增大,所以需要对$\widetilde{\boldsymbol{A}}$ 进行标准化。最直接的方式就是除以每一行的和,而每一行的和即为该行表示的节点的度,写成矩阵表达的形式就是 $\widetilde{\boldsymbol{A}}\,\widetilde{\boldsymbol{D}}^{-1}$,其中$\widetilde{\boldsymbol{D}}$ 表示的是图的度矩阵,为对角阵。$\widetilde{\boldsymbol{A}}\,\widetilde{\boldsymbol{D}}^{-1}$ 又可以写成$\widetilde{\boldsymbol{D}}^{-\frac{1}{2}}\widetilde{\boldsymbol{A}}\,\widetilde{\boldsymbol{D}}^{-\frac{1}{2}}$ 的形式。$\widetilde{\boldsymbol{D}}^{-\frac{1}{2}}\widetilde{\boldsymbol{A}}\,\widetilde{\boldsymbol{D}}^{-\frac{1}{2}}$ 是一个对称归一化的矩阵,许多图卷积网络都使用这种标准化方式。这样就可以得到图卷积神经网络的特征更新公式

$$H^{l+1}=\sigma(\widetilde{\boldsymbol{D}}^{\frac{1}{2}}\widetilde{\boldsymbol{A}}\widetilde{\boldsymbol{D}}^{\frac{1}{2}}H^{l}\boldsymbol{\omega}^{l}) \tag{11-24}$$

图 11-14 为 GCN 中一个神经元的计算过程。

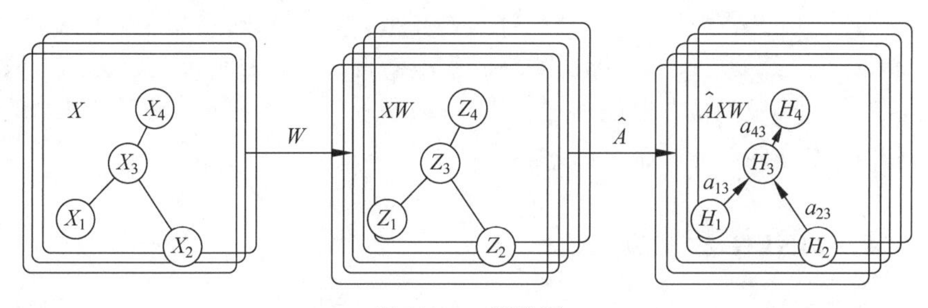

图 11-14 图卷积

可以堆叠多个图卷积层形成一个图卷积网络,图 11-15 是一个简单图卷积神经网络,H^{l+1} 为表示第 $l+1$ 个隐藏层节点的特征,$H^{0}=X$。σ 为激活函数。$\widetilde{\boldsymbol{D}}^{\frac{1}{2}}\widetilde{\boldsymbol{A}}\,\widetilde{\boldsymbol{D}}^{\frac{1}{2}}$ 为固定值,可预先计算好,记为$\hat{\boldsymbol{A}}=\widetilde{\boldsymbol{D}}^{\frac{1}{2}}\widetilde{\boldsymbol{A}}\,\widetilde{\boldsymbol{D}}^{\frac{1}{2}}$ 。

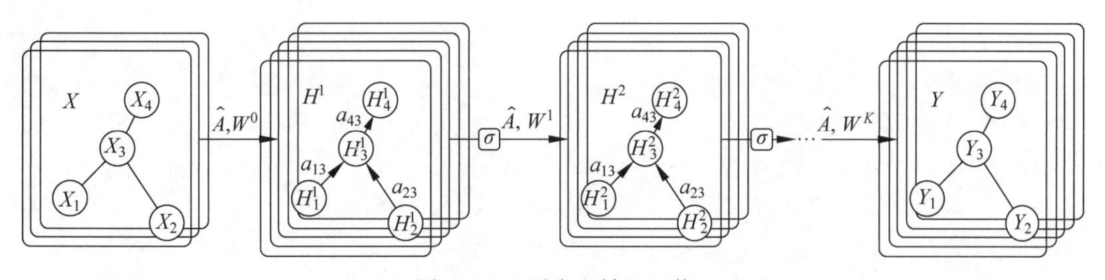

图 11-15 图卷积神经网络

下面以节点分类问题为例对图卷积神经网络的学习过程进行描述。给定一张图,设图中节点集合的输入特征为 $\boldsymbol{x}$,有标记的节点的标记为$\mathcal{Y}_L$,总共包含 F 个类别,每个标记用一个热独编码表示为 $Y_{lf}=(0,0,\cdots,1,\cdots,0,0)$,其中 l 和 f 分别是有标记样本的索引和其对应的标签的索引。Y_{lf} 中仅在第 f 个位置取值为 1。构造一个两层的图卷积网络,模型可表示为

$$Z=f(X,A)=\text{Softmax}(\hat{\boldsymbol{A}}\,\text{ReLU}(\hat{\boldsymbol{A}}\boldsymbol{X}\,\boldsymbol{\omega}^{0})\,\boldsymbol{\omega}^{1}) \tag{11-25}$$

使用交叉熵损失函数作为损失函数训练模型为

$$L = -\sum_{l \in \mathcal{L}} \sum_{f=1}^{F} Y_{lf} \log Z_{lf} \tag{11-26}$$

之后便可以使用批随机梯度下降法对模型进行训练。

11.9 深度学习发展

尽管神经网络近些年来取得了重要进展,但是在理论方面,神经网络目前还缺乏可解释性,主要包括:神经网络提取出来的特征难以理解;如何对特征的表达能力进行评估;如何用理论指导神经网络架构设计、对神经网络进行调参等。对于神经网络的可解释性的研究还有很长的路要走。

11.10 实例:基于卷积神经网络实现手写数字识别

2012年随着ImageNet的提出,卷积神经网络处理计算机视觉相关的任务出现了一轮大爆发,类似于图片分类、分割、目标检测等任务不断打破它们自己原有能力的上限,甚至逐渐超越人类。本节通过手写数字识别这一任务,为读者介绍深度神经网络最基本的组件,读者也可以像搭积木一样构造属于自己的卷积神经网络。

11.10.1 MNIST 数据集

MNIST数据库[①]是机器学习领域非常经典的一个数据集,由Yann提供的手写数字数据集构成,包含了0～9共10类手写数字图片。每张图片都做了尺寸归一化,都是28×28大小的灰度图。每张图片中像素值大小为0～255,其中0是黑色背景,255是白色前景。如代码清单11-1所示编写程序导入数据集并展示。

代码清单 11-1 导入 MNIST 数据集并展示

```
from sklearn.datasets import fetch_mldata
from matplotlib import pyplot as plt

mnist = fetch_mldata('MNIST original', data_home = './dataset')
X, y = mnist["data"], mnist["target"]
print("MNIST 数据集大小为: {}".format(X.shape))

for i in range(25):
    digit = X[i * 2500]
    # 将图片 resize 到 28 * 28 大小
    digit_image = digit.reshape(28, 28)
    plt.subplot(5, 5, i + 1)
    # 隐藏坐标轴
    plt.axis('off')
```

① 数据来源:http://yann.lecun.com/exdb/mnist/。

```
    # 按灰度图绘制图片
    plt.imshow(digit_image, cmap = 'gray')

plt.show()
```

在控制台可以看到的输出为 MNIST 数据集(70000，784)。一共有 70000 张数字图片，且 784=28×28,即每一张手写数字图片存成了一维的数据格式。可视化前 25 张图片以及中间的数据得到的效果如图 11-16 所示。

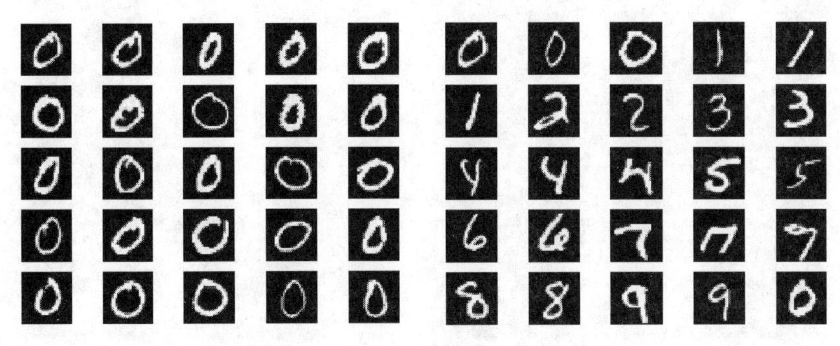

图 11-16　MNIST 数据集可视化效果

手写数字的识别也是一个多分类任务,与前面介绍的分类任务不同之处在于,一张手写数字图片的特征提取任务也需要我们自己实现,将 28×28 的图片直接序列化为 784 维的向量也是一种特征提取的方式,但经过一些处理,可以获得更反映出图片内容的信息,例如在原图中使用 SIFT、SURF 等算子后的特征,或者使用最新的一些深度学习预训练模型来提取特征。MNIST 数据集样例数目较多且为图片信息,近些年随着深度学习技术的发展,对于大多数视觉任务,通过构造并训练卷积神经网络可以获得更高的准确率,本章将基于 PyTorch 框架完成网络的训练以及识别的任务。

11.10.2　基于卷积神经网络的手写数字识别

MNIST 数据集中图片的尺寸仅为 28×28,相比 ImageNet 中 224×224 的图片尺寸显得十分小,因此在模型的选取上,不能选择过于复杂、参数量过多的模型,否则会带来过拟合的风险。本节自定义了一个仅包含两个卷积层的卷积神经网络以及经过一些调整的 AlexNet。首先是定义网络的类,该类在 mnist_models. py 内,继承了 torch. nn. Module 类,并需要重新实现 forword 函数,即一张图作为输入,如何通过卷积层得到最后的输出。

如代码清单 11-2 所示,在构造函数中,定义了网络的结构,主要包含了两个卷积层以及三个全连接层的参数设置。

代码清单 11-2　定义卷积网络结构

```
class ConvNet(torch.nn.Module):
def __init__(self):
    super(ConvNet, self).__init__()
    self.conv1 = torch.nn.Sequential(
```

```
            torch.nn.Conv2d(1, 10, 5, 1, 1),
            torch.nn.MaxPool2d(2),
            torch.nn.ReLU(),
            torch.nn.BatchNorm2d(10)
        )
        self.conv2 = torch.nn.Sequential(
            torch.nn.Conv2d(10, 20, 5, 1, 1),
            torch.nn.MaxPool2d(2),
            torch.nn.ReLU(),
            torch.nn.BatchNorm2d(20)
        )
        self.fc1 = torch.nn.Sequential(
            torch.nn.Linear(500, 60),
            torch.nn.Dropout(0.5),
            torch.nn.ReLU()
        )
        self.fc2 = torch.nn.Sequential(
            torch.nn.Linear(60, 20),
            torch.nn.Dropout(0.5),
            torch.nn.ReLU()
        )
        self.fc3 = torch.nn.Linear(20, 10)
```

代码清单 11-3 中 forward 函数中 x 为该网络的输入,经过前面定义的网络结构按顺序进行计算后,返回结果。

代码清单 11-3　定义网络前向传播方式

```
def forward(self, x):
    x = self.conv1(x)
    x = self.conv2(x)
    x = x.view(-1, 500)
    x = self.fc1(x)
    x = self.fc2(x)
    x = self.fc3(x)
    return x
```

同样,可以定义 AlexNet 的网络结构以及 forword 函数如代码清单 11-4 和代码清单 11-5 所示。

代码清单 11-4　定义 AlexNet 结构

```
class AlexNet(torch.nn.Module):
    def __init__(self, num_classes = 10):
        super(AlexNet, self).__init__()
        self.features = torch.nn.Sequential(
            torch.nn.Conv2d(1, 64, kernel_size = 5, stride = 1, padding = 2),
            torch.nn.ReLU(inplace = True),
            torch.nn.MaxPool2d(kernel_size = 3, stride = 1),
            torch.nn.Conv2d(64, 192, kernel_size = 3, padding = 2),
            torch.nn.ReLU(inplace = True),
            torch.nn.MaxPool2d(kernel_size = 3, stride = 2),
            torch.nn.Conv2d(192, 384, kernel_size = 3, padding = 1),
```

```
            torch.nn.ReLU(inplace = True),
            torch.nn.Conv2d(384, 256, kernel_size = 3, padding = 1),
            torch.nn.ReLU(inplace = True),
            torch.nn.Conv2d(256, 256, kernel_size = 3, padding = 1),
            torch.nn.ReLU(inplace = True),
            torch.nn.MaxPool2d(kernel_size = 3, stride = 2),
        )
        self.classifier = torch.nn.Sequential(
            torch.nn.Dropout(),
            torch.nn.Linear(256 * 6 * 6, 4096),
            torch.nn.ReLU(inplace = True),
            torch.nn.Dropout(),
            torch.nn.Linear(4096, 4096),
            torch.nn.ReLU(inplace = True),
            torch.nn.Linear(4096, num_classes),
        )
```

代码清单 11-5 定义 AlexNet 前向传播过程

```
    def forward(self, x):
        x = self.features(x)
        x = x.view(x.size(0), 256 * 6 * 6)
        x = self.classifier(x)
        return x
```

定义完网络结构后，新建一个新的 Python 脚本完成网络训练和预测的过程。一般来说，一个 PyTorch 项目主要包含几大模块：数据集加载、模型定义及加载、损失函数，以及优化方法设置、训练模型、打印训练中间结果、测试模型。对于 MNIST 这样小型的项目，可以将除了数据集加载和模型定义外所有的代码使用一个函数实现。如代码清单 11-6 所示，首先是加载相应的包以及设置超参数，EPOCHS 指在数据集上训练多少个轮次，而 SAVE_PATH 指中间以及最终模型保存的路径。

代码清单 11-6 设置超参数以及导入相关的包

```
import torch
from torchvision.datasets import mnist
from mnist_models import AlexNet, ConvNet
import torchvision.transforms as transforms
from torch.utils.data import DataLoader
import matplotlib.pyplot as plt
import numpy as np
from torch.autograd import Variable

#设置模型超参数
EPOCHS = 50
SAVE_PATH = './models'
```

代码清单 11-7 所示为核心训练函数，该函数以模型、训练集、测试集作为输入。首先定义损失函数为交叉熵函数以及优化方法选取了 SGD，初始学习率为 1e−2。

代码清单 11-7　训练网络函数一

```
def train_net(net, train_data, test_data):
    losses = []
    acces = []
    # 测试集上 Loss 变化记录
    eval_losses = []
    eval_acces = []
    # 损失函数设置为交叉熵函数
    criterion = torch.nn.CrossEntropyLoss()
    # 优化方法选用 SGD,初始学习率为 1e-2
    optimizer = torch.optim.SGD(net.parameters(), 1e-2)
```

接下来,一共有 50 个训练轮次,使用 for 循环实现,如代码清单 11-8 和代码清单 11-9 所示,在训练过程中记录在训练集以及测试集上 Loss 以及 Acc 的变化情况。在训练过程中,net.train()是指将网络前向传播的过程设为训练状态,在类似 Dropout 以及归一化层中,对于训练和测试的处理过程是不一样的,因此每次进行训练或测试时,最好进行显式设置,防止出现一些意料之外的错误。

代码清单 11-8　训练网络函数二

```
for e in range(EPOCHS):
    train_loss = 0
    train_acc = 0
    # 将网络设置为训练模型
    net.train()
    for image, label in train_data:
        image = Variable(image)
        label = Variable(label)
        # 前向传播
        out = net(image)
        loss = criterion(out, label)
        # 反向传播
        optimizer.zero_grad()
        loss.backward()
        optimizer.step()
        # 记录误差
        train_loss += loss.data
        # 计算分类的准确率
        _, pred = out.max(1)
        num_correct = (np.array(pred, dtype = np.int) == np.array(label, dtype = np.int)).
sum()
        acc = num_correct / image.shape[0]
        train_acc += acc
```

代码清单 11-9　训练网络函数三

```
losses.append(train_loss / len(train_data))
acces.append(train_acc / len(train_data))
# 在测试集上检验效果
eval_loss = 0
eval_acc = 0
```

```
net.eval()  # 将模型改为预测模式
for image, label in test_data:
    image = Variable(image)
    label = Variable(label)
    out = net(image)
    loss = criterion(out, label)
    # 记录误差
    eval_loss += loss.data
    # 记录准确率
    _, pred = out.max(1)
    num_correct = (np.array(pred, dtype = np.int) == np.array(label, dtype = np.int)).sum()
    acc = num_correct / image.shape[0]
    eval_acc += acc

eval_losses.append(eval_loss / len(test_data))
eval_acces.append(eval_acc / len(test_data))
print('epoch: {}, Train Loss: {:.6f}, Train Acc: {:.6f}, Eval Loss: {:.6f}, Eval Acc: {:.6f}'
    .format(e, train_loss / len(train_data), train_acc / len(train_data),
        eval_loss /len(test_data), eval_acc / len(test_data)))
    torch.save(net.state_dict(), SAVE_PATH + '/Alex_model_epoch' + str(e) + '.pkl')
return eval_losses, eval_acces
```

在训练集上训练完一个轮次之后，在测试集上进行验证，记录结果，保存模型参数，打印数据，方便后续进行调参。训练完成后返回测试集上 Acc 和 Loss 的变化情况。

最后完成 Loss 和 Acc 变化曲线的绘制函数以及主函数 main 如代码清单 11-10、代码清单 11-11 所示。

代码清单 11-10　在 main 函数中完成调用过程

```
if __name__ == "__main__":
    train_set = mnist.MNIST('./data', train = True, download = True, transform = transforms.
ToTensor())
    test_set = mnist.MNIST('./data', train = False, download = True, transform = transforms.
ToTensor())

    train_data = DataLoader(train_set, batch_size = 64, shuffle = True)
    test_data = DataLoader(test_set, batch_size = 64, shuffle = False)

    a, a_label = next(iter(train_data))
    net = AlexNet()
    eval_losses, eval_acces = train_net(net, train_data, test_data)
    draw_result(eval_losses, eval_acces)
```

代码清单 11-11　绘制 Loss 和正确率变化折线图

```
def draw_result(eval_losses, eval_acces):
    x = range(1, EPOCHS + 1)
    fig, left_axis = plt.subplots()
    p1, = left_axis.plot(x, eval_losses, 'ro-')
    right_axis = left_axis.twinx()
    p2, = right_axis.plot(x, eval_acces, 'bo-')
    plt.xticks(x, rotation = 0)
```

```
# 设置左坐标轴以及右坐标轴的范围、精度
left_axis.set_ylim(0, 0.5)
left_axis.set_yticks(np.arange(0, 0.5, 0.1))
right_axis.set_ylim(0.9, 1.01)
right_axis.set_yticks(np.arange(0.9, 1.01, 0.02))

# 设置坐标及标题的大小、颜色
left_axis.set_xlabel('Labels')
left_axis.set_ylabel('Loss', color='r')
left_axis.tick_params(axis='y', colors='r')
right_axis.set_ylabel('Accuracy', color='b')
right_axis.tick_params(axis='y', colors='b')
plt.show()
```

运行脚本,等待控制台逐渐输出训练过程的中间结果如图 11-17 所示,随着训练的进行,可以发现在测试集上分类的正确率不断上升且 Loss 稳步下降,到第 20 轮左右后,正确率基本不再变化,网络收敛。

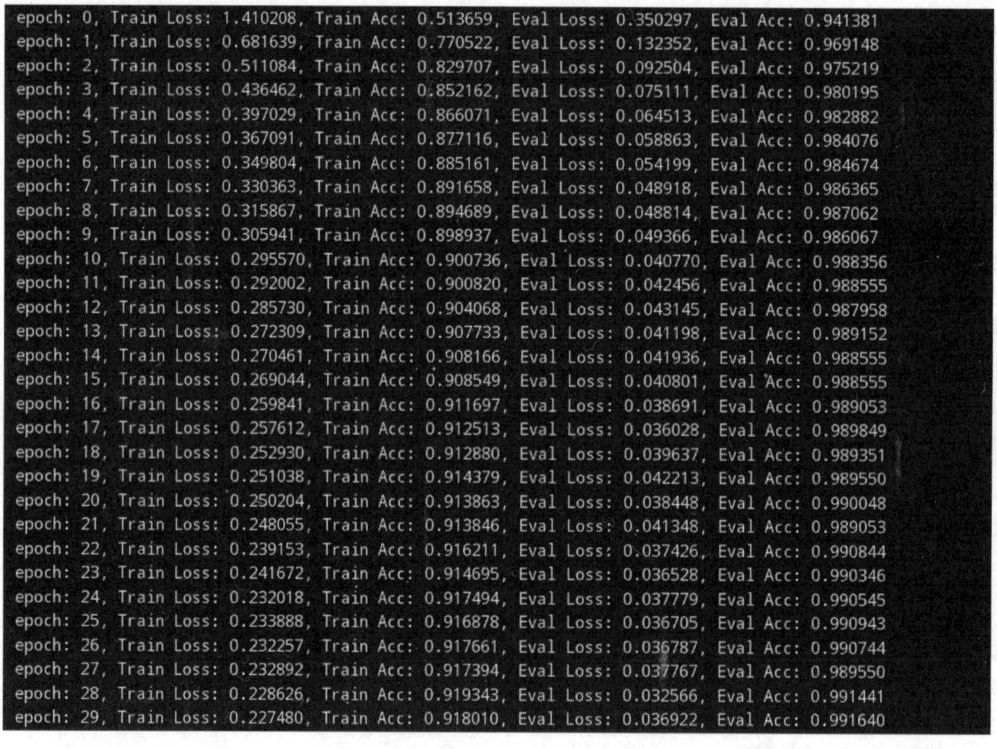

```
epoch: 0, Train Loss: 1.410208, Train Acc: 0.513659, Eval Loss: 0.350297, Eval Acc: 0.941381
epoch: 1, Train Loss: 0.681639, Train Acc: 0.770522, Eval Loss: 0.132352, Eval Acc: 0.969148
epoch: 2, Train Loss: 0.511084, Train Acc: 0.829707, Eval Loss: 0.092504, Eval Acc: 0.975219
epoch: 3, Train Loss: 0.436462, Train Acc: 0.852162, Eval Loss: 0.075111, Eval Acc: 0.980195
epoch: 4, Train Loss: 0.397029, Train Acc: 0.866071, Eval Loss: 0.064513, Eval Acc: 0.982882
epoch: 5, Train Loss: 0.367091, Train Acc: 0.877116, Eval Loss: 0.058863, Eval Acc: 0.984076
epoch: 6, Train Loss: 0.349804, Train Acc: 0.885161, Eval Loss: 0.054199, Eval Acc: 0.984674
epoch: 7, Train Loss: 0.330363, Train Acc: 0.891658, Eval Loss: 0.048918, Eval Acc: 0.986365
epoch: 8, Train Loss: 0.315867, Train Acc: 0.894689, Eval Loss: 0.048814, Eval Acc: 0.987062
epoch: 9, Train Loss: 0.305941, Train Acc: 0.898937, Eval Loss: 0.049366, Eval Acc: 0.986067
epoch: 10, Train Loss: 0.295570, Train Acc: 0.900736, Eval Loss: 0.040770, Eval Acc: 0.988356
epoch: 11, Train Loss: 0.292002, Train Acc: 0.900820, Eval Loss: 0.042456, Eval Acc: 0.988555
epoch: 12, Train Loss: 0.285730, Train Acc: 0.904068, Eval Loss: 0.043145, Eval Acc: 0.987958
epoch: 13, Train Loss: 0.272309, Train Acc: 0.907733, Eval Loss: 0.041198, Eval Acc: 0.989152
epoch: 14, Train Loss: 0.270461, Train Acc: 0.908166, Eval Loss: 0.041936, Eval Acc: 0.988555
epoch: 15, Train Loss: 0.269044, Train Acc: 0.908549, Eval Loss: 0.040801, Eval Acc: 0.988555
epoch: 16, Train Loss: 0.259841, Train Acc: 0.911697, Eval Loss: 0.038691, Eval Acc: 0.989053
epoch: 17, Train Loss: 0.257612, Train Acc: 0.912513, Eval Loss: 0.036028, Eval Acc: 0.989849
epoch: 18, Train Loss: 0.252930, Train Acc: 0.912880, Eval Loss: 0.039637, Eval Acc: 0.989351
epoch: 19, Train Loss: 0.251038, Train Acc: 0.914379, Eval Loss: 0.042213, Eval Acc: 0.989550
epoch: 20, Train Loss: 0.250204, Train Acc: 0.913863, Eval Loss: 0.038448, Eval Acc: 0.990048
epoch: 21, Train Loss: 0.248055, Train Acc: 0.913846, Eval Loss: 0.041348, Eval Acc: 0.989053
epoch: 22, Train Loss: 0.239153, Train Acc: 0.916211, Eval Loss: 0.037426, Eval Acc: 0.990844
epoch: 23, Train Loss: 0.241672, Train Acc: 0.914695, Eval Loss: 0.036528, Eval Acc: 0.990346
epoch: 24, Train Loss: 0.232018, Train Acc: 0.917494, Eval Loss: 0.037779, Eval Acc: 0.990545
epoch: 25, Train Loss: 0.233888, Train Acc: 0.916878, Eval Loss: 0.036705, Eval Acc: 0.990943
epoch: 26, Train Loss: 0.232257, Train Acc: 0.917661, Eval Loss: 0.036787, Eval Acc: 0.990744
epoch: 27, Train Loss: 0.232892, Train Acc: 0.917394, Eval Loss: 0.037767, Eval Acc: 0.989550
epoch: 28, Train Loss: 0.228626, Train Acc: 0.919343, Eval Loss: 0.032566, Eval Acc: 0.991441
epoch: 29, Train Loss: 0.227480, Train Acc: 0.918010, Eval Loss: 0.036922, Eval Acc: 0.991640
```

图 11-17 训练过程中的输出

【小技巧】 在进行深度学习方法进行训练时,一定要将中间结果打印出来,因为模型训练往往会比较慢,如果中途感觉哪里不对时可以及时停止,节省时间。另外,训练的中间模型一定要保存下来!

等待程序运行结束,可以得到绘制结果如图 11-18 所示,最终分类正确率可达 99.1%。

那么,请读者将 main 函数中的 net 换为 AlexNet,再次运行程序,看看最后的输出结果会是什么吧!

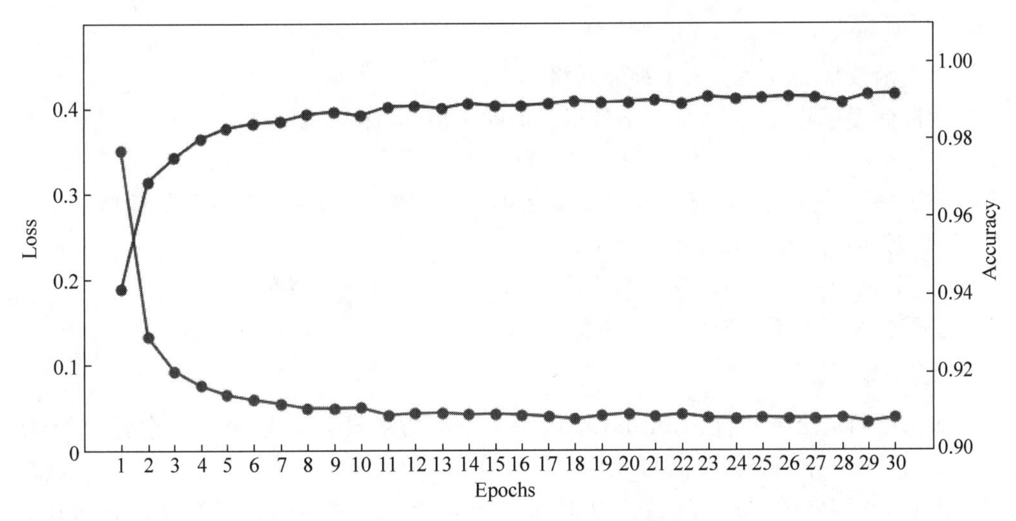

图 11-18　Loss 和 Accuracy 随训练轮次的变化图(见彩插)

习题 11

一、选择题

1. 对于神经网络的说法,下面正确的是(　　)。

(1) 增加神经网络层数,可能会增加测试数据集的分类错误率

(2) 减少神经网络层数,总是能减小测试数据集的分类错误率

(3) 增加神经网络层数,总是能减小训练数据集的分类错误率

A. (1)　　B. (1)和(3)　　C. (1)和(2)　　D. (2)

2. 神经网络模型是受人脑的结构启发发明的。神经网络模型由很多的神经元组成,每个神经元都接受输入,进行计算并输出结果,那么以下选项描述正确的是(　　)。

A. 每个神经元只有一个单一的输入和单一的输出

B. 每个神经元有多个输入而只有一个单一的输出

C. 每个神经元只有一个单一的输入而有多个输出

D. 每个神经元有多个输入和多个输出

3. 梯度下降算法中,哪个因素会影响到最终的效果?(　　)

A. 步长　　B. 初始值　　C. 样本集规模　　D. 样本数据方差

4. 关于 CNN,以下说法错误的是(　　)。

A. CNN 可用于解决图像的分类及回归问题

B. CNN 最初是由 Hinton 教授提出的

C. CNN 是一种判别模型

D. 第一个经典 CNN 模型是 LeNet

5. 当在卷积神经网络中加入池化层时,变换的不变性会被保留吗?(　　)

A. 不能确定　　B. 看情况　　C. 是　　D. 否

二、判断题

1. 激活函数将非线性引入了神经网络。 ( )

2. 随机梯度下降过程中,梯度估计引入的噪声源(m 个样本的随机采样)会在极小点处消失。 ( )

3. 随机梯度下降或更广义的基于梯度优化的在线学习算法,一个重要的性质是每一步更新的计算时间不依赖训练样本数目的多少。 ( )

4. 与 BP 网络对比,CNN 网络具有的不同点有权值共享与局部连接。 ( )

5. 卷积神经网络不能使用在文本这种序列数据中。 ( )

三、填空题

1. 如果增加多层感知机(Multilayer Perceptron)的隐藏层层数,分类误差会________。

2. 使用 Tanh 作为激活函数可能会导致梯度________。

3. 在 CNN 网络中,图 A 经过核为 3×3 和步长为 2 的卷积层、ReLU 激活函数层、BN 层,以及一个步长为 2 和核为 2×2 的池化层后,再经过一个 3×3 的的卷积层,步长为 1,此时的感受野是________。

4. ________更适合对序列数据进行建模。

5. GAN 网络包含________和________两部分。

四、问答题

1. 在神经网络训练过程中,为什么会出现梯度消失的问题? 如何防止?

2. 请简述 CNN 卷积的概念。

3. 为什么 RNN 用 Tanh 作为激活函数?

4. 请简述 GAN 网络的思想。

五、应用题

1. 假设你有 5 个大小为 7×7、边界值为 0 的卷积核,同时卷积神经网络第一层的步长为 1。此时如果向这一层传入一个维度为 224×224×3 的数据,那么神经网络下一层所接收到的数据维度是多少?

2. 构造卷积神经网络。要求 5 个 epoch 内对 cifar-10 数据集达到 60%的测试集精度。

3. 构造神经网络预测航班序列,数据可通过 https://github.com/mwaskom/seaborn-data/blob/master/flights.csv 获取。

第12章

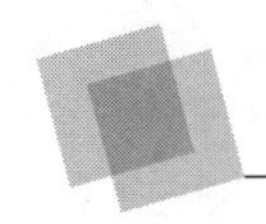

案例：用户流失预警

本案例使用美国电话公司的用户数据，该数据集包括客户在不同时段的电话使用情况的相关信息。用户流失分析对于各类电商平台而言是十分重要的，因为用户流失会导致GMV(Gross Merchandise Volume，商品交易总额)下降，用户结构发生变化，使平台投入和策略都存在潜在风险。因此，需要建立用户流失预警模型，预测用户流失可能性，针对个体客户或群体客户展开精细化营销，从而降低用户流失风险。

代码实现分为以下6个步骤。

(1) 读入数据。

(2) 数据预处理。

(3) 自变量标准化。

(4) 五折交叉验证。

(5) 代入SVC、随机森林及KNN三种模型。

(6) 确定prob阈值，输出精度评估。

12.1 读入数据

通过pd.read_csv('churn.csv',sep=',',encoding='utf-8')读入美国电话公司的用户使用数据，并赋值为df。查看数据类型df.dtypes，具体如表12-1所示。

表12-1 用户数据集数据类型表

名　称	数据类型
State	object
Account Length	int64
Area Code	int64

续表

名　　称	数 据 类 型
Phone	object
Int'l Plan	object
VMail Plan	object
VMail Message	int64
Day Mins	float64
Day Calls	int64
Day Charge	float64
Eve Mins	float64
Eve Calls	int64
Eve Charge	float64
Night Mins	float64
Night Calls	int64
Night Charge	float64
Intl Mins	float64
Intl Calls	int64
Intl Charge	float64
CustServ Calls	int64
Churn?	object

通过 df. head()查看前几行数据,结果如图 12-1 所示。

State	Account Length	Area Code	Phone	Int'l Plan	VMail Plan	VMail Message	Day Mins	Day Calls	Day Charge
KS	128	415	382-4657	no	yes	25	265.1	110	45.07
OH	107	415	371-7191	no	yes	26	161.6	123	27.47
NJ	137	415	358-1921	no	no	0	243.4	114	41.38
OH	84	408	375-9999	yes	no	0	299.4	71	50.9
OK	75	415	330-6626	yes	no	0	166.7	113	28.34
AL	118	510	391-8027	yes	no	0	223.4	98	37.98
MA	121	510	355-9993	no	yes	24	218.2	88	37.09
MO	147	415	329-9001	yes	no	0	157	79	26.69
LA	117	408	335-4719	no	no	0	184.5	97	31.37

Eve Mins	Eve Calls	Eve Charge	Night Mins	Night Calls	Night Charge	Intl Mins	Intl Calls	Intl Charge	CustServ Calls	Churn?
197.4	99	16.78	244.7	91	11.01	10	3	2.7	1	False.
195.5	103	16.62	254.4	103	11.45	13.7	3	3.7	1	False.
121.2	110	10.3	162.6	104	7.32	12.2	5	3.29	0	False.
61.9	88	5.26	196.9	89	8.86	6.6	7	1.78	2	False.
148.3	122	12.61	186.9	121	8.41	10.1	3	2.73	3	False.
220.6	101	18.75	203.9	118	9.18	6.3	6	1.7	0	False.
348.5	108	29.62	212.6	118	9.57	7.5	7	2.03	3	False.
103.1	94	8.76	211.8	96	9.53	7.1	6	1.92	0	False.
351.6	80	29.89	215.8	90	9.71	8.7	4	2.35	1	False.

图 12-1　前几行数据展示

通过 df['Churn?']. value_counts()查看表 12-1 的因变量分布,可以得到正负样本比例为 1∶6,即平均每 7 个用户中有一个用户会流失,该数据集正负样本不太平衡。

12.2　数据预处理和自变量标准化

Churn? 是字符串类型的因变量,需要将该字段类型由字符串转换为二值变量(1、0)。首先删除因变量 Churn? 和与因变量无关的自变量(State、Area Code、Phone),而后将字符串转换成数值变量，并将自变量整理成数值类型的数组，代码如下所示。

```
churn_result = df['Churn?']
y = np.where(churn_result == 'True.',1,0)
to_drop = ['State','Area Code','Phone','Churn?']
churn_feat_space = df.drop(to_drop,axis = 1)
yes_no_cols = ["Int'l Plan","VMail Plan"]
churn_feat_space[yes_no_cols] = churn_feat_space[yes_no_cols] == 'yes'
X = churn_feat_space.as_matrix().astype(np.float)
```

此外，还需要将自变量处理成符合正态分布的标准化值，代码如下所示。

```
scaler = StandardScaler()
X = scaler.fit_transform(X)
```

12.3　五折交叉验证

KFold 函数来自 sklearn.model_selection 包，可以将数据处理成 n 等份，$n-1$ 份作为训练集，1 份作为测试集，代码如下所示。

```
def run_cv(X,y,clf_class, ** kwargs):
    kf = KFold(n_splits = 5,shuffle = True)
    y_pred = y.copy()
    for train_index, test_index in kf.split(X):
        X_train, X_test = X[train_index], X[test_index]
        y_train = y[train_index]
        clf = clf_class( ** kwargs)
        clf.fit(X_train,y_train)
        y_pred[test_index] = clf.predict(X_test)
    return y_pred
```

12.4　代入三种模型

X 为自变量，y 为因变量，分别引入 sklearn 包的三个模型 SVC、RF、KNN，调用多折交叉验证函数训练模型，得出测试集的预测结果，合并后得出所有预测结果，代码如下所示。

```
from sklearn.svm import SVC
from sklearn.ensemble import RandomForestClassifier as RF
from sklearn.neighbors import KNeighborsClassifier as KNN
run_cv(X,y,SVC)
run_cv(X,y,RF)
run_cv(X,y,KNN)
print ("Support vector machines:")
print ("%.3f" % accuracy(y, run_cv(X,y,SVC)))
print ("Random forest:")
```

```
print ("%.3f" % accuracy(y, run_cv(X,y,RF)))
print ("K-nearest-neighbors:")
print ("%.3f" % accuracy(y, run_cv(X,y,KNN)))
```

SVC 的准确率为 0.921，RF 的准确率为 0.944，KNN 的准确率为 0.894。

在实际使用场景中，可以结合样本分布和业务需求指标，加入其他评价指标或自定义指标函数(如 TPR、FPR、recall、precision 等)，读者可以自行尝试。

12.5 调整 prob 阈值，输出精度评估

输出预测结果是否流失的可能性，代码如下所示。

```
def run_prob_cv(X, y, clf_class, **kwargs):
    kf = KFold(n_splits=5,shuffle=True)
    y_prob = np.zeros((len(y),2))
    for train_index, test_index in kf.split(X):
        X_train, X_test = X[train_index], X[test_index]
        y_train = y[train_index]
        clf = clf_class(**kwargs)
        clf.fit(X_train,y_train)

        y_prob[test_index] = clf.predict_proba(X_test)
    return y_prob
    # 使用 10 estimators
    pred_prob = run_prob_cv(X, y, RF, n_estimators=10)

    # 得出流失可能性概率
    pred_churn = pred_prob[:,1]
    is_churn = y == 1

    # 统计预测结果不同流失概率对应的用户数
    counts = pd.value_counts(pred_churn)

    #预测结果不同流失概率对应的真正流失用户占比
    true_prob = {}
    for prob in counts.index:
        true_prob[prob] = np.mean(is_churn[pred_churn == prob])
        true_prob = pd.Series(true_prob)

    # 合并数据
    counts = pd.concat([counts,true_prob], axis=1).reset_index()
    counts.columns = ['pred_prob', 'count', 'true_prob']
```

结果如图 12-2 和图 12-3 所示。

由图 12-2 可知，交叉点在 0.55 左右，所以将 prob 阈值设置为 0.55 得出的分类结果会更准确，使用默认值 0.5 也是可以的。由图 12-3 可知，预测结果分布与真实结果基本一致。

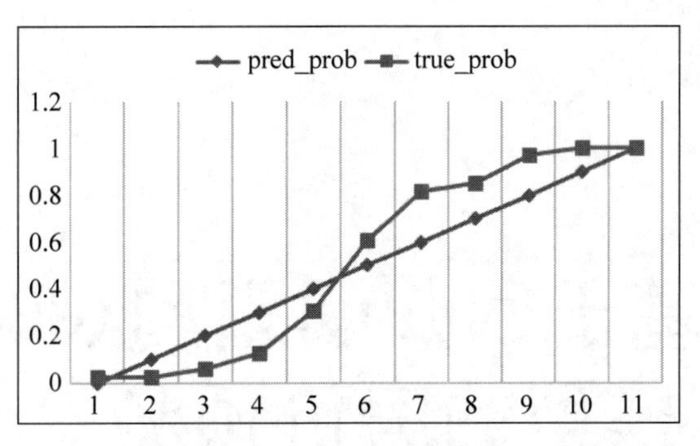

图 12-2　真实概率与预测概率比较图

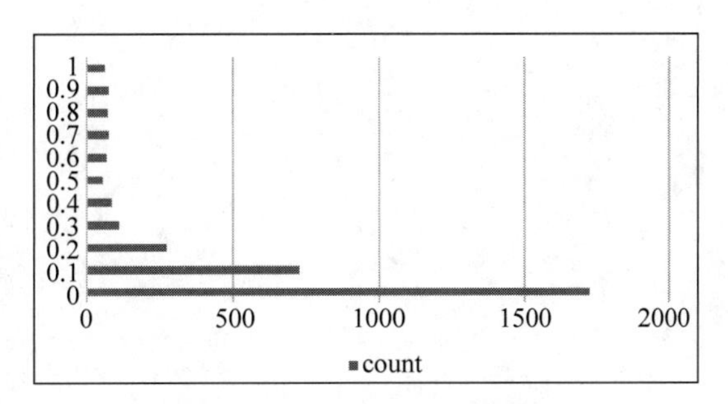

图 12-3　不同预测概率频数图

第13章

案例：基于回归问题和XGBoost模型的房价预测

视频讲解

本案例来源于 Kaggle 竞赛平台上的一个比赛，该网站提供了美国爱荷华州埃姆斯市的住宅数据集，每所住宅有 79 个变量(如面积、位置等)，它们几乎描述了住宅的各方面。比赛提供的训练数据集里给出了对应的房价，测试集则没有价格特征。比赛的目标是根据 79 个描述住宅特征的变量预测每所住宅的最终价格。预测准确率由 Kaggle 网站评判，在 Kaggle 上所得的 score 越低，预测效果越好。

本案例属于回归问题，分类和回归是监督学习的代表，与之相对的无监督学习包括聚类任务等。监督学习和无监督学习是根据训练数据是否含有标记信息(如本案例中的房价)划分的。简单来说，分类是预测标签(离散值)，而回归是预测数量(连续值)。解决分类和回归问题的常见的机器学习算法包括线性回归、脊回归、决策树、随机森林、SVM、神经网络等。本案例选择了 XGBoost 模型。

13.1 XGBoost 模型介绍

XGBoost 模型属于集成学习中的 Boosting 算法的分支。Boosting 算法的思想是将许多弱分类器集成在一起形成一个强分类器。XGBoost 模型用到的弱分类器包括 CART 回归树。

CART 回归树可理解为一棵通过不断将特征进行分裂的二叉树。例如，当前树节点是基于第 i 个特征值进行分裂的，设该特征值小于 p 的样本划分为左子树，该特征值大于 p 的样本划分为右子树。只要遍历所有特征的所有切分点，就能找到最优的切分特征和切分点，最终得到一棵回归树，它对应着输入空间(特征空间)的一个划分及在划分单元上的输出值。

XGBoost 模型的思想就是不断地添加树，使树群的预测尽量接近真实值。添加一棵树其实是学习一个新函数，然后去拟合上次预测的残差，每次都是在上一次的预测基础上取最优进一步建树的。预测一个样本的值就是根据这个样本的特征，在每棵树中划分一个对应的叶节点，最后只需要将叶节点对应的分数相加即可得到该样本的预测值。

13.2 技术方案

13.2.1 数据分析

首先，对本案例的数据集进行分析，可得出以下三个特点。

(1) 训练集规模小，仅有约1500行。

(2) 训练集特征种类多，有79个(去除Id和SalePrice)。

(3) 训练集中的数据并非全为数值类型，还有字符串类型。

所以在训练之前需要对数据进行预处理。首先针对特点(3)建立一个字典，定义字符串到float类型的映射，代码如下所示。

```
dic = {}                                        #字符串到 float 类型映射的字典
ref = 0
#读取训练集和测试集
train = csv.reader(open('train.csv','r'))
test = csv.reader(open('test.csv','r'))
X = [ ]                                         #保存训练集的特征(如位置、面积等)
Y = [ ]                                         #保存训练集的房价
label = 0
#对训练集中的字符串数据进行处理
for i in train:
    if label == 0:
        label = 1
        continue
    for j in i[1:80]:
        try:
            X.append(float(j))
        except:
            #用字典 dic 把字符串类型的数据映射为 float
            try:
                X.append(dic[j])
            except:
                dic[j] = ref
                ref = ref + 1
                X.append(ref)
    Y.append(float(i[80]))
```

输出如图13-1所示。

针对特点(2)，需要从79个维度的信息里提取更有用的信息，这里提供两种方法。第一种是PCA降维(降维前需要对数据进行标准化处理)，也叫主成分分析法，代码如下所示。

```
{'Fa': 66, 'MnWw': 137, 'TwnhsE': 98, 'Othr': 167, 'IR3': 150, 'Hip': 71, 'Blmngtn': 146, 'CemntBd': 99, 'AllPub': 5, 'RRAe':
90, '2Story': 11, '1.5Unf': 69, 'RL': 0, 'FR2': 31, 'BrkFace': 15, 'RRNn': 101, 'Veenker': 32, 'Mix': 162, 'IR2': 79, 'AsphSh
n': 155, 'NoSeWa': 169, 'Detchd': 46, 'N': 96, 'None': 36, 'MeadowV': 97, 'Min2': 143, 'Gable': 12, 'Timber': 108, 'GdPrv': 8
4, 'SLvl': 116, 'Maj2': 163, 'Roll': 171, 'TenC': 174, 'BrDale': 147, 'WdShing': 74, 'FV': 111, 'CollgCr': 8, 'ImStucc': 153,
'NWAmes': 57, 'ClyTile': 172, 'FuseF': 64, 'Mod': 113, 'BrkSide': 67, 'Wood': 52, 'Plywood': 80, 'Mn': 40, 'GasA': 22, 'Gar2'
: 160, 'Normal': 30, 'Stone': 56, 'CWD': 149, 'NPkVill': 135, 'Abnorml': 47, 'Low': 114, 'SFoyer': 110, 'NA': 2, 'PosA': 123,
'2.5Unf': 120, '1Fam': 10, 'FuseA': 83, 'GLQ': 20, 'C (all)': 102, 'GdWo': 82, 'Mitchel': 50, 'P': 109, 'Con': 156, 'BrkTil':
45, 'Gilbert': 112, '2Types': 136, 'ConLD': 127, 'CulDSac': 85, 'Slab': 87, 'OthW': 170, 'Rec': 72, 'Wd Shng': 44, 'ConLI': 1
39, 'NridgHt': 73, 'Bnk': 94, 'Somerst': 55, 'Mansard': 130, 'Min1': 65, 'WdShake': 142, 'FR3': 157, 'IR1': 39, 'Y': 24, 'Gas
W': 125, 'No': 19, 'Maj1': 140, 'RRNe': 148, 'Lvl': 4, 'BLQ': 60, 'PConc': 18, 'BrkComm': 164, 'Metal': 134, 'FuseP': 106, 'E
x': 23, 'Corner': 41, 'Grav': 141, 'Stucco': 122, 'Unf': 21, 'Brk Cmn': 145, 'SBrkr': 25, 'RFn': 28, 'Av': 49, 'AdjLand': 107
, 'Crawfor': 42, 'SawyerW': 89, 'Inside': 6, 'Gambrel': 103, 'NoRidge': 48, 'Sawyer': 70, 'Norm': 9, 'Feedr': 33, 'Wd Sdng':
43, 'Gtl': 7, 'ConLw': 154, 'Alloca': 129, 'AsbShng': 105, 'LwQ': 91, 'RRAn': 121, 'Partial': 78, 'Wall': 159, 'VinylSd': 14,
'NAmes': 81, 'RH': 158, '1.5Fin': 51, 'Floor': 173, 'Twnhs': 117, 'MetalSd': 35, 'WD': 29, 'SWISU': 151, 'CarPort': 88, 'Fin'
: 76, 'PosN': 58, 'ALQ': 38, 'RM': 61, 'Tar&Grv': 161, '2fmCon': 68, 'CompShg': 13, 'Family': 138, 'Artery': 63, 'Duplex': 86
, 'Attchd': 27, 'ClearCr': 124, 'IDOTRR': 95, 'HdBoard': 59, 'Sev': 132, 'CBlock': 37, 'Oth': 168, 'BrkCmn': 126, 'WdShngl':
115, '2.5Fin': 144, 'OldTown': 62, 'Membran': 152, '1Story': 34, 'Reg': 3, 'BuiltIn': 75, 'New': 77, 'Po': 131, 'Other': 165,
'StoneBr': 119, 'HLS': 118, 'Shed': 54, 'COD': 92, 'CmentBd': 100, 'Flat': 133, 'MnPrv': 53, 'Gd': 16, 'Typ': 26, 'Basment':
128, 'Edwards': 104, 'Pave': 1, 'Grvl': 93, 'Bluestе': 166, 'TA': 17}
```

图 13-1 自定义字典的输出

```
from sklearn.decomposition import PCA
pca = PCA(n_components = 8)
x_train = pca.fit_transform(x_train)
```

这段代码将 79 维的 x_train 降维到 8 维,然而这种方法效果并不好。

第二种方法是计算各变量和房价的相关系数,取相关系数(绝对值)最大的若干特征进行训练和预测。经检验,该方法表现更为出色,代码如下所示。

```
d = getdata('train.csv')                                        # getdata 返回处理过的数据
corrmat = d.corr()                                              # 计算相关系数
rela = list(corrmat['SalePrice'].abs().sort_values().index)[: - 1]   # 将特征列按相关性
                                                                     # 大小排序
features = 68
select_feat = rela[ - features:]                                # 取相关性好的前 68 列
```

13.2.2 XGBoost 模型参数

XGBoost 包含三类参数,分别为用于调控整个方程的 General Parameters、调控每步树变化的 Booster Parameters 和调控优化表现的 Learning Task Parameters。

1. General Parameters

(1) silent=True,不打印运行信息。

(2) nthread=4,运行线程数。

2. Booster Parameters

(1) max_depth=15,树的最大深度。

(2) learning_rate=0.05,为防止过拟合,更新过程中用到的收缩步长。在每次提升计算之后,算法会直接获得新特征的权重。通过缩减特征的权重使提升计算过程更加保守。

(3) subsample=1,训练每棵树时,使用的数据占全部训练集的比例。

(4) colsample_bytree=0.9,每棵树随机选取的特征的比例。

(5) colsample_bylevel=0.9,树的每一级的每一次分裂对列数的采样的占比。

(6) scale_pos_weight=1,样本不平衡时加快收敛。

(7) reg_alpha=1,L1 正则化权重,加快多特征时算法的运行效率。

(8) reg_lambda=1,L2 正则化权重,防止过拟合。

(9) max_delta_step=0,允许每个树的权重被估计的值,为 0 时没有限制。

3. Learning Task Parameters

(1) Objective="multi：softmax",多分类问题。

(2) gamma=0,惩罚系数。

(3) seed=2018,随机数种子。

(4) num_class=11,类别个数。

(5) n_estimators=978,总共迭代的次数,即决策树的个数。

(6) base_score=0.5,所有实例的初始化预测分数,全局偏置。

13.2.3　调参过程

在参数调整过程中,随机抽取 10%的样本作为验证集,通过观察 f1_score 判断模型效果。每个参数通过调到较大的值和较小的值并向中间值靠近,得出最好的值。

设置初始值,通过固定较大的 learning_rate,得到合适的 n_estimators;然后依次调整以下参数,最后再降低学习率、增加树的个数,进行进一步调整,代码如下所示。

```
max_depth,
gamma,
subsample,colsample_bytree,colsample_bylevel,
reg_alpha,reg_lambda
```

以上是手动调参的思路,其实 sklearn 包里也提供了寻找最优参数的方法 GridSearchCV(),代码如下所示。

```
from sklearn.model_selection import GridSearchCV
def selectmodel(train,label):                    # 返回最优的模型以及评测得分
    #XGBoost 的基分类器:选用树或线性分类
    params = {'booster':['gbtree', 'gblinear', 'dart']}
    #寻找最优基分类器及对应的最优参数
    mymodel = GridSearchCV(xgb(), params, error_score = 1,refit = True)
    mymodel.fit(train,label)
    return mymodel,mymodel.best_score_
```

该方法寻找的参数不能保证是最优组合,因为它采用的是贪心策略：每次使用当前对模型影响最大的参数进行调优直到最优化,直至所有参数都调整完毕。这种策略简单,在小数据集上有效,但问题是容易陷入局部最优解而非全局最优解。

13.3　完整代码及结果展示

完整代码如下所示,注意,train.csv 和 test.csv 要和该 Python 文件在同一目录下。

```
import numpy as np
import pandas as pd
import csv
from sklearn.model_selection import GridSearchCV
from xgboost import XGBRegressor as xgb
import math


dic = {}
ref = 0

#读取训练集数据并处理
def getdata(f):
    global ref,dic
    d = pd.read_csv(f)
    #print(d['Id'])
    d.drop(['Id'],axis = 1,inplace = True)
    tmphead = list(d.head())
    tmplist = list(d.values)
    rlist = [ ]
    #对训练集中的字符串数据进行处理
    for i in tmplist:
        tmp = [ ]
        for t in i:
            try:
                if(math.isnan(float(t))):
                    #用字典 dic 把字符串类型的数据映射为 float
                    try:
                        tmp.append(dic['NA'])
                    except:
                        dic['NA'] = ref
                        ref += 1
                        tmp.append(dic['NA'])
                else:
                    tmp.append(float(t))
            except:
                try:                    tmp.append(dic[t])
                except:
                    dic[t] = ref
                    ref += 1
                    tmp.append(dic[t])
        rlist.append(tmp)
    return pd.DataFrame(rlist, columns = tmphead)

#读取测试集数据并处理
def gettarget(f):
    global dic
    d = pd.read_csv(f)
    tmphead = list(d.head())
    tmplist = list(d.values)
    rlist = [ ]
```

```
    for i in tmplist:
        tmp = [ ]
        for t in i:
            try:
                if(math.isnan(float(t))): tmp.append(dic['NA'])
                else:
                    tmp.append(float(t))
            except:
                tmp.append(dic[t])
        rlist.append(tmp)

    return pd.DataFrame(rlist, columns = tmphead)

#文件写入操作
def writedata(idi,data,file):
    with open(file,'w',newline = '') as f:
        writer  =  csv.writer(f)
        writer.writerow(['Id','SalePrice'])
        for i in range(len(data)):
            writer.writerow([int(idi[i]),data[i]])

def getresult(mymodel,target):
    return mymodel.predict(target)

#选择模型最优参数并训练、预测
def selectmodel(train,label):
    #XGBoost 的基分类器:选用树或线性分类
    params = {'booster':['gbtree', 'gblinear' , 'dart']}
    mymodel =  GridSearchCV(xgb(), params, error_score = 1,refit = True)
    mymodel.fit(train,label)
    return mymodel,mymodel.best_score_


d = getdata('train.csv')                                           #getdata()返回经处理过的数据
corrmat  =  d.corr()                                               #计算相关系数
rela = list(corrmat['SalePrice'].abs().sort_values().index)[:-1]  #将特征列按相关性大小排序
features = 68
select_feat = rela[-features:]                                     #取相关性好的前 68 列

train,label = d.drop(['SalePrice'],axis = 1,inplace = False),d['SalePrice']
train = train[select_feat]
d = gettarget('test.csv')
idi,target = d['Id'],d.drop(['Id'],axis = 1,inplace = False)
target = target[select_feat]


mymodel,score = selectmodel(train,label)
print(score)

#将预测值整理到 submission1.csv,提交 submission1.csv 在 Kaggle 平台进行评测
result = getresult(mymodel,target)
writedata(idi,result,'submission1.csv')
```

最后在 Kaggle 平台上进行测试。submission1.csv 在 Kaggle 平台上的得分和排名分别如图 13-2 和图 13-3 所示。

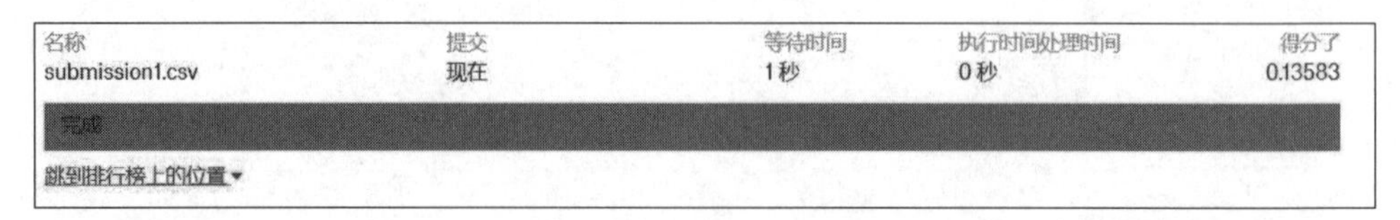

图 13-2 Kaggle 平台评测得分

图 13-3 Kaggle 平台评测排名

第14章

案例：基于K-Means算法的鸢尾花数据聚类和可视化

无监督学习是一种机器学习方法，用于发现数据中的模式。无监督学习算法的输入数据是没有标签的，算法需要自行寻找数据中的结构。聚类是无监督学习的典型例子，它是指将物理或抽象对象的集合分成由类似的对象组成的多个类的过程。由聚类生成的簇是一组数据对象的集合，同一个簇中的对象相似，与其他簇中的对象相异。本章使用*K*-Means算法实现一个无监督学习的任务，即鸢尾花数据的聚类。

14.1 数据及工具简介

14.1.1 Iris数据集（鸢尾花数据集）

Iris数据集是常用的分类实验数据集，由Fisher于1936年收集整理，也称鸢尾花数据集。它是一类多重变量分析的数据集。该数据集包含150个数据样本，可以分为3类，每类50个数据，每个数据包含4个属性：花萼长度、花萼宽度、花瓣长度和花瓣宽度，可通过这4个属性预测鸢尾花属于Setosa、Versicolour、Virginica这3个种类中的哪一类。数据示例如下：

```
5.1,3.5,1.4,0.2,Iris-setosa
```

分析过程采用前4个数值进行聚类，然后对比聚类的结果与原始数据的第5项就可以得出聚类的错误率。

14.1.2 Tkinter

Python 提供了多个图形开发界面的库,Tkinter 模块(Tk 接口)是 Python 的标准 Tk GUI 工具包的接口,Tk 和 Tkinter 可以在大多数的 UNIX 平台下使用,同时也可以应用在 Windows 和 Macintosh 系统中,Tk 8.0 的后续版本可以实现本地窗口风格,并良好地运行在绝大多数平台中。本案例将使用 Tkinter 创建一个简单的图形界面。

14.2 案例分析

14.2.1 模块引入

本案例中涉及文件操作,因此引入了 os 模块和 shutil 模块,Tkinter 及与之相关的一些内容用于图形化界面的创建,Matplotlib 和 mpl_toolkits 则作为可视化绘图的工具。首先需要导入这些工具包,代码如下所示。

```
1   # -*- coding:utf-8 -*-
2   import os
3   import shutil
4   from tkinter import *
5   from tkinter import messagebox
6   import random as rd
7   import matplotlib
8   import matplotlib.pyplot as plt
9   from mpl_toolkits.mplot3d import Axes3D
```

由于.py 文件一般默认采用 ASCII 编码,因此如果出现中文,运行时就会出现乱码,第 1 行的作用是将文件编码类型指定为 utf-8,这样就能够支持中文了。

14.2.2 布局图形界面

本案例采用 Tkinter 模块进行 UI 设计,通过 Text()、Label()、Button()等构造函数创建相应的文本框、标签、按钮等对象,然后用 grid_configure 布局系统排列组件。具体实现代码如下所示。

```
def main():
    '''
    布局图形界面
    '''
    #窗口设定
    root = Tk()
    frame = tkinter.Frame(master = root, borderwidth = 2)
    frame.pack(fill = BOTH, expand = 1)
```

```
    #组件创建
    logview = Text(frame,height = 1,width = 31)
    expression = Text(frame,height = 1,width = 31)
    er = Text(frame,height = 1,width = 31)
    label1 = Label(frame,text = 'file name')
    label2 = Label(frame,text = 'error percentage')
    label3 = Label(frame,text = 'errorback file name')
    b1 = Button(frame,text = 'loadfile',width = 15,command = lambda:read(logview))
    b2 = Button(frame,text = 'K - means',width = 15,command = lambda:km())
    b3 = Button(frame, text = 'error analysis', width = 31, command = lambda: analysis
(expression))
    b4 = Button(frame, text = 'get errorback text', width = 31, command = lambda: errortext
(wrongpoint,er))
    #组件布局
    label1.grid_configure(column = 1,row = 1,columnspan = 2,rowspan = 1)
    logview.grid_configure(column = 1,row = 2,columnspan = 2,rowspan = 1)
    b1.grid_configure(column = 1,row = 3,columnspan = 1,rowspan = 1)
    b2.grid_configure(column = 2,row = 3,columnspan = 1,rowspan = 1)
    label2.grid_configure(column = 1,row = 4,columnspan = 2,rowspan = 1)
    expression.grid_configure(column = 1,row = 5,columnspan = 2,rowspan = 1)
    b3.grid_configure(column = 1,row = 6,columnspan = 2,rowspan = 1)
    label3.grid_configure(column = 1,row = 7,columnspan = 2,rowspan = 1)
    er.grid_configure(column = 1,row = 8,columnspan = 2,rowspan = 1)
    b4.grid_configure(column = 1,row = 9,columnspan = 2,rowspan = 1)
    #顶层窗口标题的设置
    root.title('K - Means')
    root.wm_resizable(width = False,height = False)
    root.mainloop()
if __name__ == '__main__':
    main()
```

创建按钮时，Button()构造函数有一个参数 command，可以设置单击按钮后调用的函数，例如 command＝click 表示单击按钮后会调用 click()函数，但这种方式无法传递参数，因此采用 lambda 表达式帮助实现参数的传递。图形界面如图 14-1 所示。

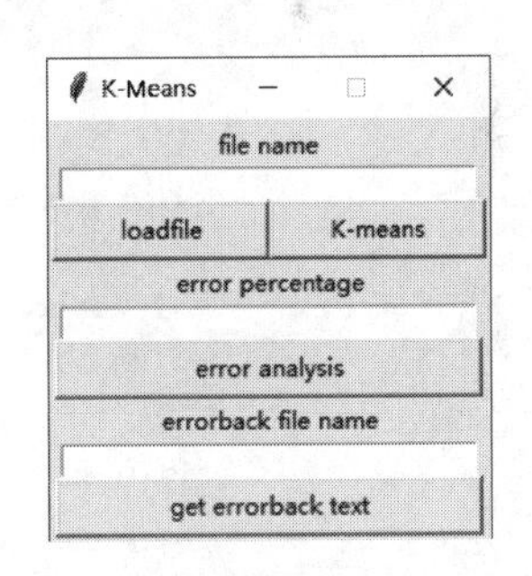

图 14-1 鸢尾花 *K*-Means 聚类分析工具图形界面

14.2.3 读取数据文件

为了进行聚类分析，需要将磁盘中的 iris. data 数据文件中的数据读取到内存中，本案例通过 read()函数实现，详细代码及注释如下所示。

```
def read(log):
    '''
    读取数据文件 iris.data
    :param log:Text 类对象,图形界面文本框中内容传入
```

```
    :return:
    '''
    global n,m,dimension
    global point,ty,ch,gg,menu
    gg = [ ]
    menu = ''
    point = [[ ] for i in range(1000)]
    ty = [ ]
    ch = [ ]
    # 获取 GUI 文本框中的字符串(数据样本文件名)
    filename = log.get('1.0','1.end')
    line = [ ]
    # i0 和 j0 均为计数变量,i0 统计样本总量,j0 统计类别数
    i0 = 0
    j0 = 0
    # 如果用户输入的文件名在目录下存在,就加载该文件,否则报错
    if os.path.isfile(filename):
        # 将后缀名和文件名称分开存入列表
        gg = filename.split('.')
        # menu:存储获取的文件名
        menu = gg[0]
        # 判断是否已经在当前目录创建过数据文件夹,若已创建,则清空其中内容
        if os.path.exists(r'./' + menu):
            shutil.rmtree(r'./' + menu)
        # 创建数据文件夹
        # 文件夹名称就是数据文件名,如 iris.data,文件夹就是 iris
        os.makedirs(r'./' + menu)
        # 将原始数据文件复制到数据文件夹中
        shutil.copy(filename,'./' + menu)
        # 设置数据文件为可读,开始读取数据
        file = open(filename,'r')
        while True:
            # 提取数据文件中的一行字符串
            line0 = file.readline()
            if line0:
                # 根据数据格式,以','为分隔符提取各个数据项
                line = line0.split(',')
                # ch:临时变量,存储当前样本的类别标签名
                ch.append(line.pop())
                # ty:列表,存储数据文件中涉及的类别标签
                if ty == [ ]:
                    ty.append(ch[i0])
                    j0 += 1
                elif ty[len(ty) - 1]!= ch[i0]:
                    ty.append(ch[i0])
                    j0 += 1
                # dimension:原始数据中一个样本的维数
                dimension = len(line)
                # point:二维列表,存储每个样本的各维度数值
                for k in range(dimension):
                    point[i0].append(float(line[k]))
                i0  = i0 + 1
```

```
            #如果读到文件末尾就跳出文件读取的循环
            else:
                break
        file.close()
        #n:数据文件中的样本数
        n = i0
        #m:数据中涉及的类别数
        m = j0
        #成功加载数据后弹窗声明
        messagebox.showinfo('Congratulations','File loaded successfully!')
    else:
        #弹窗
        messagebox.showinfo('Warning!','No file found!')
```

因为dimension、point、ty等变量需要在不同的函数中使用，所以这里采用global关键字进行修饰，将它们声明为全局变量。使用messagebox中的showinfo方法可以弹窗，用来做消息提示。

14.2.4　聚类

这部分是*K*-Means的主体核心。聚类算法通过distance()和km()两个函数实现，代码如下所示。

```
def distance(p,c):
    '''
    计算两点间的欧几里得距离
    :param p:第一个点
    :param c:第二个点
    :return:两点间的欧几里得距离
    '''
    ans = 0
    for k in range(dimension):
        ans += (p[k] - c[k]) ** 2
    return ans
def km():
    '''
    K - Means 聚类算法
    :return:
    '''
    global t
    global typ,center,center_new
    global far
    far = [ ]
    t = [[ ] for j in range(m)]
    center = [[ ] for j in range(m)]
    center_new = [[ ] for j in range(m)]
    #随机生成初始聚类中心(个数等于类别数)
    for i in range(m):
```

```
        center[i] = point[rd.randint(0,n)]
    flag = True
    turn = 0
    while flag == True:
        turn += 1
        #typ:存储聚类后归入各个聚类中心的点的编号
        typ = [[ ] for j in range(m)]
        for i in range(n):
            # far:列表,存储当前点到各个聚类中心的距离
            far = [ ]
            #workpoint:存储循环中当前点的数据
            workpoint = point[i]
            #计算出当前点到各个聚类中心的距离,存入 far 中
            for j in range(m):
                far.append(distance(workpoint,center[j]))
            #找出离当前点最近的聚类中心并将当前点归入该聚类中心
            typ[far.index(min(far))].append(i)
        #求出新的聚类中心
        for j in range(m):
            for i in range(dimension):
                center_new[j].append(sum(point[k]i] for k in typ[j])/len(typ[j]))
        #判断算法是否已经收敛,这里采用的标准是聚类中心不再变化
        if center == center_new:
            flag = False
        else:
            center = center_new
            center_new = [[ ] for j in range(m)]
    draw(dimension)
```

14.2.5 聚类结果可视化

本案例在绘制图形时做了分类讨论,这是很有必要的。虽然案例中是对鸢尾花数据进行聚类分析,但其实该程序对不同的数据都适用,所以应当考虑到不同数据的维数不能不同。鸢尾花数据集的维度为4,而可视化的能力有限,最多只能绘制3维视图,所以对于维数超过3的数据,分析时统一取前3维数值进行可视化。

可视化主要通过 draw()函数实现,详细代码如下所示。

```
def draw(dms):
    '''
    绘制聚类结果的3维图形
    :param dms: 数据的维数,从 K-Means 主体的 km()函数传入
    :return:
    '''
    #创建图标
    fig = plt.figure()
    #创建3维以下可用子图
    axes = plt.subplot(111)
```

```
    #建立颜色列表
    color = ['red','blue','green','yellow','black','orange']
#考虑到可能出现各种维数的数据,绘图时按照数据维度分类讨论
    if dms == 1:
        for j in range(m):
            axes.scatter([point[i][0] for i in typ[j]],color[j])
        fig.savefig('./' + menu + '/' + menu + 'pic.png')
        plt.show()
    elif dms == 2:
        #用不同的颜色把每一类的点都画入图中
        for j in range(m):
            axes.scatter([point[i][0] for i in typ[j]],[point[i][1] for i in typ[j]],c =
color[j])
        #保存画好的图片
        fig.savefig('./' + menu + '/' + menu + 'pic.png')
        plt.show()
    else:
        #创建3维可用子图
        ax = fig.add_subplot(111,projection = '3d')
        for j in range(m):
            ax.scatter([point[i][0] for i in typ[j]],[point[i][1] for i in typ[j]],[point
[i][2] for i in typ[j]],c = color[j],marker = 'o')
        fig.savefig('./' + menu + '/' + menu + 'pic.png')
            plt.show()
```

值得注意的是,draw(dms)函数中的 dms 是形式参数,来源是 km()函数中传入的 dimension 实际参数,但这是不必要的,因为 dimension 已经在 read(log)中声明为全局变量。在使用 pyplot 时,figure()创建的是画布,subplot()创建的是子图,在一张画布上可以放置多张子图。创建 3 维子图时,将 projection 参数设置为 3d,然后通过 scatter 方法绘制子图对象。图 14-2 是运行程序后得到的聚类结果。

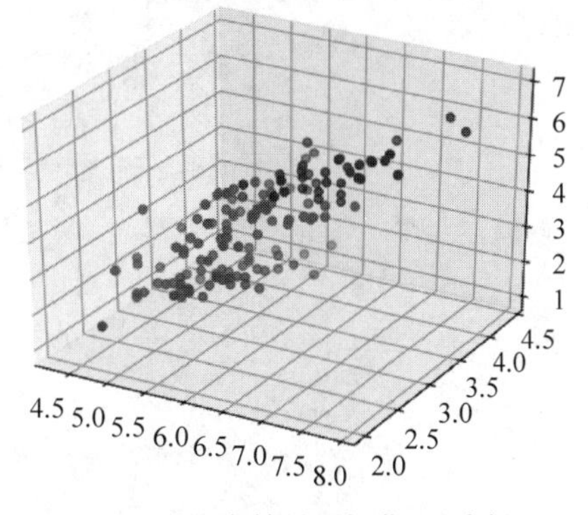

图 14-2　聚类结果可视化(见彩插)

14.2.6　误差分析及其可视化

误差分析是难点,因为聚类只是得到簇,并不能获知簇的具体的类标签。以鸢尾花数据有 A、B、C 三类为例,通过聚类将 150 个数据样本分成三个簇,在聚类结果列表中,下标和类标签的对应关系可能是 0-C、1-B 和 2-A,而原始数据列表中可能是 0-A、0-B 和 2-C,采取的匹配策略是找出重合率最大的分类方式,例如聚类结果列表下标为 0 中包括的点和原始数据列表下标为 2 中包括的点重合率最大,那么聚类结果列表中下标为 0 的簇应该和原始数据中下标为 2 的簇是同一类别,这样就能借助原始数据给没有类标签的簇贴上标签。具体实现代码如下所示。

```
def analysis(expressionview):
    '''
    误差分析
    :param expressionview:图形界面 Text 类对象,用于写入本函数中计算的错误率,并展示在图
形界面中
    :return:
    '''
    global at, inde, same0, errorback
    global wrongpoint, rightpoint
    wrongpoint = [[ ] for i in range(m)]
    rightpoint = [[ ] for i in range(m)]
    at = [ ]
    same0 = [ ]
    inde = [[ ] for j in range(m)]
    #t是二维列表,第一维下标 i 表示 t 中的第 i 类,然后是一个列表可以存储该类别下的数
    #据点的序号,这里用 t 存储原始数据正确的分类情形,用于与聚类结果比较进行误差分析
    for i in range(n):
        t[ty.index(ch[i])].append(i)
    for j in range(m):
        same = 0
        q = 0
        for k in range(m):
            #判断聚类结果中的第 k 类是不是已经成功匹配过原始数据中的一类
            if at == [ ] or (k not in at):
                s = 0
                #统计原始数据第 j 类和聚类结果第 k 类样本重合度
                for i in range(len(typ[j])):
                    if typ[j][i] in t[k]:
                        s += 1
                #same 记录最大重合度
                if s > same:
                    same = s
                    q = k
        #将原始数据的第 j 类和聚类结果的第 k 类匹配,匹配结果存入列表 at 中
        #e.g. at[0] = 2 表示原始数据下标为 0 的类与聚类结果下标为 2 的类匹配
        at.append(q)
    #完成类别下标匹配之后,将正确归类点的数据存入列表 rightpoint,错误归类点的数据存
    #入列表 wrongpoint
    for j in range(m):
        s = 0
        for i in range(len(typ[j])):
            if typ[j][i] in t[at[j]]:
                s += 1
                rightpoint[j].append(point[typ[j][i]])
            else:
                #当前点是被归入聚类结果的第 j 类的第 i 个点,但是与之匹配的原始数据类
                #中不含这个点
                #在 wrongpoint 中存入该点的具体数据内容,第一维下标 j 表示错误归入了
                #聚类结果中的第 j 类
                wrongpoint[j].append(point[typ[j][i]])
                #在 inde 中存入该点在原始数据中的序号,第一维下标 j 表示错误归入了聚
                #类结果中的第 j 类
```

```
                inde[j].append(typ[j][i])
            #same0 中存入第 j 类的重合度
            same0.append(s)
        #重合率反馈
        sameback = sum(same0)/n
        #错误率反馈
        errorback = 1 - sameback
        errorback = errorback * 100
        expressionview.delete('1.0','2.end')
        expressionview.insert('1.end','%.2f'%errorback + '%')
        errordraw(dimension,wrongpoint,rightpoint)
```

误差分析的可视化是比较简单的，与之前聚类结果的可视化几乎一样，只不过需要先画出正确归类的点，然后再用另一种符号画出错误归类的点，如图 14-3 所示。

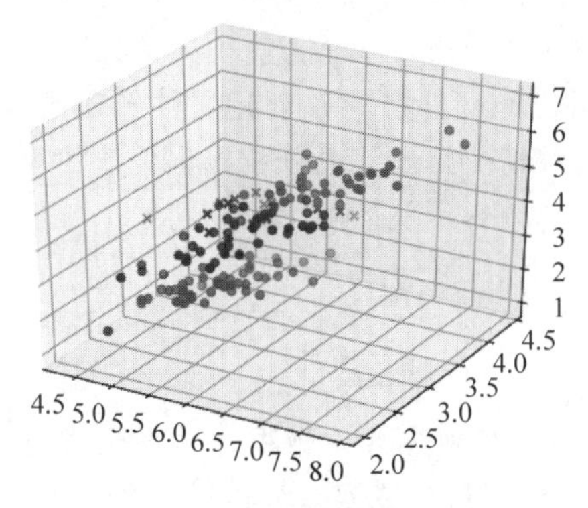

图 14-3　误差分析可视化(见彩插)

最后生成误差分析报告，其中列出了被错误归类的点的坐标、其真实类别标签和被错误归入的类标签，还给出了整个聚类的错误率。具体实现代码如下所示。

```
def errortext(wrongpoint0,erview):
    '''
    生成错误报告
    :param wrongpoint0:形参列表,对应实参是全局变量 wrongpoint,存储归类错误的点数据
    :param erview:图形界面输入的 Text 类对象,包含错误文件名称
    :return:
    '''
    try:
        name = erview.get('1.0','1.end')
        f = open('./' + menu + '/' + name,'w')
        #由于写入 TXT 文件的只能是字符串类型,这里把 wrongpoint 列表中的元素全部改为
        #字符串类型
        for j in range(m):
            for i in range(len(wrongpoint0[j])):
                for k in range(len(wrongpoint0[j][i])):
                    wrongpoint0[j][i][k] = str(wrongpoint0[j][i][k])
        #将一个列表中的所有字符串元素用','连接成一个字符串写入文件
        for j in range(m):
            for i in range(len(wrongpoint0[j])):
```

```
                    #wrongpoint0[j][i]是被错误归入聚类结果中下标j的类的第i个点
                    #这个点对应原始数据中第inde[j][i]行,故而可以找到其正确分类标签
                    #聚类结果下标j的类匹配的是t中的下标at[j]的类
                    #t中存储了原始数据各个分类标签下的点的序号,故而可以找到被错误分类
                    #的标签
                    f.writelines(','.join(wrongpoint0[j][i]) + '\n')
                    f.writelines('True type:' + ch[inde[j][i]])
                    f.writelines('Wrong type:' + ch[t[at[j]][0]] + '\n')
            f.writelines('Error percentage: %.2f' % errorback + '%')
            f.close()
            messagebox.showinfo('Attention','Errorcase successfully get!')
        except Exception as ex:
            messagebox.showinfo('Attention','Fail to create errorcase!')
```

Python是面向对象的语言,因此包含了异常处理。上述代码中,errortext()函数用到的try…except…写法就是异常处理,以防使用时没有输入误差分析报告的文件名导致创建文件出现错误而中断程序。异常处理会对这种情况给出生成分析报告失败的提醒,而不会中断程序。最终输出的内容示例如图14-4所示。

```
5.8,2.7,5.1,1.9
True type:Iris-virginica
Wrong type:Iris-versicolor

6.3,2.5,5.0,1.9
True type:Iris-virginica
Wrong type:Iris-versicolor

5.9,3.0,5.1,1.8
True type:Iris-virginica
Wrong type:Iris-versicolor

7.0,3.2,4.7,1.4
True type:Iris-versicolor
Wrong type:Iris-virginica

6.9,3.1,4.9,1.5
True type:Iris-versicolor
Wrong type:Iris-virginica

6.7,3.0,5.0,1.7
True type:Iris-versicolor
Wrong type:Iris-virginica

Error percentage:11.33%
```

图14-4 误差分析报告

14.2.7 使用流程

由于程序运行的逻辑问题,必须先导入数据才能做聚类分析,完成聚类分析后才能进行误差分析,完成误差分析后才能够生成分析报告,因此使用本程序时需要遵循一定的流程。

运行程序后会打开图形界面。首先输入原始数据文件名(需要包括后缀),然后单击loadfile按钮导入数据,接着单击K-Means按钮进行聚类,会弹出聚类结果。关闭可视化窗口后,再单击error analysis按钮会弹出误差分析的可视化结果。关闭这个窗口后就能在图形界面的文本框中看到本次聚类的错误率。最后输入一个分析报告文件名(最好带.txt后缀,方便直接打开),再单击get errorback text按钮即可得到误差分析报告。

第15章

案例：影评数据分析与电影推荐

数据分析是信息时代的一个基础而又重要的工作。面对飞速增长的数据，如何从这些数据中挖掘到更有价值的信息成为一个重要的研究方向。机器学习在各个领域的应用逐渐成熟，已成为数据分析和人工智能的重要工具。数据分析和挖掘的一个很重要的应用领域是推荐服务。本章将利用机器学习进行影评数据分析，并结合分析结果向用户推荐电影，从而展示数据分析的整个过程。一般来说，数据分析可以简单划分为明确分析目标，数据采集、清洗和整理，数据建模和分析，以及结果展示或服务部署。在本章的实践中，这些步骤都会有所体现。

15.1 明确目标与准备数据

本案例的最终目标比较明确：根据用户对不同电影的评分情况来推荐新的电影。而要实现这个目标，其阶段性的目标可能包含找出和某用户有类似观影爱好的用户、找出和某一个电影有相似的观众群的电影等。要实现这些阶段性目标，首先要准备分析所需的数据。

在进行数据采集时，需要根据实际的业务环境采用不同的方式，如使用爬虫、对接数据库、使用接口等。有时在进行监督学习时，需要对采集的数据进行手动标记。由于本案例需要的是用户对电影的评分数据，因此可以使用爬虫获取豆瓣电影影评数据。需要注意的是，与用户信息相关的数据需要进行脱敏处理。因为本案例使用的是开源的数据，而且爬虫不是本章的重点，所以在此不再进行说明。

获取的数据有两个文件：包含加密的用户ID、电影ID、评分值的用户评分文件 ratings.csv 和包含电影ID、电影名称的电影信息文件 movies.csv。因为数据比较简单，所以基本上可以省去特征方面的复杂处理过程。在实际操作中，如果无法保证获取的数据质量，就需要对数据进行清洗，包括对数据格式的统一、缺失数据的补充等。在数据清洗完成后，还需要对数据进行整理，如根据业务逻辑进行分类、去除冗余数据等。在数据整理完成之后需要选择合适的特征，特征的选择也会根据后续的分析而变化。关于特征的处理有一个专门的研究方向——特征工程,它也是数据分析过程中很重要且耗时的部分。

15.2 工具选择

在实现目标之前,需要对数据进行统计分析,从而了解数据的分布情况,以及数据的质量是否能够支撑我们的目标。Pandas很适合完成这项工作。

开发工具选择比较适合尝试性开发的Jupyter Notebook。Jupyter Notebook是一个交互式笔记本,支持运行40多种编程语言。它的本质是一个Web应用程序,便于创建和共享文学化程序文档,支持实时代码、数学方程、可视化和markdown。由于其灵活交互的优势,因此很适合探索性质的开发工作。其安装和使用都比较简单,这里不再做详细介绍。使用方式推荐VS Code开发工具,它可以直接支持Jupyter Notebook,不需要手动启动服务,界面如图15-1所示。

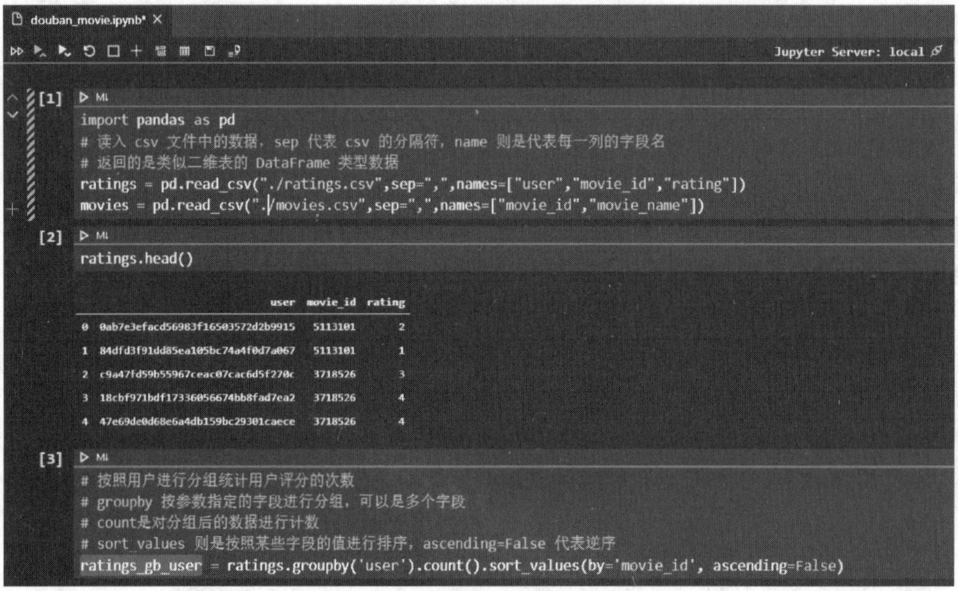

图15-1 VS Code Jupyter Notebook界面展示

15.3 初步分析

准备好环境和数据之后,需要对数据进行初步的分析,一方面可以初步了解数据的构成;另一方面可以判断数据的质量。数据初步分析往往是统计性的、多角度的,带有很大的尝试性。然后再根据得到的结果进行深入的挖掘,得到更有价值的结果。对于当前的数据,可以分别从用户和电影两个角度入手。

在进入初步分析之前,需要先导入基础的用户评分数据和电影信息数据,代码如下所示。

```
import pandas as pd
ratings = pd.read_csv("./ratings.csv",sep=",",names=["user","movie_id","rating"])
movies = pd.read_csv("./movies.csv",sep=",",names=["movie_id","movie_name"])
```

其中，sep 代表分隔符，name 代表每一列的字段名，返回的是类似二维表的 DataFrame 类型数据。

15.3.1 用户角度分析

首先可以使用 Pandas 的 head()函数查看 ratings 的结构，代码如下所示。head()是 DataFrame 的成员函数，用于返回前 n 行数据。其中，n 是参数，它代表选择的行数，默认值是 5。

```
>>> ratings.head()
```

输出为

```
                user                    movie_id   rating
0   0ab7e3efacd56983f16503572d2b9915    5113101      2
1   84dfd3f91dd85ea105bc74a4f0d7a067    5113101      1
2   c9a47fd59b55967ceac07cac6d5f270c    3718526      3
3   18cbf971bdf17336056674bb8fad7ea2    3718526      4
4   47e69de0d68e6a4db159bc29301caece    3718526      4
```

可以看到，用户 ID 是长度一致的字符串(实际是经过 MD5 处理的字符串)，影片 ID 是数字。如果想查看一共有多少条数据，可以使用 rating.shape，输出为(1048575，3)。1048575 代表一共有 1 048 575 条数据，3 对应 3 列。

然后可以查看用户的评论情况，如数据中一共有多少人参与评论及每个人评论的次数。由于 rating 数据中的每个用户都可以为多部电影进行评分，因此可以按用户进行分组，然后使用 count()统计数量。为了方便查看，可以对分组计数后的数据进行排序，再使用 head()函数查看排序后的情况，代码如下所示。其中 groupby 指按参数指定的字段进行分组，它可以有多个字段；count 是对分组后的数据进行计数；sort_values 则是按照某些字段的值进行排序；ascending＝False 代表逆序。

```
>>> ratings_gb_user =
ratings.groupby('user').count().sort_values(by='movie_id',ascending=False)
>>> ratings_gb_user.head()
```

输出为

```
                user                 movie_id    rating
535e6f7ef1626bedd166e4dfa49bc0b4      1149        1149
```

```
425889580eb67241e5ebcd9f9ae8a465      1083        1083
3917c1b1b030c6d249e1a798b3154c43      1062        1062
b076f6c5d5aa95d016a9597ee96d4600      864         864
b05ae0036abc8f113d7e491f502a7fa8      844         844
```

可以看出,评分次数最多的用户ID是535e6f7ef1626bedd166e4dfa49bc0b4,一共评论了1149次。这里movie_id和rating的数据是相同的,是因为其计数规则一致,属于冗余数据。因为head()函数能看到的数据太少,所以可以使用describe()函数查看统计信息,代码如下所示。

```
>>> ratings_gb_user.describe()
```

输出为

```
            movie_id             rating
count       273826.000000        273826.000000
mean        3.829348             3.829348
std         14.087626            14.087626
min         1.000000             1.000000
25 %        1.000000             1.000000
50 %        1.000000             1.000000
75 %        3.000000             3.000000
max         1149.000000          1149.000000
```

从输出的信息中可以看出,一共有273 826个用户参与评分,用户评分的平均次数是3.829 348次。标准差是14.087 626,相对来说还是比较大的。而从最大值、最小值和中位数可以看出,大部分用户对影片的评分次数还是很少的。

如果想更直观地查看数据的分布情况,可以查看直方图,代码如下所示。

```
>>> ratings_gb_user.movie_id.hist(bins = 50)
```

效果如图15-2所示。

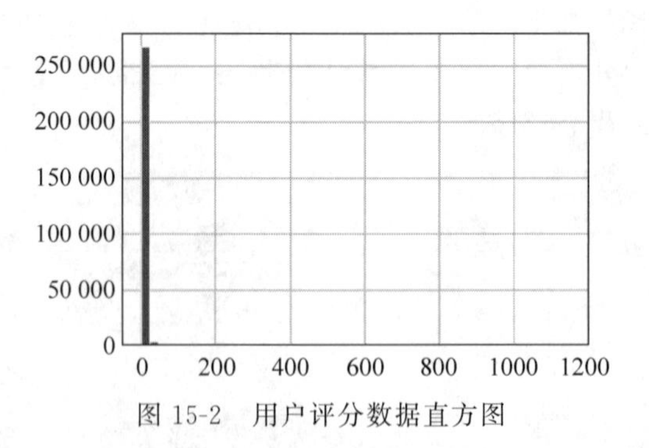

图15-2 用户评分数据直方图

可以看出,大部分用户都集中在评分次数很少的区域,基本上没有大于100的数据。

如果想查看某一个区间的数据,可以使用range参数。例如,想看评分次数为1～10的用户分布情况,可以将参数range设置为[1, 10],代码如下所示。

```
>>> ratings_gb_user.movie_id.hist(bins = 50)
```

结果如图 15-3 所示。

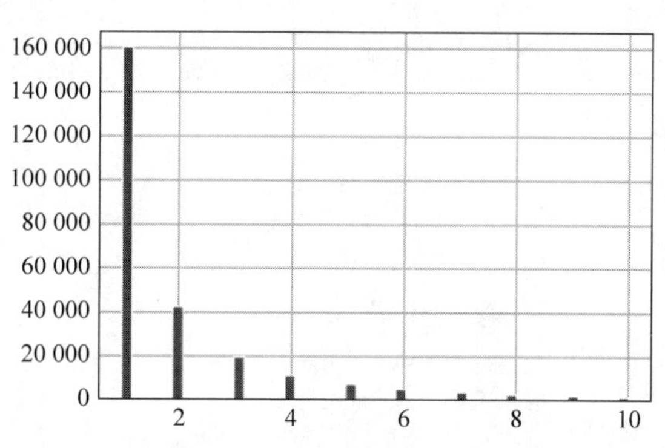

图 15-3　评分次数为 1～10 的用户分布情况

可以看到，无论是整体还是局部，评分次数越多，对应的用户数越少。结合之前的分析，大部分用户(75%)的评分次数都少于 4 次，这基本上符合常规的认知。

除了从评分次数上进行分析，也可以从评分值上进行统计，代码如下所示。其中，groupby 指按参数指定的字段进行分组，它可以有多个字段；count 是对分组后的数据进行计数；sort_values 是按照某些字段的值进行排序；ascending＝False 代表逆序。

```
>>> user_rating = ratings.groupby('user').mean().sort_values(by = 'rating', ascending =
False)
>>> user_rating.rating.describe()
```

输出为

```
count        273826.00000
mean         3.439616
std          1.081518
min          1.000000
25 %         3.000000
50 %         3.500000
75 %         4.000000
max          5.000000
Name: rating, dtype: float64
```

可以看出，所有用户的评分的均值是 3.439 616，而且大部分人(75%)的评分在 4 分左右，所以整体的评分还是比较高的，说明用户对电影的态度并不是很苛刻，或者收集的数据中电影的总体质量不错。

接着可以将评分次数和评分值进行结合，从二维的角度进行观察，代码如下所示。其中，groupby 指按参数指定的字段进行分组，它可以有多个字段；count 是对分组后的数据进行计数；sort_values 是按照某些字段的值进行排序；ascending＝False 代表逆序。

```
>>> user_rating = ratings.groupby('user').mean().sort_values(by='rating', ascending=False)
>>> ratings_gb_user = ratings_gb_user.rename(columns={'movie_id_x':'movie_id','rating_y':'rating'})
>>> ratings_gb_user.plot(x='movie_id', y='rating', kind='scatter')
```

结果如图 15-4 所示。

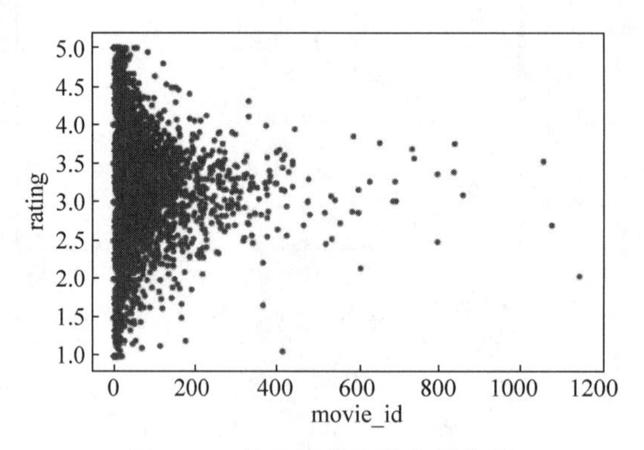

图 15-4 结合评分次数和评分值

可以看到，分布基本上呈“>”形状，大部分用户评分较少，且中间分数的用户偏多。

15.3.2 电影角度分析

接下来，可以用相似的方法从电影的角度查看数据的分布情况，如每一部电影被评分的次数。要获取每一部电影的被评分次数就需要对影片的 ID 进行分组和计数。为了提高数据的可观性，可以通过关联操作显示影片的名称，使用 Pandas 的 merge()函数可以很容易实现，代码如下所示。在 merge()函数中，参数 how 代表关联的方式，如 inner 是内关联，left 是左关联，right 是右关联；on 是关联时使用的键名，由于 ratings 和 movies 对应的电影的字段名是一样的，因此可以只传入 movie_id 这一个参数，否则需要使用 left_on 和 right_on 参数。

```
>>> ratings_gb_movie = ratings.groupby('movie_id').count().sort_values(by='user', ascending=False)
>>> ratings_gb_movie = pd.merge(ratings_gb_movie,movies, how='left', on='movie_id')
>>> ratings_gb_movie.head()
```

输出为

```
    movie_id    user rating   movie_name
0   3077412     320  320      寻龙诀
1   1292052     318  318      肖申克的救赎 - 电影
2   25723907    317  317      捉妖记
3   1291561     317  317      千与千寻
4   2133323     316  316      白日梦想家 - 电影
```

可以看到，被评分次数最多的电影是《寻龙诀》，一共被评分 320 次。同样，user 和 rating 的数据是一致的，属于冗余数据。下面查看详细的统计数据，代码如下所示。

```
>>> ratings_gb_movie.user.describe()
```

输出为

```
count     22847.00000
mean         45.895522
std          61.683860
min          1.000000
25%          4.000000
50%          17.000000
75%          71.000000
max          320.000000
```

可以看到，一共有 22 847 部电影被用户评分，平均被评分次数接近 46，大部分影片(75%)的被评分次数在 71 次左右。

接着查看直方图，代码如下所示。

```
>>> ratings_gb_user.movie_id.hist(bins = 50)
```

结果如图 15-5 所示。

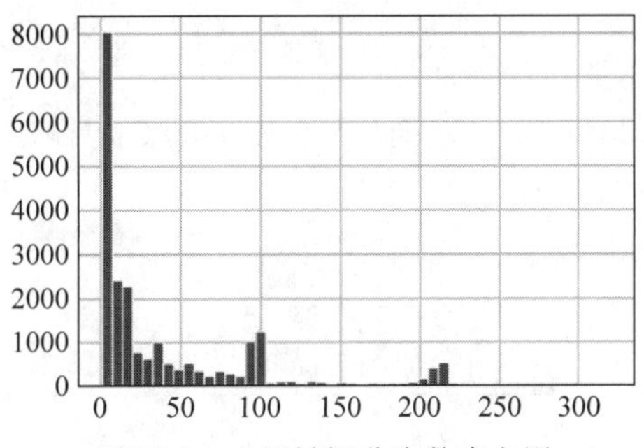

图 15-5　电影被评分次数直方图

可以看到，大约被评分 80 次之前的电影数，基本上是随着评论次数的增加在减少，但是被评论 100 次和 200 次左右的影片却有异常的增加。此外，可以看到分布的标准差比较大，从而得知数据质量并不是太高，但整体上的趋势还是基本符合常识。

接下来，同样要对评分值进行观察，代码如下所示。

```
>>> movie_rating = ratings.groupby('movie_id').mean().sort_values(by = 'rating', ascending = 
False)
>>> movie_rating.describe()
```

输出为

```
count    22847.000000
mean         3.225343
std          0.786019
min          1.000000
25%          2.800000
50%          3.333333
75%          3.764022
max          5.000000
```

从统计数据可以看出,所有电影的平均分数和中位数很接近,大约是3.3,说明整体的分布比较均匀。

然后将结合被评分次数和评分值进行分析,代码如下所示。

```
>>> ratings_gb_movie = pd.merge(ratings_gb_movie, movie_rating, how='left', on='movie_id'
)
>>> ratings_gb_movie.head()
```

输出为

```
   movie_id   user   rating_x   movie_name         rating_y
0  3077412    320      320      寻龙诀             3.506250
1  1292052    318      318      肖申克的救赎-电影   4.672956
2  25723907   317      317      捉妖记             3.192429
3  1291561    317      317      千与千寻           4.542587
4  2133323    316      316      白日梦想家         3.990506
```

从输出的数据可以看出,有些电影(如《寻龙诀》)虽然本身被评分的次数很多,但是综合评分并不高,这也符合实际的情况。

查看散点图,代码如下所示。

```
>>> ratings_gb_movie.plot(x='user', y='rating', kind='scatter')
```

结果如图15-6所示。

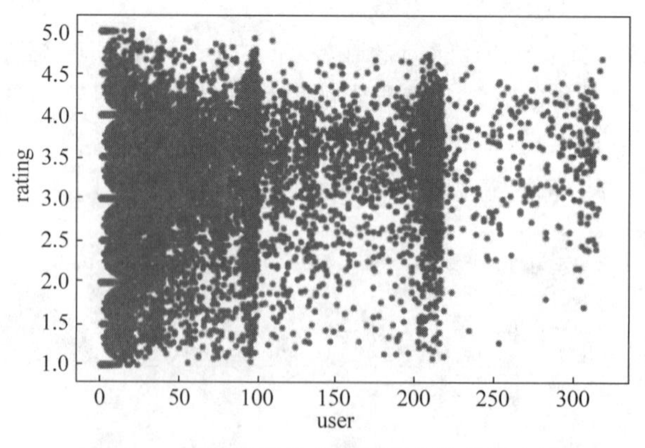

图15-6 结合被评分次数和评分值的散点图

可以看到，总体上数据还是呈现“>”分布，但是在被评分次数为100次和200次左右出现了比较分散的情况，这和图15-5是相对应的。这也许是一种特殊现象，而是否是一种规律就需要更多的数据来分析和研究。

当前的分析结果可以有较多用途，如做一个观众评分量排行榜或者电影评分排行榜等。结合电影标签就可以做用户的兴趣分析。

15.4　电影推荐

在对数据有足够的认知之后，可以根据当前数据给用户推荐其没有看过但是很有可能会喜欢的电影。推荐算法大致可以分为三类：协同过滤推荐算法、基于内容的推荐算法和基于知识的推荐算法。其中，协同过滤推荐算法是诞生较早且较为著名的算法，其通过对用户历史行为数据的挖掘发现用户的偏好，基于不同的偏好对用户进行群组划分并推荐品位相似的商品。

协同过滤推荐算法分为两类，分别是基于用户的协同过滤算法（user-based collaborative filtering）和基于物品的协同过滤算法（item-based collaborative filtering）。基于用户的协同过滤算法是通过用户的历史行为数据发现用户对商品或内容的喜好（如商品购买、收藏、内容评论或分享），并对这些喜好进行度量和打分。根据不同用户对相同商品或内容的态度和偏好程度计算用户之间的关系，然后在有相同喜好的用户间进行商品推荐。其中，比较重要的就是距离的计算，可以使用余弦相似性、Jaccard实现。整体的实现思路是：使用余弦相似性构建邻近性矩阵，再使用KNN算法从邻近性矩阵中找到某用户邻近的用户，并将这些邻近用户点评过的电影作为备选，然后将邻近性的值作为推荐的得分，相同的分数可以累加，最后排除该用户已经评价过的电影。部分脚本如下所示。

```
# 根据余弦相似性建立邻近性矩阵
ratings_pivot = ratings.pivot('user','movie_id','rating')
ratings_pivot.fillna(value = 0)
m,n = ratings_pivot.shape
userdist = np.zeros([m,m])
for i in range(m):
    for j in range(m):
        userdist[i,j] = np.dot(ratings_pivot.iloc[i,],ratings_pivot.iloc[j,]) \
        /np.sqrt(np.dot(ratings_pivot.iloc[i,],ratings_pivot.iloc[i,])\
        * np.dot(ratings_pivot.iloc[j,],ratings_pivot.iloc[j,]))
proximity_matrix = pd.DataFrame(userdist, index = list(ratings_pivot.index),columns = list
(ratings_pivot.index))

# 找到邻近的k个值
def find_user_knn(user, proximity_matrix = proximity_matrix, k = 10):
    nhbrs = userdistdf.sort(user,ascending = False)[user]1:k + 1]
    #在一列中降序排序,除去第一个(自己)后为近邻
    return nhbrs

# 获取推荐电影的列表
```

```
def recommend_movie(user, ratings_pivot = ratings_pivot, proximity_matrix = proximity_matrix):
    nhbrs = find_user_knn(user, proximity_matrix = proximity_matrix, k = 10)
    recommendlist = {}
    for nhbrid in nhbrs.index:
        ratings_nhbr = ratings[ratings['user'] == nhbrid]
        for movie_id in ratings_nhbr['movie_id']:
            if movie_id not in recommendlist:
                recommendlist[movie_id] = nhbrs[nhbrid]
            else:
                recommendlist[movie_id] = recommendlist[movie_id] + nhbrs[nhbrid]
    # 去除用户已经评分过的电影
    ratings_user = ratings[ratings['user'] == user]
    for movie_id in ratings_user['movie_id']:
        if movie_id in recommendlist:
            recommendlist.pop(movie_id)
    output = pd.Series(recommendlist)
    recommendlistdf = pd.DataFrame(output, columns = ['score'])
    recommendlistdf.index.names = ['movie_id']
    return recommendlistdf.sort('score',ascending = False)
```

建立邻近性矩阵是很消耗内存的操作，如果执行过程中出现内存错误，则需要换用内存更大的机器运行，或者对数据进行采样处理，从而减少计算量。代码中给出的是基于用户的协同过滤算法，读者可以尝试写出基于电影的协同过滤算法，然后对比算法的优良性。

第16章

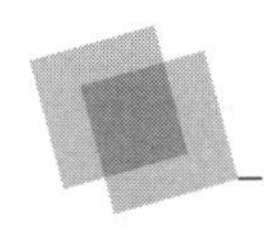

案例：股价预测

本案例数据来源于 Kaggle 数据集中的股票数据。该数据集以天为单位，跨度为1991—2015 年的时间序列，包含股票开盘价、收盘价、交易量等信息。在特征变量较少或难以获取的情况下，我们希望通过现有的较少的自变量和因变量提升维度，进而挖掘与前滞自变量和因变量相关的时序特征。

本案例的主要目的是介绍一种升维特征工程方法，即 Tsfresh。它包含多种功能函数，能够完美地挖掘时序特征的诸多信息。通过股票预测案例，以最高价作为因变量，挖掘相关特征和其自身的时序特征，展现完整的数据挖掘过程和建模预测过程。

虽然 Tsfresh 能挖掘时序数据的特征，但是它在运行时的性能问题和维度灾难不得不寻找解决方案加以应对。关于性能问题，Tsfresh 进行维度扩充时采用分布式计算。关于维度灾难，一般升维后采用 PCA 降维，或者在升维前进行特征选择，或者采用最小范围参数进行升维。

16.1 使用 Tsfresh 进行升维和特征工程

Tsfresh 是 Python 的开源包，它可以对时序特征进行升维操作，挖掘时序特征的复杂性、相关性、滞后性、回归性、周期性、平稳性等。Tsfresh 包含超过 64 个特征提取功能函数，计算过程采取分布式处理方式，堪称时序数据特征处理的“瑞士军刀”。时序特征处理的部分功能函数如表 16-1 所示。

表 16-1　时序特征处理的部分功能函数表

编　号	函 数 名	函 数 描 述
1	abs_energy(x)	返回时间序列的绝对能量，它是平方值的和
2	absolute_sum_of_changes(x)	返回序列 x 中连续变化的绝对值的和

续表

编　号	函　数　名	函 数 描 述
3	agg_autocorrelation(x,param)	时间序列自相关的描述性统计
4	agg_linear_trend(x,param)	计算在块上聚合的时间序列的值与从 0 到块数减 1 的序列的线性最小二乘回归
5	approximate_entropy(x,m,r)	实现了一个向量化的近似熵算法
6	ar_coefficient(x,param)	这个特征计算器适合自回归 AR(k)过程的无条件最大似然
7	augmented_dickey_fuller(x,param)	Augmented Dickey-Fuller 检验是一种假设检验,它检查一个时间序列样本中是否存在单位根
8	autocorrelation(x,lag)	根据公式计算指定滞后的自相关
9	binned_entropy(x,max_bins)	将 x 的值放入等距的最大容器中
10	c3(x,lag)	使用 c3 统计量测量时间序列的非线性

使用表 16-1 中的功能函数进行特征提取时,可以选择表中任意独立的函数进行特征衍生。例如,在计算单位根时,可以使用如下代码。

```
param = [{'attr':"teststat"},
         {'attr':"pvalue"},
         {'attr':"usedlag"}]
df = df1['diff'].groupby(df1['customer']).apply(lambda x: \
f_cal.augmented_dickey_fuller(x,param)).reset_index()
```

其中,teststat 指检验统计量;pvalue 指显著检验指标,一般它小于 0.05 时,可以认为时间序列平稳;usedlag 指滞后间隔。

根据时间序列,计算所有特征(基于 feature_calculators 包中 64 个特征计算函数,取不同参数传递进入函数,将原特征进行衍生),并过滤出对目标变量有意义且相关的特征。

例如,表 16-2 是自变量 X 数据集样例,在不同 id、不同时间序列 time 下,有 F_x、F_y、F_z、T_x、T_y、T_z 特征数据。

表 16-2　自变量 X 数据集样例

id	time	F_x	F_y	F_z	T_x	T_y	T_z
1	0	−1	−1	63	−3	−1	0
1	1	0	0	62	−3	−1	0
1	2	−1	−1	61	−3	0	0
1	3	−1	−1	63	−2	−1	0
1	4	−1	−1	63	−3	−1	0
1	5	−1	−1	63	−3	−1	0
1	6	−1	−1	63	−3	0	0
1	7	−1	−1	63	−3	−1	0
1	8	−1	−1	63	−3	−1	0
1	9	−1	−1	61	−3	0	0
1	10	−1	−1	61	−3	0	0
1	11	−1	−1	64	−3	−1	0

续表

id	time	F_x	F_y	F_z	T_x	T_y	T_z
1	12	−1	−1	64	−3	−1	0
1	13	−1	−1	60	−3	0	0
1	14	−1	0	64	−2	−1	0
2	0	−1	−1	63	−2	−1	0
2	1	−1	−1	63	−3	−1	0
2	2	−1	−1	61	−3	0	0
2	3	0	−4	63	1	0	0
2	4	0	−1	59	−2	0	−1
2	5	−3	3	57	−8	−3	−1
2	6	−1	3	70	−10	−2	−1
2	7	0	−3	61	0	0	0
2	8	0	−2	53	−1	−2	0
2	9	0	−3	66	1	4	0
2	10	−3	3	58	−10	−5	0
2	11	−1	−1	66	−4	−2	0
2	12	−1	−2	67	−3	−1	0
2	13	0	1	66	−6	−3	−1
2	14	−1	−1	59	−3	−4	0
⋮							

因变量 Y(每个 id 对应一个因变量值)数据集样例如表 16-3 所示。在不同 index 下，Y 对应因变量结果。

表 16-3　因变量 Y 数据集样例

index	Y
1	1
2	0
⋮	⋮

代码实现如下所示。

```
from tsfresh.examples import load_robot_execution_failures
from tsfresh.transformers import RelevantFeatureAugmenter
df_ts, y = load_robot_execution_failures()
X = pd.DataFrame(index = y.index)
X_train, X_test, y_train, y_test = train_test_split(X, y)
augmenter = RelevantFeatureAugmenter(column_id = 'id', column_sort = 'time')
augmenter.set_timeseries_container(df_ts)
augmenter.fit(X_train, y_train)
augmenter.set_timeseries_container(df_ts)
X_test_with_features = augmenter.transform(X_test)
```

输出结果如图 16-1 所示。

根据图 16-1 可知，最终变量 column 如表 16-4 所示。

id	F_x__abs_e	F_y__abs_e	T_y__stand	T_y__variar	F_x__range	F_x__fft_co	T_y__fft_co	T_y__abs_e	F_x__cid_c	F_z__stand	F_z__variar	F_z__agg_l	F_x__stand	F_x__variar	F_z__fft_co
66	1167	1783	78.7066	6194.729	4	22.4093	494.0468	112433	5.799771	401.9477	161561.9	221889.6	8.634813	74.56	2385.641
42	1219	9232	27.96633	782.1156	4	46.29048	164.8358	15799	4.141865	412.7534	170365.4	236713.6	7.904991	62.48889	2335.456
81	342	19607	40.93844	1675.956	2	39.47655	403.5641	62141	2.712995	114.2289	13048.25	10185.81	4.202645	17.66222	1116.958
14	17	52	2.357023	5.555556	9	3.091721	10.23218	165	6.48577	4.514667	20.38222	10.56	1.01105	1.022222	17.58526
16	33	34	1.123487	1.262222	10	1.076162	5.289591	292	4.672083	4.193116	17.58222	14.89	0.771722	0.595556	20.90406
12	30	70	2.462158	6.062222	7	4.370513	12.07561	147	5.662616	5.251878	27.58222	22.84	1.356466	1.84	19.89722
86	83497	21064	52.80715	2788.596	0	312.0441	429.6977	118013	1.05235	121.4202	14742.86	2252.41	38.23518	1461.929	999.7702
72	103	166	8.492088	72.11556	2	22.15938	83.12953	3290	2.791305	8.298326	68.86222	44.24	2.293953	5.262222	63.77671
33	1100	382	26.71695	713.7956	6	36.37411	34.49901	11259	5.323131	5.555378	30.86222	41.01	8.436956	71.18222	19.2332
13	31	135	2.848781	8.115556	8	3.141958	13.31764	157	6.226306	5.148463	26.50667	19.09	1.146977	1.315556	12.30036
83	5841	1801	7.190735	51.70667	0	49.74671	29.52249	3886	1.441341	51.26645	2628.249	439	5.329165	28.4	443.9365
71	156905	44507	120.8557	14606.11	0	151.4619	962.2022	3154858	1.205427	308.4818	95161	32098.25	18.43837	339.9733	2470.5
59	912	797	39.05688	1525.44	2	43.2754	325.3946	47607	1.47442	49.82886	2482.916	563.44	5.425864	29.44	421.3295
10	14	14	0.596285	0.355556	15	1	1.864141	12	5.669467	0.679869	0.462222	0.49	0.249444	0.062222	1.014358
31	199	2781	4.096611	16.78222	1	10.82411	27.26156	256	3.696806	7.418895	55.04	69.16	2.246973	5.048889	33.35287
19	6109	3766	36.92912	1363.76	0	108.3377	214.4268	23070	4.223896	7.266361	52.8	68.96	19.0711	363.7067	20.44281
1	14	13	0.471405	0.222222	15	1	1.165352	10	5.669467	1.203698	1.448889	0.65	0.249444	0.062222	1.033838
18	17	48	2.315167	5.36	11	1.003771	2.749147	234	5.57086	3.40979	11.62667	16.81	0.879394	0.773333	11.57059
85	1683	1523	3.841296	14.75556	0	36.77003	26.63101	503	1.420319	14.50149	210.2933	44.89	4.616877	21.31556	111.1743
49	25307	127583	135.2527	18293.29	1	326.1263	1149.492	637881	3.123616	189.4633	35896.33	45926.49	38.23785	1462.133	1300.957
37	3408	67139	86.83154	7539.716	0	83.47095	619.1068	272643	3.401541	327.6814	107375.1	141508.6	13.24236	175.36	2326.017

图 16-1 输出结果示意图

表 16-4 衍生变量样例表

编　号	衍 生 变 量
1	F_x__abs_energy
2	F_y__abs_energy
3	T_y__standard_deviation
4	T_y__variance
5	F_x__range_count__max_1__min_－1
6	F_x__fft_coefficient__coeff_1__attr_"abs"
7	T_y__fft_coefficient__coeff_1__attr_"abs"
8	T_y__abs_energy
9	F_x__cid_ce__normalize_True
10	F_z__standard_deviation
11	F_z__variance
12	F_z__agg_linear_trend__f_agg_"var"__chunk_len_10__attr_"intercept"
13	F_x__standard_deviation
14	F_x__variance
15	F_z__fft_coefficient__coeff_1__attr_"abs"
16	F_x__ratio_value_number_to_time_series_length
17	T_y__fft_coefficient__coeff_2__attr_"abs"
18	F_x__variance_larger_than_standard_deviation
19	F_x__autocorrelation__lag_1
20	F_x__partial_autocorrelation__lag_1
⋮	⋮

函数 RelevantFeatureAugmenter 将根据 id 进行分组，自动计算时间序列的相关特征，并过滤出对因变量有意义且相关的特征。返回的结果中，每一行表示对一个对象抽取特征后的结果。为了方便理解，以 id=1 作为说明。id=1 的对象在 F_x 特征上有 15 个时序数据，将这 15 个数据进行平方求和，得到的一个值作为这个 id=1 的对象的第一个新特征，即 F_x_abs_energy；再对这 15 个时序数据做其他操作，如求均值、方差等，得到的结果依次往后排，直到计算完最后一列 T_z 的特征后，属于这个 id=1 的对象的特征向量也就生成了。id=2、id=3 等对象的特征向量的生成过程同理。

上面介绍了如何提取单特征，下面将介绍批量特征的提取。批量特征提取可采用两种方式：一是使用 extract_features 根据指定的参数提取所有特征，然后使用 select_features 计算因变量与自变量的相关性，选择强相关特征；二是直接使用 extract_relevant_features 提取相关特征，代码如下所示。

```
from tsfresh.examples.robot_execution_failures \
import download_robot_execution_failures, load_robot_execution_failures
from tsfresh \
import extract_features, extract_relevant_features, select_features
from tsfresh.utilities.dataframe_functions import impute
from tsfresh.feature_extraction import ComprehensiveFCParameters,\
MinimalFCParameters, EfficientFCParameters
df, y = load_robot_execution_failures()
#方法一
extraction_settings = ComprehensiveFCParameters()
X = extract_features(df,
                     column_id = 'id', column_sort = 'time',
                     default_fc_parameters = extraction_settings,
                     impute_function = impute)
X_filtered_2 = select_features(X, y)
#方法二
extraction_settings = ComprehensiveFCParameters()
X_filtered = extract_relevant_features(df, y,
                                       column_id = 'id', column_sort = 'time',
                                       default_fc_parameters = extraction_settings)
```

其中，MinimalFCParameters 是提取少量基础特征；EfficientFCParameters 是提取可以快速计算的特征；ComprehensiveFCParameters 是提取最大特征集，需要花费大量时间。

方法一和方法二的功能是等效的，目标都是提取相关特征。在已知自变量和因变量的情况下，才能使用上述方法。二者的区别在于，如果因变量未知，可采用方法一的 extract_features 展开，而方法二无法直接使用。

16.2 程序设计思路

程序设计分为以下 6 个步骤。

(1) 读入时间序列数据。

(2) 特征工程，将时间序列转换为分组的移窗时间序列。

(3) 特征工程，使用 Tsfresh 包对多个分组的移窗时间序列进行自动特征计算，具体特征请参照 16.1 节中的 Tsfresh 列表。

(4) 特征工程，对 Tsfresh 生成的衍生变量进行特征过滤，案例中只使用了过滤唯一值，拼接上一个时间片的因变量。实际上，这个步骤可以有很多方式。例如，可以使用 16.1 节中的两种方法过滤出对目标变量重要或相关的自变量；如果自变量之间存在相关性，可以使用 PCA 做特征降维。

(5) 使用 AdaBoostRegressor 模型进行回归预测。

(6) 对预测结果和真实结果进行精度评估并绘图展现。

16.3 程序设计步骤

16.3.1 读入并分析数据

通过 pd.read_csv('dataset.csv',sep=',',encoding = 'utf-8')读入股票数据,并赋值给x,分析各个特征的时序序列趋势线。数据类型 x.dtypes 如表 16-5 所示。

表 16-5 股票数据集数据类型

数据名称	数据类型
index_code	object
date	object
open	float64
close	float64
low	float64
high	float64
volume	float64
money	float64
change	float64
label	float64
time	datetime64[ns]

使用 x.head()读取股票数据集的前几行数据,如表 16-6 所示。

表 16-6 股票数据集的前几行数据

index_code(股票编号)	date(日期)	open(开盘价格)	close(收盘价格)	low(最低价格)	high(最高价格)	volume(成交量)	money(成交金额)	change(换手率)	label(标签)
sh000001	1990/12/20	104.3	104.39	99.98	104.39	197 000	85 000	0.044 108 822	109.13
sh000001	1990/12/21	109.07	109.13	103.73	109.13	28 000	16 100	0.045 406 648	114.55
sh000001	1990/12/24	113.57	114.55	109.13	114.55	32 000	31 100	0.049 665 537	120.25
sh000001	1990/12/25	120.09	120.25	114.55	120.25	15 000	6500	0.049 759 93	125.27
sh000001	1990/12/26	125.27	125.27	120.25	125.27	100 000	53 700	0.041 746 362	125.28
sh000001	1990/12/27	125.27	125.28	125.27	125.28	66 000	104 600	7.98E−05	126.45
sh000001	1990/12/28	126.39	126.45	125.28	126.45	108 000	88 000	0.009 339 08	127.61
sh000001	1990/12/31	126.56	127.61	126.48	127.61	78 000	60 000	0.009 173 586	128.84

画出各个特征的时间序列趋势线,代码如下所示。

```
x.drop(['index_code', 'date','time',"volume","money"], axis = 1).plot(figsize = (15, 6))
plt.show()
```

自变量特征的时间序列趋势线如图 16-2 所示。

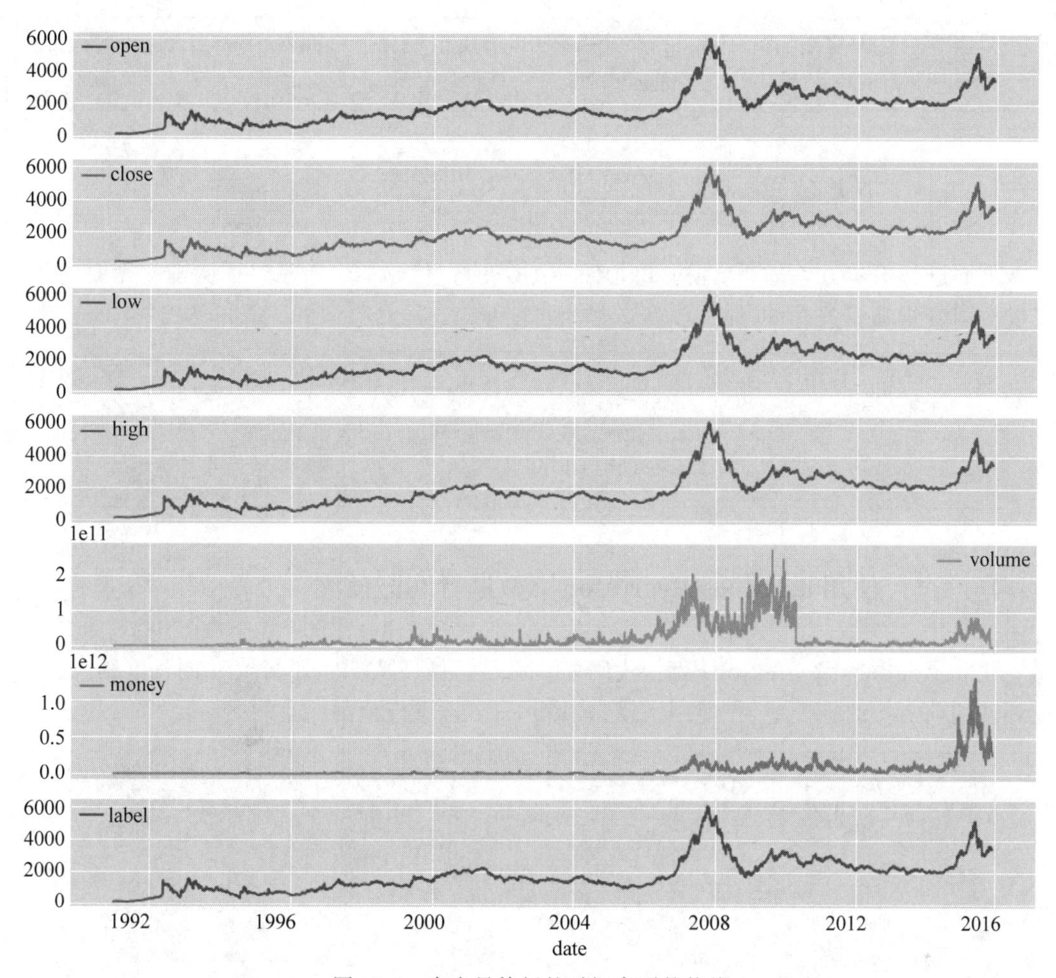

图 16-2　自变量特征的时间序列趋势线

16.3.2　移窗

选择因变量，按照时间序列进行移窗，代码如下所示。

```
df_shift, y = make_forecasting_frame(x["high"], kind = "price", max_timeshift = 20, rolling_
direction = 1)
```

其中，kind 为分类，一般为字符串；max_timeshift 为最大分组时间序列长度；rolling_direction 为移窗步长。

16.3.3　升维

使用 Tsfresh 包进行维度提升，代码如下所示。

```
X = extract_features(df_shift, column_id = "id", column_sort = "time", column_value =
"value", impute_function = impute, show_warnings = False)
```

16.3.4 方差过滤

下面进行简单方差过滤,即过滤掉唯一值的变量,代码如下所示。因为前一个时间片的变量对因变量强相关,所以加上该变量作为自变量。

```
X = X.loc[:, X.apply(pd.Series.nunique) != 1]
X["feature_last_value"] = y.shift(1)
X = X.iloc[1:, ]
y = y.iloc[1: ]
```

16.3.5 使用 AdaBoostRegressor 模型进行回归预测

建立 AdaBoostRegressor 模型,代码如下所示。循环从 100 开始到 y 的长度结束,每次循环使用前 i 行训练模型,并使用该模型对第 $i+1$ 行进行预测。

```
ada = AdaBoostRegressor(n_estimators = 10)
y_pred = [np.NaN] * len(y)

isp = 100
assert isp > 0

for i in tqdm(range(isp, len(y))):

    ada.fit(X.iloc[:i], y[:i])
    y_pred[i] = ada.predict(X.iloc[i, :].values.reshape((1, -1)))[0]

y_pred = pd.Series(data = y_pred, index = y.index)
```

16.3.6 预测结果分析

将预测结果和真实值拼接起来,代码如下所示。

```
ys = pd.concat([y_pred, y], axis = 1).rename(columns = {0: 'pred', 'value': 'true'})
ys.index = pd.to_datetime(ys.index)
ys.plot(figsize = (15, 8))
plt.title('Predicted and True Price')
plt.show()
```

画出预测结果和真实值的时间序列趋势线,如图 16-3 所示。由于预测结果和真实值十分接近,所以图中的两条曲线看起来是重合的。

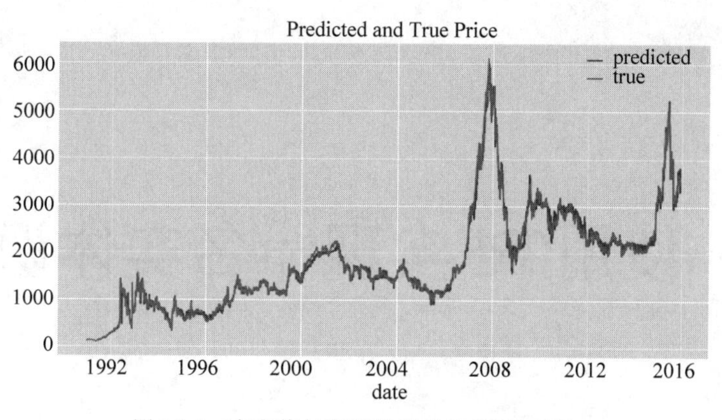

图 16-3　真实值与预测结果趋势线(见彩插)

第17章

案例：使用CRF实现命名实体识别

命名实体识别(Named Entity Recognition,NER)是信息提取、问答系统、句法分析、机器翻译等应用领域的重要基础工具,在自然语言处理技术走向实用化的过程中占有重要地位。一般而言,命名实体包括三大类(实体类、时间类和数字类)、七小类(人名、机构名、地名、时间、日期、货币和百分比)。在不同的数据集和不同的应用领域中,命名实体的类型限定有所不同。

条件随机场(Conditional Random Field,CRF)是给定一组输入随机变量条件下另一组输出随机变量的条件概率分布模型,其特点是假设输出随机变量构成马尔可夫随机场。条件随机场可以用于不同的预测问题,本章主要讨论它在序列标注中的应用,因此主要讲述线性链条件随机场。

17.1 模型定义

设有联合概率分布 $P(Y)$,由无向图 $G=(V,E)$表示,在图 G 中,节点表示随机变量,边表示随机变量之间的依赖关系。如果联合概率分布 $P(Y)$满足成对马尔可夫性、局部马尔可夫性或全局马尔可夫性,就称此联合概率分布为**概率无向图模型**,或马尔可夫随机场。

令 $G=(V,E)$表示节点与标记变量 y 中元素一一对应的无向图,y_0 表示与节点 v 对应的标记变量,$n(v)$表示节点 v 的邻接节点,若图 G 的每个变量 y_v 都满足马尔可夫性,即

$$P(y_0 \mid x, y_{V\backslash s\{v\}}) = P(y_v \mid x, y_{n(v)})$$

则(y,x)构成一个**条件随机场**。

理论上讲,只要能表示标记变量之间的条件独立性关系,图 G 可以具有任意结构。但在实际应用时一般假设 X 和 Y 有相同的图结构,使用图 17-1 所示的链式结构,即线性链条件随机场。

图 17-1 中 X 和 Y 有相同图结构的线性链条件随机场。设 $X=(X_1,X_2,\cdots,X_n)$,$Y=(Y_1,Y_2,\cdots,Y_n)$均为线性链表示的随机变量序列,若在给定随机变量序列 X 的条件下,随

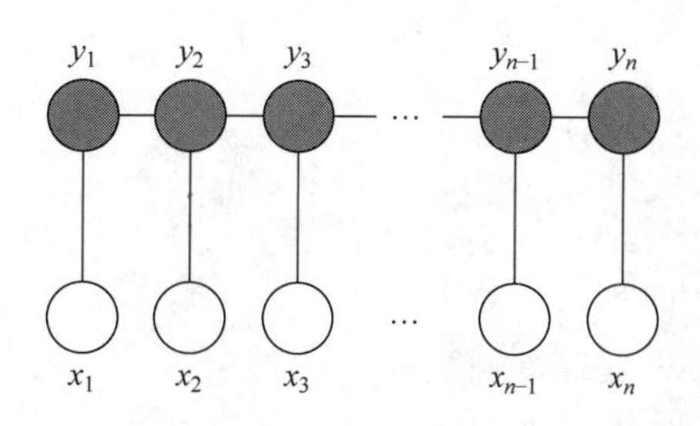

图 17-1 X 和 Y 有相同图结构的线性链条件随机场

机变量序列 Y 的条件概率分布 $P(Y|X)$构成条件随机场，即满足马尔可夫性。

$$P(Y_i \mid X_1, Y_1, \cdots, Y_{i-1}, Y_{i+1}, \cdots, Y_n) = P(Y_i \mid X, Y_{i-1}, Y_{i+1})$$

其中，$i=1,2,\cdots,n$（在 $i=1$ 和 n 时只考虑单边）。则称 $P(Y|X)$为线性链条件随机场。在标注问题中，X 表示输入观测序列，Y 表示对应的输出标记序列或状态序列。

条件随机场的矩阵形式与 HMM 的转移矩阵类似，不同的是每个位置都对应一个矩阵。对观测序列的每个位置 $i=1,2,\cdots,n+1$，由于 y_{i-1} 和 y_i 在 m 个标记中取值，因此我们定义一个 m 阶矩阵随机变量：

$$M_i(x) = [M_i(y_{i-1}, y_i \mid x)]$$

其中，矩阵随机变量的元素为

$$M_i(y_{i-1}, y_i \mid x) = \exp(W_i(y_{i-1}, y_i \mid x))$$

$$W_i(y_{i-1}, y_i \mid x) = \sum_{k=1}^{K} w_k f_k(y_{i-1}, y_i \mid x)$$

这样，给定观测序列 x，标记序列 y 的非规范化概率可以通过 $n+1$ 个矩阵的乘积：

$$\prod_{i=1}^{n+1} M_i(y_{i-1}, y_i \mid x)$$

表示。于是，条件概率 $P_w(Y \mid X)$为

$$P_w(y \mid x) = \frac{1}{Z_w(x)} \prod_{i=1}^{n+1} M_i(y_{i-1}, y_i \mid x)$$

其中，$Z_w(x)$为规范化因子，是 $n+1$ 个矩阵的乘积的(start，stop)元素：

$$Z_w(x) = (M_1(x) M_2(x) \cdots M_{n+1}(x))_{\text{start},\text{stop}}$$

注意，$y_0=\text{start}$ 与 $y_{N+1}=\text{stop}$ 表示开始状态与终止状态，规范化因子 $Z_w(x)$是以 start 为起点 stop 为终点通过状态的所有路径 $y_1 y_2 \cdots y_n$ 的非规范化概率之积。

$$\prod_{i=1}^{n+1} M_i(y_{i-1}, y_i \mid x)$$

借助 torch.nn，我们对 CRF 进行实现，代码清单 17-1 给出 CRF 类的代码实现。

首先我们需要知道标签 y 可能有多少中取值，即 num_tags。batch_first 表示对于模型的输入矩阵，其第一维是否表示 batch_size。在本章中我们以 batch 为单位对模型进行训练，且每个字符采用字嵌入，则输入矩阵的尺寸为[batch_size，sequence_length，hidden_size]。它们分别表示每个批次中的样本数量，每个样本的长度，以及样本中每个字的字向量大小。此时我们取 batch_first 为 True。

代码清单 17-1

```
from typing import List, Optional
import torch
import torch.nn as nn

class CRF(nn.Module):
    def __init__(self, num_tags: int, batch_first: bool = False) -> None:
        if num_tags <= 0:
            raise ValueError(f'invalid number of tags: {num_tags}')
        super().__init__()
        self.num_tags = num_tags
        self.batch_first = batch_first
        self.start_transitions = nn.Parameter(torch.empty(num_tags))
        self.end_transitions = nn.Parameter(torch.empty(num_tags))
        self.transitions = nn.Parameter(torch.empty(num_tags, num_tags))

        self.reset_parameters()

    def reset_parameters(self) -> None:
        nn.init.uniform_(self.start_transitions, -0.1, 0.1)
        nn.init.uniform_(self.end_transitions, -0.1, 0.1)
        nn.init.uniform_(self.transitions, -0.1, 0.1)
```

下面是模型的概率计算,我们需要利用转移矩阵 emissions 计算序列的概率。这里首先需要实现三个函数。

代码清单 17-2 中_validate()函数对参数进行合法性检查,确保接下来的运算可以正常进行。其中 mask 的作用是保证模型只对有效的文本进行标注。在一个批次的样本中,文本序列可能不等长,对于长度不足的文本我们会进行 pad 操作。这些用于 pad 的字符不需要进行标注,所以在 mask 中标记为 0,而原本的文本其对应位置标记为 1。

代码清单 17-2

```
def _validate(
        self,
        emissions: torch.Tensor,
        tags: Optional[torch.LongTensor] = None,
        mask: Optional[torch.ByteTensor] = None) -> None:
    if emissions.dim() != 3:
        raise ValueError(f'emissions must have dimension of 3, got {emissions.dim()}')
    if emissions.size(2) != self.num_tags:
        raise ValueError(
            f'expected last dimension of emissions is {self.num_tags}, '
            f'got {emissions.size(2)}')

    if tags is not None:
        if emissions.shape[:2] != tags.shape:
            raise ValueError(
                'the first two dimensions of emissions and tags must match, '
```

```
                f'got {tuple(emissions.shape[:2])} and {tuple(tags.shape)}')

    if mask is not None:
        if emissions.shape[:2] != mask.shape:
            raise ValueError(
                'the first two dimensions of emissions and mask must match, '
                f'got {tuple(emissions.shape[:2])} and {tuple(mask.shape)}')
        no_empty_seq = not self.batch_first and mask[0].all()
        no_empty_seq_bf = self.batch_first and mask[:, 0].all()
        if not no_empty_seq and not no_empty_seq_bf:
            raise ValueError('mask of the first timestep must all be on')
```

代码清单 17-3 中_compute_score()函数和_compute_normalizer()函数对转移分数进行计算。

代码清单 17-3

```
def _compute_score(
        self, emissions: torch.Tensor, tags: torch.LongTensor,
        mask: torch.ByteTensor) -> torch.Tensor:
    # emissions: (seq_length, batch_size, num_tags)
    # tags: (seq_length, batch_size)
    # mask: (seq_length, batch_size)
    assert emissions.dim() == 3 and tags.dim() == 2
    assert emissions.shape[:2] == tags.shape
    assert emissions.size(2) == self.num_tags
    assert mask.shape == tags.shape
    assert mask[0].all()

    seq_length, batch_size = tags.shape
    mask = mask.float()

    score = self.start_transitions[tags[0]]
    score += emissions[0, torch.arange(batch_size), tags[0]]

    for i in range(1, seq_length):
        score += self.transitions[tags[i - 1], tags[i]] * mask[i]
        score += emissions[i, torch.arange(batch_size), tags[i]] * mask[i]
    seq_ends = mask.long().sum(dim=0) - 1
    last_tags = tags[seq_ends, torch.arange(batch_size)]
    score += self.end_transitions[last_tags]

    return score
def _compute_normalizer(
        self, emissions: torch.Tensor, mask: torch.ByteTensor) -> torch.Tensor:
    # emissions: (seq_length, batch_size, num_tags)
    # mask: (seq_length, batch_size)
    assert emissions.dim() == 3 and mask.dim() == 2
    assert emissions.shape[:2] == mask.shape
    assert emissions.size(2) == self.num_tags
    assert mask[0].all()
```

```
    seq_length = emissions.size(0)
    score = self.start_transitions + emissions[0]
    for i in range(1, seq_length):
        broadcast_score = score.unsqueeze(2)
        broadcast_emissions = emissions[i].unsqueeze(1)
        next_score = broadcast_score + self.transitions + broadcast_emissions
        next_score = torch.logsumexp(next_score, dim = 1)
        score = torch.where(mask[i].unsqueeze(1), next_score, score)
    score += self.end_transitions

    return torch.logsumexp(score, dim = 1)
```

代码清单 17-4 实现模型的 forward()函数,即前向计算。

代码清单 17-4

```
def forward(
        self,
        emissions: torch.Tensor,
        tags: torch.LongTensor,
        mask: Optional[torch.ByteTensor] = None,
        reduction: str = 'sum',
) -> torch.Tensor:
        self._validate(emissions, tags = tags, mask = mask)
    if reduction not in ('none', 'sum', 'mean', 'token_mean'):
        raise ValueError(f'invalid reduction: {reduction}')
    if mask is None:
        mask = torch.ones_like(tags, dtype = torch.uint8)

    if self.batch_first:
        emissions = emissions.transpose(0, 1)
        tags = tags.transpose(0, 1)
        mask = mask.transpose(0, 1)

    # shape: (batch_size,)
    numerator = self._compute_score(emissions, tags, mask)
    # shape: (batch_size,)
    denominator = self._compute_normalizer(emissions, mask)
    # shape: (batch_size,)
    llh = numerator - denominator

    if reduction == 'none':
        return llh
    if reduction == 'sum':
        return llh.sum()
    if reduction == 'mean':
        return llh.mean()
    assert reduction == 'token_mean'
    return llh.sum() / mask.float().sum()
```

CRF 的学习方法包括极大似然估计法和正则化的极大似然估计。具体实现算法有改进的牛顿迭代尺度法(IIS)、梯度下降法和拟牛顿法。本章我们将使用梯度下降法进行学习,具体实现见 17.3 节。

CRF 的解码方式与 HMM 类似，使用维特比算法。代码清单 17-5 中_viterbi_decode()函数为维特比算法的实现，我们在 CRF 的 decode()函数中对维特比算法进行调用。

代码清单 17-5

```
def _viterbi_decode(self, emissions: torch.FloatTensor,
                    mask: torch.ByteTensor) -> List[List[int]]:
    # emissions: (seq_length, batch_size, num_tags)
    # mask: (seq_length, batch_size)
    assert emissions.dim() == 3 and mask.dim() == 2
    assert emissions.shape[:2] == mask.shape
    assert emissions.size(2) == self.num_tags
    assert mask[0].all()

    seq_length, batch_size = mask.shape

    score = self.start_transitions + emissions[0]
    history = []

    for i in range(1, seq_length):
        broadcast_score = score.unsqueeze(2)
        broadcast_emission = emissions[i].unsqueeze(1)
        next_score = broadcast_score + self.transitions + broadcast_emission

        next_score, indices = next_score.max(dim=1)
        score = torch.where(mask[i].unsqueeze(1), next_score, score)
        history.append(indices)

    score += self.end_transitions
    seq_ends = mask.long().sum(dim=0) - 1
    best_tags_list = []

    for idx in range(batch_size):
        _, best_last_tag = score[idx].max(dim=0)
        best_tags = [best_last_tag.item()]

        for hist in reversed(history[:seq_ends[idx]]):
            best_last_tag = hist[idx][best_tags[-1]]
            best_tags.append(best_last_tag.item())

        best_tags.reverse()
        best_tags_list.append(best_tags)

    return best_tags_list

def decode(self, emissions: torch.Tensor,
           mask: Optional[torch.ByteTensor] = None) -> List[List[int]]:
    self._validate(emissions, mask=mask)
    if mask is None:
        mask = emissions.new_ones(emissions.shape[:2], dtype=torch.uint8)

    if self.batch_first:
        emissions = emissions.transpose(0, 1)
```

```
        mask = mask.transpose(0, 1)

    return self._viterbi_decode(emissions, mask)
```

为了提高命名实体识别效果,我们在CRF前面增加一层嵌入层,将单个字符转换为向量表示。在代码清单17-6中定义NER_CRF类,对上面实现的CRF类进行封装。

代码清单 17-6

```
import torch.nn as nn
from torch.nn import Embedding
from torchcrf import CRF


class NER_CRF(nn.Module):
    def __init__(self, hidden_dim, tag2id):
        super(NER_CRF, self).__init__()
        self.vocab_size = 65536
        self.hidden_dim = hidden_dim
        self.tagset_size = len(tag2id)

        self.embedding = Embedding(self.vocab_size, self.hidden_dim)

        """ 得到发射概率矩阵 """
        self.hidden2tag = nn.Linear(self.hidden_dim, self.tagset_size)

        self.crf = CRF(self.tagset_size, batch_first = True)

    def forward(self, input_ids, mask = None):
        embedding = self.embedding(input_ids)

        outputs = self.hidden2tag(embedding)

        """ 预测时,得到维特比解码的路径 """
        return self.crf.decode(outputs, mask)

    def log_likelihood(self, input_ids, tag_ids, mask = None):
        embedding = self.embedding(input_ids)

        outputs = self.hidden2tag(embedding)

        """ 训练时,得到损失 """
        return - self.crf(outputs, tag_ids, mask)
```

以上就完成了模型的基本定义。下面在常见的中文命名实体识别数据集——MSRA_NER上完成命名实体识别任务。

17.2 数据预处理

命名实体识别任务常见的解决方式为序列标注。我们使用B标记一个实体的开始,M标记实体的中间位置,E标记实体的结束位置,S标记单个字符构成的实体,O标记不存在实体。例如对于人物以 PER 类别做标注，则文本"张小明前来应聘"可标注为"B-PER M-PER E-PER O O O"。命名实体识别任务可转换为给定一文本序列，生成与之等长的标签序列。

我们所使用的 MSRA 数据集中定义了三种类型：NR 表示人名，NS 表示地名，NT 表示组织名，其余用 O 表示。数据集格式如图 17-2 所示。

```
1   中 B-NT
2   共 M-NT
3   中 M-NT
4   央 E-NT
5   致 O
6   中 B-NT
7   国 M-NT
8   致 M-NT
9   公 M-NT
10  党 M-NT
11  十 M-NT
12  一 M-NT
13  大 E-NT
14  的 O
15  贺 O
16  词 O
17
18  各 O
19  位 O
```

图 17-2　数据集格式

可以看到每一行为一个字符以及对应的标签，用一个空格隔开，两个样本之间有一个空行。由于模型需要对数字而非字符进行处理，我们需要将文字和标签转换为对应的数字，且需要将样本以数组的形式保存，以便后续转换为 torch 可以识别的 Tensor 形式。

对于文本中的字符，我们可以使用 Python 中的 ordl()函数，将其转换为 0～65 536 的一个整数。对于标签，如代码清单 17-7 所示，我们定义 tag 与 id 之间的映射。

代码清单 17-7

```
tags = ["O", "B - NR", "B - NS", "B - NT", "M - NR", "M - NS", "M - NT", "E - NR", "E - NS",
"E - NT", "S - NR", "S - NS", "S - NT"]
tag2id = {tag: idx for idx, tag in enumerate(tags)}
id2tag = {idx: tag for idx, tag in enumerate(tags)}
```

接下来对数据集文件进行处理。这里用到 torch 提供的 Dataset 和 Dataloader 类。

首先定义数据集类 My_dataset，以便将数据集转换为 Dataset 的形式。具体如代码清单 17-8 所示。

代码清单 17-8

```
class My_dataset(Dataset):
  def __init__(self, fileName):
      self.dataset = []
      with open(fileName, 'r', encoding = 'utf - 8') as f:
          char_ids = []
          tag_ids = []
          for line in f:
              line = line.strip()
              if line:
                  char, tag = line.split()
                  char_ids.append(ord(char))
                  tag_ids.append(tag2id[tag])
              else:
                  self.dataset.append([char_ids, tag_ids])
                  char_ids = []
                  tag_ids = []

  def __getitem__(self, idx):
      assert idx < len(self.dataset)
```

```
        return self.dataset[idx]

    def __len__(self):
        return len(self.dataset)
```

然后定义 my_collate 方法，将数据集中的样本转换为模型需要的形式。根据 CRF 的定义，我们需要字符 id 和标签 id，以及对应的 mask 这三个参数。具体如代码清单 17-9 所示。

代码清单 17-9

```
def my_collate(data):
  batch_char_ids = []
  batch_tag_ids = []
  batch_mask = []

  max_length = max([len(sentence[0]) for sentence in data])
  max_seqlen = min(max_length, 256)
  for line in data:
      char_ids, tag_ids = line
      padding = [0] * (max_length - len(char_ids))
      batch_char_ids.append(char_ids + padding)
      batch_tag_ids.append(tag_ids + padding)
      batch_mask.append([1] * len(char_ids) + padding)

  batch_char_ids = torch.LongTensor(batch_char_ids[:max_seqlen]).to(device)
  batch_tag_ids = torch.LongTensor(batch_tag_ids[:max_seqlen]).to(device)
  batch_mask = torch.tensor(batch_mask[:max_seqlen], dtype=torch.uint8).to(device)

  return [batch_char_ids, batch_tag_ids, batch_mask]
```

在模型的训练过程中，我们通过 Dataloader 对 My_dataset 调用 my_collate，从而将数据集文件转换为模型需要的格式。此时已完成准备工作，下面开始模型训练。

17.3 模型训练

模型训练主要分为以下四步。

(1) 对数据集文件进行预处理，转换为数字。

(2) 将数据集转换为模型可识别的类型。

(3) 对模型进行初始化。这里使用 Adam 进行学习，学习率设置为 1e−2。

(4) 开始训练。设置训练轮数为 15，并在每轮结束时将模型保存在./output 目录中。具体实现如代码清单 17-10 所示。

代码清单 17-10

```
train_dataset = My_dataset('./data/msra.train.char.bmes')
dev_dataset = My_dataset('./data/msra.dev.char.bmes')
```

```
train_dataloader = DataLoader(train_dataset, batch_size = 256, shuffle = False, collate_fn =
my_collate)
dev_dataloader = DataLoader(dev_dataset, batch_size = 1024, shuffle = False, collate_fn = my_
collate)

device = torch.device("cuda" if torch.cuda.is_available() else "cpu")
model = NER_CRF(hidden_dim = 50, tag2id = tag2id)
model.train()
model.to(device = device)
optimizer = optim.Adam(model.parameters(), lr = 1e-2)

for epoch in range(15):
  with tqdm(train_dataloader) as tbar:
      tbar.set_description(f"EPOCH {epoch}")
      for batch in tbar:
          optimizer.zero_grad()

          input_ids, tag_ids, mask = batch
          loss = model.log_likelihood(input_ids, tag_ids, mask)
          loss.backward()
          tbar.set_postfix(loss = loss.item())

          optimizer.step()
  # 对当前模型进行评估
  evaluate(model, dev_dataloader)
  # 保存当前模型
  torch.save(model, './outputs/checkpoint-' + str(epoch))
```

命名实体识别的指标评估有单独的定义，而非模型的损失函数，因此我们对该指标进行单独的实现。具体地，命名实体识别任务通过精确率(Precision，P)，召回率(Recall，R)和 $F1$ 值进行衡量。其中

$$P = \frac{\mathrm{TP}}{\mathrm{TP}+\mathrm{FP}}$$

$$R = \frac{\mathrm{TP}}{\mathrm{TP}+\mathrm{TN}}$$

$$F1 = \frac{2 \times P \times R}{P + R}$$

TP 为识别正确的实体数量，FP 表示模型识别为正类而实际为负类的数量，FN 则表示实际为正类而被识别为负类的数量，其中当且仅当一个待预测的完整实体标签与真实实体标签完全匹配时才将其视为正确识别。从 P 和 R 的公式可以看出二者是一对矛盾的度量，单纯靠某一指标都不能充分表征模型性能。因此使用 P 与 R 的简单调和平均(即 $F1$ 值)作为二者的综合度量。

代码清单 17-11 是 evaluate()函数的代码实现。

代码清单 17-11

```
def evaluate(model, dev_dataloader):
  right_count = Counter({type: 0 for type in entity_types})
```

```
    pred_count = Counter({type: 0 for type in entity_types})
    gold_count = Counter({type: 0 for type in entity_types})

    def tags_to_entities(tags):
        entities = {type: [] for type in entity_types}
        entity_start = 0
        for idx, tag in enumerate(tags):
            if tag[0] == "S":
                entities[tag[2:]].append([idx, idx + 1])
            elif tag[0] == "B":
                entity_start = idx
            elif tag[0] == "M":
                pass
            elif tag[0] == "E":
                entities[tag[2:]].append([entity_start, idx])
            else:
                entity_start = idx
        return entities

    model.eval()
    for batch in tqdm(dev_dataloader, desc = "EVAL   "):
        char_ids, tag_ids, mask = batch

        with torch.no_grad():
            paths = model(char_ids)
            for path, seq_tag_ids in zip(paths, tag_ids):  # 对于一个 batch 中的每个句子 seq
                pred_tags = [id2tag[idx] for idx in path]
                pred_entities = tags_to_entities(pred_tags)
                seq_tags = [id2tag[idx] for idx in seq_tag_ids.tolist()]
                gold_entities = tags_to_entities(seq_tags)
                right_entities = {type: [entity for entity in pred_entities[type] \
                                    if entity in gold_entities[type]] for
                                type in entity_types}
                for type in entity_types:
                    right_count[type] += len(right_entities[type])
                    pred_count[type] += len(pred_entities[type])
                    gold_count[type] += len(gold_entities[type])

    print("\n" + "=" * 20 + " Eval Result " + "=" * 20)
    epsilon = 1e-9
    for type in entity_types:
        P = right_count[type] / pred_count[type] + epsilon
        R = right_count[type] / gold_count[type] + epsilon
        F1 = 2 * P * R / (P + R)
        print("%5s:\tP: %.4f\tR: %.4f\tF1: %.4f" % (type, P, R, F1))
    P = sum(right_count.values()) / sum(pred_count.values()) + epsilon
    R = sum(right_count.values()) / sum(gold_count.values()) + epsilon
    F1 = 2 * P * R / (P + R)
    print("TOTAL:\tP: %.4f\tR: %.4f\tF1: %.4f" % (P, R, F1))  # mirco-F1
```

图 17-3 是模型训练前三轮的打印结果。

```
EPOCH 0: 100%|██████████| 182/182 [00:51<00:00,  3.56it/s, loss=210, lr=0.01]
EVAL   : 100%|██████████| 5/5 [00:32<00:00,  6.48s/it]
EPOCH 1:   0%|          | 0/182 [00:00<?, ?it/s]
==================== Eval Result ====================
   NR:  P:0.6835    R:0.3480    F1:0.4612
   NS:  P:0.1343    R:0.2243    F1:0.1680
   NT:  P:0.3636    R:0.0466    F1:0.0827
TOTAL:  P:0.2335    R:0.2282    F1:0.2309
EPOCH 1: 100%|██████████| 182/182 [00:49<00:00,  3.64it/s, loss=113, lr=0.01]
EVAL   : 100%|██████████| 5/5 [00:32<00:00,  6.55s/it]

==================== Eval Result ====================
   NR:  P:0.7701    R:0.5275    F1:0.6261
   NS:  P:0.6756    R:0.4461    F1:0.5374
   NT:  P:0.5833    R:0.2857    F1:0.3836
TOTAL:  P:0.6943    R:0.4398    F1:0.5385
EPOCH 2: 100%|██████████| 182/182 [00:50<00:00,  3.60it/s, loss=84.4, lr=0.01]
EVAL   : 100%|██████████| 5/5 [00:33<00:00,  6.62s/it]

==================== Eval Result ====================
   NR:  P:0.7837    R:0.5971    F1:0.6778
   NS:  P:0.7459    R:0.5805    F1:0.6529
   NT:  P:0.5581    R:0.3499    F1:0.4301
TOTAL:  P:0.7261    R:0.5387    F1:0.6185
```

图 17-3　模型训练结果

17.4　模型预测

对于./outputs 中已经训练好的模型，我们加载并在自定义文本上进行推理。由于模型输出为标注的序列，因此可以对序列进行进一步的解码，从中提取出命名实体，方便查看。代码清单 17-12 是对预测函数 predict()的代码实现，其中使用的是 epoch9 时保存的模型。

代码清单 17-12

```
def predict(input_str):
  def tags_to_entities(string, tags):
      entities = []
      entity_name = ""
      entity_start = 0
      idx = 0
      for char, tag in zip(string, tags):
          if tag[0] == "S":
              entities.append({"word": char, "start": idx, "end": idx + 1, "type": tag
[2:]})
          elif tag[0] == "B":
              entity_name += char
              entity_start = idx
          elif tag[0] == "M":
              entity_name += char
          elif tag[0] == "E":
              entity_name += char
              entities.append({"实体": entity_name, "位置": [entity_start, idx], "类型":
tag[2:]})
              entity_name = ""
          else:
              entity_name = ""
```

```
                entity_start = idx
            idx += 1
        return entities

    char_ids = [ord(char) for char in input_str]
    model = torch.load('./outputs/checkpoint-9', map_location="cpu")   # 使用CPU进行推理
    model.eval()

    char_tensor = torch.LongTensor(char_ids).view(1, -1)              # 拉平成一维向量
    with torch.no_grad():
        paths = model(char_tensor)
        tags = [id2tag[idx] for idx in paths[0]]
        entities = tags_to_entities(input_str, tags)
    print(f"输入文本为:{input_str}\n标记序列为:{tags}\n命名实体为:{entities}")
```

图 17-4 是我们对文本“上海首个市级方舱医院关舱：记者从上海交通大学医学院附属瑞金医院获悉，4 月 30 日，由瑞金医院保障的上海市嘉荷新苑方舱正式关舱。”这段文本调用 predict 进行预测的结果。

```
(base) D:\Desktop\crf>python main.py
D:\Desktop\crf\torchcrf.py:306: UserWarning: where received a uint8 condition tensor. This behavior is deprecated
 and will be removed in a future version of PyTorch. Use a boolean condition instead. (Triggered internally at  .
.\aten\src\ATen\native\TensorCompare.cpp:255.)
  score = torch.where(mask[i].unsqueeze(1), next_score, score)
输入文本为：上海首个市级方舱医院关舱：记者从上海交通大学医学院附属瑞金医院获悉，4月30日，由瑞金医院保障的上海市嘉
荷新苑方舱正式关舱。
标记序列为：['B-NS', 'E-NS', 'O', 'O', 'O', 'O', 'O', 'O', 'O', 'O', 'O', 'O', 'O', 'O', 'O', 'O', 'B-NT', 'M-NT'
, 'M-NT', 'M-NT', 'M-NT', 'M-NT', 'M-NT', 'M-NT', 'M-NT', 'M-NT', 'M-NT', 'M-NT', 'M-NT', 'M-NT', 'E-NT', 'O', 'O
', 'O', 'O', 'O', 'O', 'O', 'O', 'O', 'O', 'B-NT', 'M-NT', 'M-NT', 'E-NT', 'O', 'O', 'O', 'B-NS', 'M-NS', 'E-NS',
 'M-NR', 'M-NR', 'M-NR', 'E-NR', 'O', 'O', 'O', 'O', 'O', 'O', 'O']
命名实体为：[{'实体': '上海', '位置': [0, 1], '类型': 'NS'}, {'实体': '上海交通大学医学院附属瑞金医院', '位置': [
16, 30], '类型': 'NT'}, {'实体': '瑞金医院', '位置': [41, 44], '类型': 'NT'}, {'实体': '上海市', '位置': [48, 50]
, '类型': 'NS'}, {'实体': '嘉荷新苑', '位置': [48, 54], '类型': 'NR'}]
```

图 17-4　模型预测结果

第18章

案例：利用手机的购物评论分析手机特征

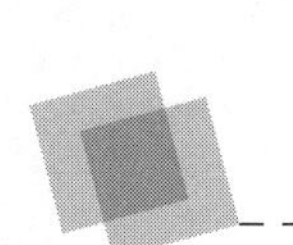

视频讲解

本案例利用 Kaggle 竞赛平台获取电商平台中各品牌手机的购物评论，通过 Python 的各种数据分析库提取评论关键词并分析用户对手机的态度。本案例旨在对数据进行处理，并通过一系列模型提取有用的信息。

18.1 数据准备

Kaggle 是一个数据建模和数据分析的竞赛平台。使用者可以从这个网站上发布数据，下载其他用户数据进行分析，也可上传个人的参赛模型。Kaggle 拥有海量的数据集，可以从中通过搜索找到自己想要研究的数据集。在 Kaggle 官网的 Dataset 页面搜索框中输入 cell phone reviews，可以看到有一个名为 1.4 million cell phone reviews 的结果可供使用。这个数据集包含 6 个文件，如图 18-1 所示。

Data Explorer
Version 1 (483.24 MiB)
phone_user_review_file_1.csv
phone_user_review_file_2.csv
phone_user_review_file_3.csv
phone_user_review_file_4.csv
phone_user_review_file_5.csv
phone_user_review_file_6.csv

图 18-1 数据集文件

在界面下方可以看到这个文件的描述及每列的相关信息。如图 18-2 所示，每个文件包括了手机 URL、日期、评论的语言、国家、内容和作者等。通过这个界面可以快速预览文件的数据并对数据的每一列有大概的认识，如可以查看国家的分布情况等。

将数据下载到一个独立的文件夹中，如为 Cellphone_review_analysis 的文件夹，如图 18-3 所示。

由于这份数据集有很多个文件，所以建议在这个文件夹中新建一个名为 data 的文件夹，将这个数据集中的每个文件解压到 data 文件夹中，从而方便管理。

本案例的目的是从购物评论中提取手机的关键词，所以首先应选择一个特定品牌的手机进行研究。这里使用 OnePlus 手机。在 Cellphone_review_analysis 文件夹中新建一个名为 src 的文件夹，这个文件夹主要用于存放程序代码。在 src 文件夹中新建一个名为 utils.py 的文件，输入如下代码。

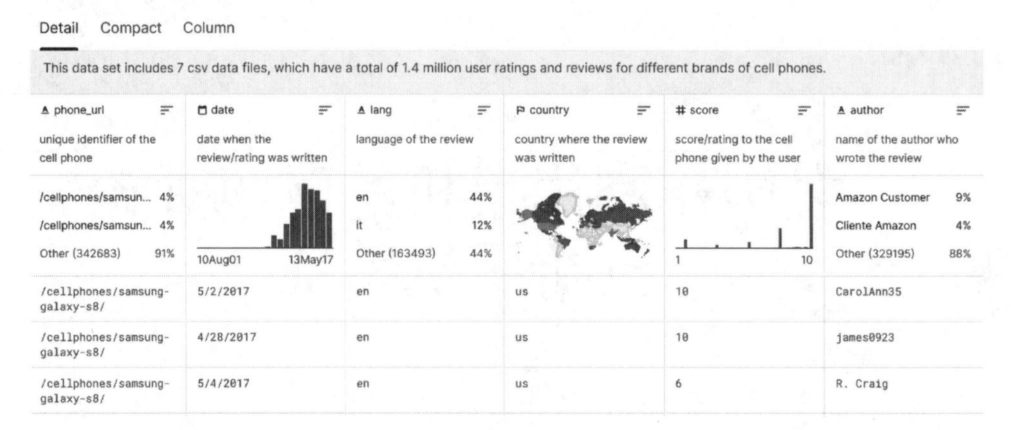

图 18-2 数据展示

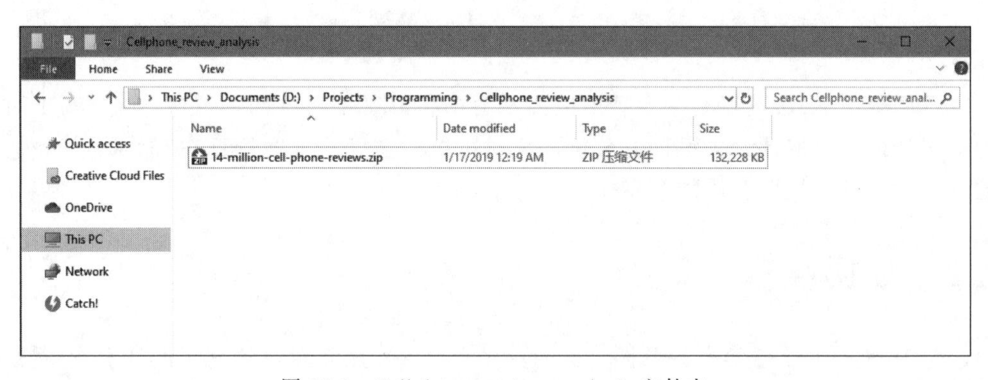

图 18-3 Cellphone_review_analysis 文件夹

```
import numpy as np
import pandas as pd

with open('../data/phone_review.csv','w',encoding='utf-8') as w:
    for i in range(1,7):
        with open('../data/phone_user_review_file_' + str(i) + '.csv','r',encoding =
"latin-1") as f:
            lines = f.readlines()
            for line in lines:
                line_split = line.split(',')
                if line_split[2] == 'en':
                    w.write(line)

def read_file(file_name, phone_name):
    colnames = ['NN', 'TIME', 'LANGUAGE', 'COUNTRY', 'OPERATOR', 'WEB', 'RATE1', 'RATE2',
'REVIEW', 'NAME', 'CELLPHONE']
    phone_review = pd.read_csv(file_name, names=colnames, header=None,dtype='object')
    phone_review = phone_review[phone_review['CELLPHONE'].isin([phone_name])]
    phone_review = phone_review['REVIEW']
```

```
    return phone_review
if __name__ == '__main__':
    phone_review = read_file("../data/phone_review.csv ", "OnePlus 3")
    print(phone_review[0:1])
```

在这段代码中，如果直接读取文件，则会报 UnicodeDecodeError 错误，这是因为 UTF-8 解码器无法解码这个数据文件，而该数据文件需要使用 Latin-1 编码。为了更加方便地读取文件，可以编写一个数据清洗脚本，把 6 个数据文件重新编码成一份 UTF-8 格式的文件。另外，可以注意到，6 个数据集文件中的评论包括了多种语言，为了简化数据分析的难度，本案例仅针对英文评论进行。最终，运行脚本输出结果如图 18-4 所示。

```
C:\Python38\python.exe D:/Projects/Programming/Cellphone_review_analysis/src/utils.p
34083    This is the best Android phone on the market h...
34084    There are those who always tries powerful phon...
34092    Before buying this mobile,I watched so many te...
34093    Since many years i am using android phones sin...
34094    Ã°Å¸â□□ The Good: -------------------- + Buil...
34095    Looking at the physical appearance which is ow...
34096    The One Plus 3 is the best value for money hig...
34131    this is a great phone for the price... it has ...
34132    So i have owned this phone for a bit less than...
34133    Build quality is Amazing, colors are grear i g...
34134    I had a GS5 and oh man it was an upgrade, this...
34135    I am the kind of person who use to vacillate m...
34136    Over the last two years i've used LG-G2, S6Edg...
34369    I never felt so satisfied after buying a devic...
34458    Definitely a premium phone. With the price alm...
38292       Great device, near stock Android is wonderful.
38464    best phone of 2016 after samsung galaxy s7 edg...
38920    OnePlus 3 is overall a really good phone, and ...
41853    The phone has A very premium feeling. with te ...
41854    One of the best android phones for the price t...
41855    I using this ph. From 5 months.. so, i can say...
Name: REVIEW, dtype: object

Process finished with exit code 0
```

图 18-4 数据准备程序运行结果

18.2 数据分析

目前已经从 Kaggle 网站中下载到了足够的数据，并对数据进行清洗，获取了易于使用的数据。接下来，将使用不同的词向量化方法(如 Count Vectorizer、TF-IDF 等)配合不同的无监督学习聚类算法(如 *K*-Means、Birch 等)对清洗过的数据进行分析，提取关键词。在提取关键词之后，还将对不同种类的手机进行情感分析，判断用户对手机的态度。

18.2.1 模型介绍

首先对将会使用的模型及方法进行介绍，在了解了这些模型的工作原理之后，才能更好地将这些模型运用到实际项目中。

现有的机器学习模型都需要通过将文字转化为向量(vector)的方式才能继续分析。在将文字向量化的方式中，相对简易的方式是使用词袋模型(bag of words model)。词袋模型主要有以下两种。

1. Count Vectorizer

Count Vectorizer 简单记录了文本中每个单词出现的次数,再根据出现的次数进行向量化。但往往出现频率最高的词并不是具有研究价值的实词,而是虚词。例如,英语中冠词 a 和 the 出现频率较高,为避免其被向量化,可以使用 TF-IDF 方式。

2. TF-IDF

在 TF-IDF(Term Frequency-Inverse Document Frequency)模型中,字词的重要性与它在文件中出现的次数成正比,但与它在语料库中出现的频率成反比。因此,TF-IDF 倾向于过滤掉语言中出现频率较高的词汇,保留重要的词汇。

将字词用向量表示之后,就可以使用一些机器学习算法进行文本挖掘了。因为只为从数据中提取信息,所以可以使用一些无监督学习的模型,如 *K*-Means、Birch。

1) *K*-Means

K-Means 首先将所有的数据随机分成 k 类,之后分别求出每一类数据的中心点。在求出中心点之后,利用新的中心点将所有的数据重新分为 k 类,每一个数据点的类别是距离它最近的中心点的类别,重复上述求中心点、重新分 k 类的过程,直到中心点趋于稳定。

2) Birch

Birch 算法使用了层次化聚类方法,重复将最近的数据点归成一类的过程,直至所有的数据点都被分成了 k 类。Birch 可以高效地处理大规模的数据。

18.2.2 算法应用

1. Count Vectorizer+*K*-Means

下面结合 Count Vectorizer 和 *K*-Means 进行信息提取。首先在 src 目录中新建一个名为 countvec_kmeans. py 的文件,并在文件中编写如下代码。

```
import pandas as pd
import numpy as np
from sklearn.cluster import KMeans
from sklearn.feature_extraction.text import TfidfVectorizer, CountVectorizer
from sklearn.pipeline import Pipeline
from collections import Counter
# 变量
n_clusters = 5
phone_name = "OnePlus"
# 获取评论数据
colnames = ['NN', 'TIME', 'LANGUAGE', 'COUNTRY', 'OPERATOR', 'WEB', 'RATE1', 'RATE2', 'REVIEW',
'NAME', 'CELLPHONE']
phone_review = pd.read_csv('../data/phone_review.csv', names = colnames, header = None)
oneplus = phone_review[phone_review['CELLPHONE'].isin(['OnePlus 3T (Gunmetal, 6GB RAM +
64GB memory)'])]
oneplus = oneplus['REVIEW']
```

```
# 训练
pipeline = Pipeline(
    [('feature_extraction', CountVectorizer()), ('cluster', KMeans(n_clusters =
n_clusters))])
pipeline.fit(oneplus)
labels = pipeline.predict(oneplus)

# 打印聚类结果
c = Counter(labels)
for cluster_number in range(n_clusters):
    print("Cluster {} contains {} samples".format(cluster_number, c[cluster_number]))
# 结果输出到文件
oneplus = pd.DataFrame(oneplus)
oneplus.insert(1, "CLuster", labels, True)
oneplus.to_csv("../data-analysis/" + phone_name + str(n_clusters) + ".csv")
```

同时，在根目录中创建一个名为 data-analysis 的文件夹。运行这段代码，会在 data-analysis 文件夹中创建一个名为 OnePlus5.csv 的文件，同时输出如下信息。

```
Cluster 0 contains 141 samples
Cluster 1 contains 1116 samples
Cluster 2 contains 203 samples
Cluster 3 contains 122 samples
Cluster 4 contains 301 samples
```

在程序的输出信息中给出了每一类都包含了多少个样本。使用 Excel 打开 OnePlus5.csv 文件可以看到如图 18-5 所示的信息。

	REVIEW	Cluster
59090	I have not received hand	1
59092	Very nice best camera re	1
59148	Heating issue when. Dov	1
59149	Worst Product , Not a val	1
59150	I bought this oneplus3T	0
59151	i have already oneplus 1	1
59152	everything works well e:	4
59153	worst phone ever bough	4
59154	great phone!! supaa dup	1

图 18-5 OnePlus5.csv

在这个文件中，REVIEW 列是每个手机的评论，Cluster 列指这条评论被分到了哪一类中。由于使用的 *K*-Means 是无监督学习模型，因此我们并不清楚每一类具体代表什么意思，只知道系统认为同一类中的数据都具有一定的相似性。为了观察不同类的特征，在 Excel 中根据 Cluster 列进行排序。

遗憾的是，在大致浏览这 5 类评论之后，仍然不能很轻易地看出每一类表示什么意思，唯一比较容易看出的特点是第 1 类的评论都比较短，而其他几类的评论都很长。下面尝试使用 TF-IDF 算法加以改进。

2. TF-IDF＋*K*-Means

同样地，在 src 目录中新建一个名为 tfidf_kmeans.py 的文件，并输入如下代码。

```
import pandas as pd
import numpy as np
from sklearn.cluster import KMeans
from sklearn.feature_extraction.text import TfidfVectorizer, CountVectorizer
from sklearn.pipeline import Pipeline
```

```
from collections import Counter
# 变量
n_clusters = 5
phone_name = "OnePlus"
# 获取评论数据
colnames = ['NN', 'TIME', 'LANGUAGE', 'COUNTRY', 'OPERATOR', 'WEB', 'RATE1', 'RATE2', 'REVIEW',
'NAME', 'CELLPHONE']
phone_review = pd.read_csv('../data/phone_review.csv', names = colnames, header = None)
oneplus = phone_review[phone_review['CELLPHONE'].isin(['OnePlus 3T (Gunmetal, 6GB RAM +
64GB memory)'])]
oneplus = oneplus['REVIEW']

# 训练
pipeline = Pipeline(
    [('feature_extraction', TfidfVectorizer()), ('cluster', KMeans(n_clusters =
n_clusters))])
pipeline.fit(oneplus)
labels = pipeline.predict(oneplus)

# 打印聚类结果
c = Counter(labels)
for cluster_number in range(n_clusters):
    print("Cluster {} contains {} samples".format(cluster_number, c[cluster_number]))
# 结果输出到文件
oneplus = pd.DataFrame(oneplus)
oneplus.insert(1, "Cluster", labels, True)
oneplus.to_csv("../data-analysis/" + phone_name + "TF-IDF" + str(n_clusters) + ".csv")
```

这段代码与 Count Vectorizer+K-Means 的算法非常相似,只需要将 CountVectorizer()修改为 TfidfVectorizer(),并修改最后一行中的文件名即可。

结果如图 18-6 所示。可以看到在第 0 类中的所有评论都包含 value for money 或其相近词组(如 value money 等),可理解为性价比,但是它们在其他类别中就很少出现。通过观察这些评论的大致含义,可以了解到消费者普遍认为 OnePlus 3 手机的性价比是不错的。但并不是所有包含该关键词组的评价都是积极倾向的,如图中第 1 条评论就是在说这部手机不好,有很多问题。TF-IDF+K-Means 算法比较简单,但不能区分评论是正面的还是负面的,所以在研究这样的结果时,需要人工观察,才能大体得出结论。

	REVIEW	Cluster
59149	Worst Product , Not a value for money , Call Drops/ heating ... Lot more issues.	0
59203	excellent features powerful device. Good Value for money	0
59499	Value for money product. Full satisfaction	0
59619	Very good phone with all high end features. Which no other phones have till nov	0
59775	I've been using it for a week now and it is working great. The only struggle i had v	0
59790	It do shows lag sometimes..Overall a good one...Value for money..	0
59823	Value for money. Best in its class.	0
59868	Excellent phone with so many advanced features and great value for the money.	0
60065	Just Great. Perfectly satisfied with this phone. Gives you 100% value for you hard	0
60117	Best value money can buy . Fast charging.good is. No lags. No complaints so far. I	0

图 18-6 value for money 在此分类中占比很大

在其他几类中,虽然也能看出来有一些词是经常会出现的,如 nice、good 等。但这些词不能明确表示该品牌手机的特点,所以需要继续使用其他算法深入研究。

对比前两个模型，可以发现使用 TF-IDF 比使用 Count Vectorizer 效果好。接下来就可以继续对聚类模型进行改进了。

3. TF-IDF＋Birch

在 src 文件夹中新建一个名为 tfidf_birch.py 的文件，并将以下代码中的 KMeans 改为 Birch。

```
pipeline = Pipeline(
    [('feature_extraction', TfidfVectorizer()), ('cluster', KMeans(n_clusters =
n_clusters))])
```

再将以下代码中的 TF-IDF 改为 TF-IDF-Birch。

```
oneplus.to_csv("../data-analysis/" + phone_name + "TF-IDF" + str(n_clusters) + ".csv")
```

运行这个模型，并用同样的方式进行分析，结果如图 18-7 所示。

	REVIEW	Cluster
60101	Very good looking phone with excellent performance. Lightning fast speed.. Very happy with my new one	2
60112	Very good decision	2
60209	Nice phone...Nice delivery....	2
60261	Im very happy with this phone. It's just amazing. Very fast and smooth	2
60304	Hi, Writing this review after extensive usage of one and half month; 1. A very good Hardware - RAM workir	2
60400	Very good performance	2
60787	Awesome phone very happy !!!	2
60794	Very nice phone.	2
60797	It is a very good Mobile phone in short	2
60803	The mobile is very good	2

图 18-7　应用 Birch 模型的部分结果

可以发现效果依然不是很理想，在数据集和词向量化方法相同时，聚类的效果差不多，为此仍需要修改数据集及词向量化方法。

18.2.3　名词提取

1. 安装 spaCy

spaCy 是一个工业级自然语言处理库，可以很轻松地提取出各种语言中单词的词性。安装 spaCy 的方法很简单，在命令行中输入 pip install -U spacy 即可。

2. 名词提取

在文本挖掘中，大部分真正有意义的词汇都是名词。在手机评论分析中，想要了解的手机特征，如电池性能、性价比、摄像头等这些特征词也都是名词。所以可以通过直接过滤出评论里所有的名词，排除掉所有的非名词(如 good、nice 等表达情感倾向的形容词)。

在 src 文件夹中，新建一个名为 noun_extraction.py 的文件并输入如下代码。

```
import spacy
import pandas as pd
def getNoun():
```

```
    """
    这个文件用作名词词汇提取器
    """
    # 读取评论数据
    colnames = ['NN', 'TIME', 'LANGUAGE', 'COUNTRY', 'OPERATOR', 'WEB', 'RATE1', 'RATE2',
'REVIEW', 'NAME', 'CELLPHONE']
    phone_review = pd.read_csv('../data/phone_review.csv', names = colnames, header = None)
    phone_review = phone_review[phone_review['CELLPHONE'].isin(['OnePlus 3T (Gunmetal, 6GB
RAM + 64GB memory)'])]
    phone_review = phone_review['REVIEW']                    # 评论数据
    row_nums = phone_review.shape[0]
    nlp = spacy.load("en_core_web_sm")
    data_noun_str = []
    for i in range(row_nums):
        doc = nlp(phone_review.iloc[i])
        line_str = []
        for token in doc:
            if token.pos_ == "NOUN":                         # 如果是 NOUN
                line_str.append(token.text)
        line = " ".join(line_str)
        data_noun_str.append(line)
    review_noun = pd.DataFrame({'noun':data_noun_str})
    review_noun.to_csv('../data/phone_review_oneplus_noun.csv')  # 写文件
    print(review_noun)
if __name__ == '__main__':
    getNoun()
```

第一次运行代码时会显示如图 18-8 所示的报错信息。

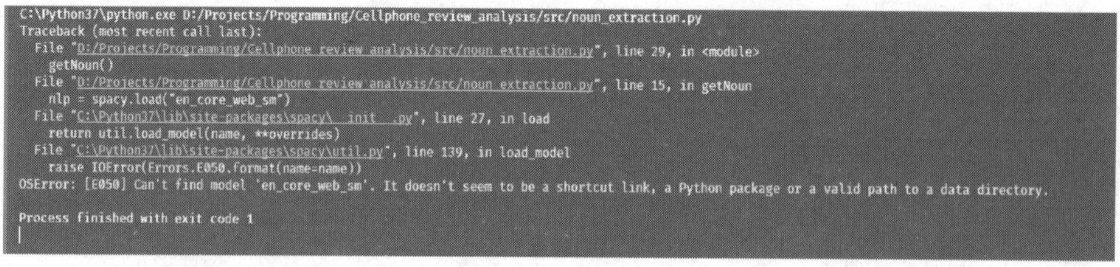

```
C:\Python37\python.exe D:/Projects/Programming/Cellphone_review_analysis/src/noun_extraction.py
Traceback (most recent call last):
  File "D:/Projects/Programming/Cellphone_review_analysis/src/noun_extraction.py", line 29, in <module>
    getNoun()
  File "D:/Projects/Programming/Cellphone_review_analysis/src/noun_extraction.py", line 15, in getNoun
    nlp = spacy.load("en_core_web_sm")
  File "C:\Python37\lib\site-packages\spacy\__init__.py", line 27, in load
    return util.load_model(name, **overrides)
  File "C:\Python37\lib\site-packages\spacy\util.py", line 139, in load_model
    raise IOError(Errors.E050.format(name=name))
OSError: [E050] Can't find model 'en_core_web_sm'. It doesn't seem to be a shortcut link, a Python package or a valid path to a data directory.

Process finished with exit code 1
```

图 18-8　找不到英语词库

报错的意思是 spaCy 库找不到英语词库，可用如下指令下载：

```
python -m spacy download en
```

安装成功后会显示如图 18-9 所示的信息。

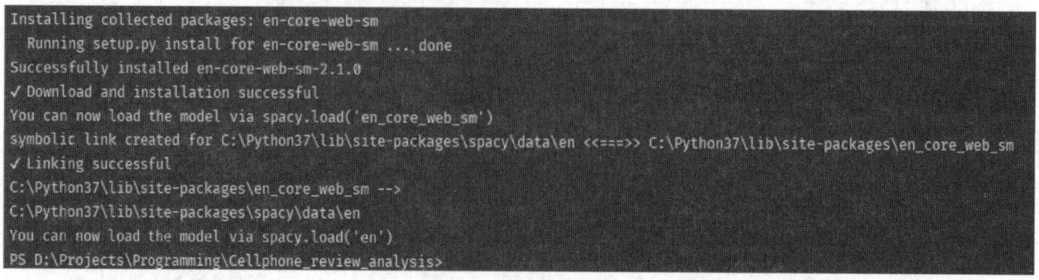

```
Installing collected packages: en-core-web-sm
  Running setup.py install for en-core-web-sm ... done
Successfully installed en-core-web-sm-2.1.0
✓ Download and installation successful
You can now load the model via spacy.load('en_core_web_sm')
symbolic link created for C:\Python37\lib\site-packages\spacy\data\en <<===>> C:\Python37\lib\site-packages\en_core_web_sm
✓ Linking successful
C:\Python37\lib\site-packages\en_core_web_sm -->
C:\Python37\lib\site-packages\spacy\data\en
You can now load the model via spacy.load('en')
PS D:\Projects\Programming\Cellphone_review_analysis>
```

图 18-9　spaCy 英语词库安装成功

再次运行程序，即可看到程序正常显示，运行结果如图 18-10 所示。

```
C:\Python37\python.exe D:/Projects/Programming/Cellphone_review_analysis/src/noun_extraction.py
                                                   noun
0                                        handset mobile
1                                        camera results
2                   Heating issue setup lot battery lot
3                         value money heating Lot issues
4      oneplus3 T GB DECEMBER'16 launch half month he...
...                                                 ...
1878   reviews trust s7 edge iphone year year phone date
1879                                              phone
1880   phones touch speed performance features mind m...
1881                phone voice jio sim redmi end devices
1882                                               cell

[1883 rows x 1 columns]

Process finished with exit code 0
```

图 18-10　名词提取程序运行结果

3. 重新分析数据

在获得了新的名词数据集之后，可以直接修改已有的代码，也可以创建一份新的文件，修改后的代码如下所示。

```
import pandas as pd
import numpy as np
from sklearn.cluster import KMeans
from sklearn.feature_extraction.text import TfidfVectorizer, CountVectorizer
from sklearn.pipeline import Pipeline
from collections import Counter
# 变量
n_clusters = 5
phone_name = "OnePlus"
# 获得评论数据
colnames = ['idx','REVIEW']
phone_review = pd.read_csv('../data/phone_review_oneplus_noun.csv', names = colnames,
header = None)
phone_review = phone_review['REVIEW']

# 训练
pipeline = Pipeline(
    [('feature_extraction', TfidfVectorizer(max_df = 0.6)), ('cluster', KMeans(n_clusters =
n_clusters))])
pipeline.fit(phone_review)
labels = pipeline.predict(phone_review)

# 打印聚类结果
c = Counter(labels)
for cluster_number in range(n_clusters):
    print("Cluster {} contains {} samples".format(cluster_number,
                                                  c[cluster_number]))
# 输出结果到文件
phone_review = pd.DataFrame(phone_review)
phone_review.insert(1, "Cluster", labels, True)
phone_review.to_csv("../data-analysis/noun" + phone_name + "TF-IDF" + str(n_clusters) +
".csv")
```

```
# 打印关键词
terms = pipeline.named_steps['feature_extraction'].get_feature_names()
c = Counter(labels)
for cluster_number in range(n_clusters):
    print("Cluster {} contains {} samples".format(cluster_number, c[cluster_number]))
    print(" Most important terms")
    centroid = pipeline.named_steps['cluster'].cluster_centers_[cluster_number]
    most_important = centroid.argsort()
    for i in range(5):
        term_index = most_important[ - (i + 1)] # the last one is the most important
        print(" {0}: {1} (score: {2:.4f})".format(i + 1, terms[term_index],
centroid[term_index]))
```

需要注意的是，除了修改数据集的来源，还设定了 TfidfVectorizer 中的参数。参数 max_df=0.6 可以过滤掉一些高频词汇。此外，还在最后添加了一部分代码，这部分代码用于显示每一类中的最重要的词汇。

运行之后会得到如图 18-11 显示的报错信息。

```
C:\Python37\python.exe D:/Projects/Programming/Cellphone_review_analysis/src/noun_tfidf_kmeans.py
Traceback (most recent call last):
  File "D:/Projects/Programming/Cellphone_review_analysis/src/noun_tfidf_kmeans.py", line 20, in <module>
    pipeline.fit(phone_review)
  File "C:\Python37\lib\site-packages\sklearn\pipeline.py", line 352, in fit
    Xt, fit_params = self._fit(X, y, **fit_params)
  File "C:\Python37\lib\site-packages\sklearn\pipeline.py", line 317, in _fit
    **fit_params_steps[name])
  File "C:\Python37\lib\site-packages\joblib\memory.py", line 355, in __call__
    return self.func(*args, **kwargs)
  File "C:\Python37\lib\site-packages\sklearn\pipeline.py", line 716, in _fit_transform_one
    res = transformer.fit_transform(X, y, **fit_params)
  File "C:\Python37\lib\site-packages\sklearn\feature_extraction\text.py", line 1652, in fit_transform
    X = super().fit_transform(raw_documents)
  File "C:\Python37\lib\site-packages\sklearn\feature_extraction\text.py", line 1058, in fit_transform
    self.fixed_vocabulary_)
  File "C:\Python37\lib\site-packages\sklearn\feature_extraction\text.py", line 970, in _count_vocab
    for feature in analyze(doc):
  File "C:\Python37\lib\site-packages\sklearn\feature_extraction\text.py", line 352, in <lambda>
    tokenize(preprocess(self.decode(doc))), stop_words)
  File "C:\Python37\lib\site-packages\sklearn\feature_extraction\text.py", line 143, in decode
    raise ValueError("np.nan is an invalid document, expected byte or "
ValueError: np.nan is an invalid document, expected byte or unicode string.

Process finished with exit code 1
```

图 18-11　空数据报错

可以看到，出现了 np.nan 相关的报错。通过查看名词数据集的内容可以发现，有些行(见图 18-12 中的第 27 行)是空的。这是因为原本的评论中不包含任何名词，即不包含要提取的数据，所以在提取名词时就显示为空，因此报错。

为了解决这个问题，可以在空白处添加一些无意义的文字，但是更好的方法是直接删除这些空白行。将以下代码添加在上述代码的第 13 行后。

```
phone_review = phone_review.dropna(axis = 0, how = 'any')
```

再次运行程序，并打开新产生的 CSV 文件进行分析。如图 18-13 所示，可以很轻易地看出第 1 类的评论主要是在描述电池。

	noun
0	handset mobile
1	camera results
2	Heating issue setup lot battery lot
3	value money heating Lot issues
4	oneplus3 T GB DECEMBER'16 launch half month heating battery days customer care instructions
5	oneplus one phone oneplus
6	everything wifi connectivity issue times
7	phone issues set issue boot
8	phone supaa dupaa everything
9	battery I m software office use m opportunities
10	phone application
11	glass bubbles ear speaker
12	bay brick
13	Phone battery management mark
14	phone
15	screen crispness display everything
16	performance t competition way comparison videos processing capabilities t outperform markets end s7 edge pixel speed test
17	phone beast
18	minutes phone % dash charger phone
19	iphone smartphone
20	phone market phone guy Battery camera everything 30k
21	Phone specs k years need k phone end day money views u
22	mobile camera quality premium mobile
23	battery backup solution
24	phone
25	smartphone conqueror smartphone
26	wife mind one years t phone market guys
27	
28	month phone spearkers hardware error someone

图 18-12　空数据错误

1044	PHONE TIMES BATTERY PHONE BUGS TOO	1
1063	phone budget mobile heating problem battery drain need phone processor option:	1
1067	phone s7 edge performance quality battery life	1
1079	choice battery	1
1097	phone Dash charge life saver day backup usage charges hour Software	1
1099	phone use battery phone heat camera image	1
1106	phone battery life heating issue	1
1112	phone battery backup	1
1125	T experience phone experience battery day use	1
1127	battery	1
1137	Battery problem	1
1142	days phone pros cons Pros quality battery life camera light weight games	1
1171	phone speed camera Games battery life	1
1179	OP2 accident phone thoughts OP terms usage phone Battery life users	1
1181	device battery drain issue device expectations	1
1183	phone battery day G network	1
1186	thing battery charge	1
1236	battery drain hell battery j7 phn drain hr movie surfing gaming opinion phone batte	1
1242	delight t heating issues premium apps battery life mine day phone charges jet spee	1
1245	month mast hai bhai battery backup	1
1257	phone battery life speed performance camera stars	1
1269	phone positives screen camera dash charge battery rate hangs call product	1

图 18-13　部分结果截图

而程序的输出也证实了在这一类中 battery 是最重要的词，如图 18-14 所示。

不过因为将所有评论中的形容词都过滤掉了，所以不能判断出用户对电池的评论是正面的还是负面的。

```
Cluster 1 contains 220 samples
 Most important terms
  1: battery (score: 0.3009)
  2: life (score: 0.0952)
  3: phone (score: 0.0903)
  4: day (score: 0.0772)
  5: backup (score: 0.0737)
```

图 18-14　程序部分输出结果

18.2.4 情感分析

除了根据评论提取出一些共性的关键词,还可以对评论进行情感分析,去了解这些评论是正面的还是负面的。

textblob是一个自然语言处理库,它可以很方便地对文本的情感进行分析,只需要在命令行中输入pip install textblob即可安装。

1. 修改名词提取

在前文中已经提取了所有评论中的名词,并将其存储在phone_review_oneplus_noun.csv中。虽然只用名词非常易于使用聚类算法,但是对于情感分析,只用名词是远远不够的,大部分表示情感的词(如good、bad等)都是形容词,所以需要使用原本的评论进行分析。

修改noun_extraction.py文件中的代码如下所示。

```
import spacy
import pandas as pd
def getNoun():
    """
    这个文件是用作名词词汇提取器
    """
    # 读取评论数据
    colnames = ['NN', 'TIME', 'LANGUAGE', 'COUNTRY', 'OPERATOR', 'WEB', 'RATE1', 'RATE2',
'REVIEW', 'NAME', 'CELLPHONE']
    phone_review = pd.read_csv('../data/phone_review.csv', names = colnames, header = None)
    phone_review = phone_review[phone_review['CELLPHONE'].isin(['OnePlus 3T (Gunmetal, 6GB
RAM + 64GB memory)'])]
    phone_review = phone_review[['REVIEW','RATE1']]    # 评论数据
    review = phone_review['REVIEW']
    review = review.copy()
    row_nums = phone_review.shape[0]
    nlp = spacy.load("en_core_web_sm")
    for i in range(row_nums):
        doc = nlp(review.iloc[i])
        line_str = []
        for token in doc:
            if token.pos_ == "NOUN":                      # 如果是 NOUN
                line_str.append(token.text)
        line = " ".join(line_str)
        review.iloc[i] = line
    phone_review = pd.concat([phone_review,review],axis = 1)

    phone_review.to_csv('../data/phone_review_noun_with_rate.csv',header = ['REVIEW','RATE1',
'NOUN'])                                                  # 写入文件
    print(phone_review)
if __name__ == '__main__':
    getNoun()
```

这段代码相较于之前的版本保留了原本的评论及对手机的评分。

2. 分析情感

新建一个名为 SentimentAnalysis.py 的文件并输入如下代码。

```
from textblob import TextBlob
import pandas as pd
import matplotlib.pyplot as plt
data = pd.read_csv("../data-analysis/OnePlusTF-IDF-for-SA5.csv")
data.dropna(axis=0,how='any')
review_list = data.REVIEW.tolist()
label_list = data.Cluster.tolist()
n_clusters = max(label_list)
print("n_clusters: ", n_clusters+1)
sentiment_list = []
score_per_cluster = []
row_number = data.shape[0]
sentiment_score = []

# 产生情感得分
for i in range(row_number):
    review = data.iloc[i].REVIEW
    tb = TextBlob(review)
    sentiment_score.append(tb.sentiment.polarity)
data['SentiScore'] = sentiment_score
print(data)

def adjust_score(df, lowThre, highThre):
    row_number = df.shape[0]
    for i in range(row_number):
        if df.loc[i,'SentiScore'] >= highThre:
            df.loc[i,'SentiScore'] = 10
        elif df.loc[i,'SentiScore'] >= lowThre:
            df.loc[i,'SentiScore'] = 5
        else:
            df.loc[i,'SentiScore'] = 0
    return df
data = adjust_score(data, 0, 0.15)
avg = data.groupby(['Cluster']).mean()
print(avg)
x = avg.index.tolist()
y1 = avg.RATE1.tolist()
y2 = avg.SentiScore.tolist()
plt.figure()
fig, ax = plt.subplots(1, 1)
bar1 = plt.bar([i - 0.2 for i in range(5)], y1, 0.3,
               alpha=0.8, label="Rate")
bar2 = plt.bar([i + 0.2 for i in range(5)], y2, 0.3,
               alpha=0.8, label="Sentiment Score")
plt.ylim(ymin=5)
ax.set_title("Sentiment Score and Rate Score")
ax.set_xlabel("Cluster")
ax.set_ylabel("Score")
ax.legend()
plt.show()
```

在这部分代码中,首先读取所有评论数据,对每一行的评论进行情感分析并给出其情感得分,情感得分的取值范围为$-1\sim1$。为了使其能够与已有的手机评价得分进行比较,对情感得分做了一定修正,即 adjust_score 函数部分。之后通过绘图比较用户实际评分和情感得分,结果如图 18-15 所示。

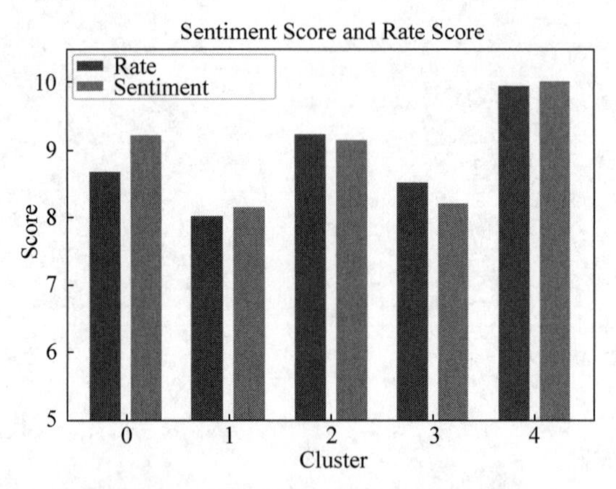

图 18-15 情感得分与用户实际评分

可以看到,用户实际评分与对这个手机的实际态度是比较吻合的。通过结合每类数据的评分及情感得分,可以了解到用户普遍对手机电池不太满意。

第19章

案例：基于CNN的手写数字识别

本章通过一个经典手写数据集 MNIST 和深度学习框架 PyTorch 相结合，来向大家展示一个基础的计算机分类任务的实现过程。手写数字的识别属于多分类任务，MNIST 数据集样例数目较多且为图片信息，近些年随着深度学习技术的发展，对于大多数视觉任务，通过构造并训练卷积神经网络可以获得更高的准确率。我们将从下载数据集开始，再经过数据集的分析，模型的选择、搭建、训练然后到最后的测试，深刻体验每一个环节。

19.1 MINST 数据集介绍与分析

MINST 数据库是机器学习领域非常经典的一个数据集，其由 Yann 提供的手写数字数据集构成，包含了 0～9 共 10 类手写数字图片。每张图片都做了尺寸归一化，都是 28×28 大小的灰度图。每张图片中像素值大小为 0～255，其中 0 是黑色背景，255 是白色前景。由于是经典数据集，所以一些机器学习和深度学习的框架都有很方便获取该数据集的方式。首先我们先用 sklearn 包自带的工具来下载 MINIST 数据集，并选择其中一部分图片使用 matplotlib 进行展示。具体实现如代码清单 19-1 所示。

代码清单 19-1

```
from sklearn.datasets import fetch_mldata
from matplotlib import pyplot as plt

mnist = fetch_mldata('MNIST original', data_home = './dataset')
X, _ = mnist["data"], mnist["target"]
print("MNIST 数据集大小为:{}".format(X.shape))

for i in range(25):
    digit = X[i * 2500]
```

```
        # 将图片 resize 到 28 * 28 大小
        digit_image = digit.reshape(28, 28)
        plt.subplot(5, 5, i + 1)
        # 隐藏坐标轴
        plt.axis('off')
        # 按灰度图绘制图片
        plt.imshow(digit_image, cmap = 'gray')
    plt.show()
```

从代码中可以看到,fetch_mldata 就是下载数据集的方法。但是这里需要注意 sklearn 包的版本,因为 0.22.0 及之后的版本不再支持 fetch_mldata(),而换成了 fetch_openml()。OpenML 是一个开源免费的数据共享平台,能够提供更为稳定的服务。另外,这里的第一个参数“MNIST original”需要换成“mnist_784”。另外,我们从控制台的输出可以看到 MNIST 数据集 shape 为(70000,784),即一共有 70 000 张数字图片,784 即代表图片大小是 784=28×28。这里是将每一张手写数字图片存成了一维的数据格式。所以下面在展示之前需要通过 reshape() 进行 shape 的转换。之后就是从数据集中选取 25 张图片,然后将图片以 5×5 的方式进行排布。调用 show() 方法进行可视化的结果如图 19-1 所示。

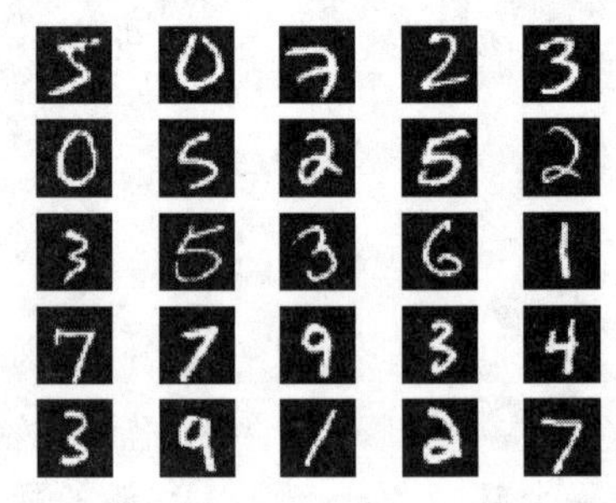

图 19-1　MNIST 数据集可视化效果

19.2　基于 CNN 的构建与训练

在模型的选取上,不能选择得过于复杂,参数量过多的模型,否则会带来过拟合的风险。我们可以通过自定义 CNN 或者修改经典网络的方式来完成手写数字识别的任务。首先自定义一个仅包含 2 个卷积层和 3 个全连接层的神经网络。具体实现如代码清单 19-2 所示。

代码清单 19-2

```
class ConvNet(torch.nn.Module):
    def __init__(self):
        super(ConvNet, self).__init__()
        self.conv1 = torch.nn.Sequential(
            torch.nn.Conv2d(1, 10, 5, 1, 1),
            torch.nn.MaxPool2d(2),
            torch.nn.ReLU(),
            torch.nn.BatchNorm2d(10)
        )
        self.conv2 = torch.nn.Sequential(
            torch.nn.Conv2d(10, 20, 5, 1, 1),
            torch.nn.MaxPool2d(2),
            torch.nn.ReLU(),
            torch.nn.BatchNorm2d(20)
        )
        self.fc1 = torch.nn.Sequential(
```

```
            torch.nn.Linear(500, 60),
            torch.nn.Dropout(0.5),
            torch.nn.ReLU()
        )
        self.fc2 = torch.nn.Sequential(
            torch.nn.Linear(60, 20),
            torch.nn.Dropout(0.5),
            torch.nn.ReLU()
        )
        self.fc3 = torch.nn.Linear(20, 10)

    def forward(self, x):
        x = self.conv1(x)
        x = self.conv2(x)
        x = x.view(-1, 500)
        x = self.fc1(x)
        x = self.fc2(x)
        x = self.fc3(x)
        return x
```

从代码中可以看到，我们需要先创建一个 ConvNet 类，并继承 torch.nn.Module 类。然后在初始化函数 __init__()中初始化和定义不同的神经网络层。可以看到，2 个全连接层后面都加了 MaxPooling 层、ReLU 激活函数和 BatchNormal。2 个全连接层加了 Dropout 来防止过拟合。这些都使用了 PyTorch 的 torch.nn.Sequential 来进行组合实现，从而保证组合内有序。另外需要 forward()函数来实现不同层之间的串联，从而实现参数传播。在 forward()函数中，x 为该网络的输入，经过前面定义的网络结构按顺序进行计算后，返回结果。

定义完网络结构后，我们还需要定义损失函数、优化器等内容，并确定训练的轮数。这些我们都可以放到训练函数中测试。训练的相关实现如代码清单 19-3 所示。

代码清单 19-3

```
EPOCHS = 50
SAVE_PATH = './models'
def train_net(net, train_data, test_data):
    losses = []
    acces = []
    # 测试集上 Loss 变化记录
    eval_losses = []
    eval_acces = []
    # 损失函数设置为交叉熵函数
    criterion = torch.nn.CrossEntropyLoss()
    # 优化方法选用 SGD,初始学习率为 1e-2
    optimizer = torch.optim.SGD(net.parameters(), 1e-2)

    for e in range(EPOCHS):
        train_loss = 0
        train_acc = 0
        # 将网络设置为训练模型
        net.train()
```

```
        for image, label in train_data:
            image = Variable(image)
            label = Variable(label)
            # 前向传播
            out = net(image)
            loss = criterion(out, label)
            # 反向传播
            optimizer.zero_grad()
            loss.backward()
            optimizer.step()
            # 记录误差
            train_loss += loss.data
            # 计算分类的正确率
            _, pred = out.max(1)
            num_correct = (np.array(pred, dtype = np.int) == np.array(label, dtype = np.
int)).sum()
            acc = num_correct / image.shape[0]
            train_acc += acc

        losses.append(train_loss / len(train_data))
        acces.append(train_acc / len(train_data))
        # 验证集上检验效果
        eval_loss = 0
        eval_acc = 0
        net.eval()  # 将模型改为预测模式
        for image, label in test_data:
            image = Variable(image)
            label = Variable(label)
            out = net(image)
            loss = criterion(out, label)
            # 记录误差
            eval_loss += loss.data
            # 记录准确率
            _, pred = out.max(1)
            num_correct = (np.array(pred, dtype = np.int) == np.array(label, dtype = np.
int)).sum()
            acc = num_correct / image.shape[0]
            eval_acc += acc

        eval_losses.append(eval_loss / len(test_data))
        eval_acces.append(eval_acc / len(test_data))
        print('epoch: {}, Train Loss: {:.6f}, Train Acc: {:.6f}, Eval Loss: {:.6f}, Eval Acc:
{:.6f}'
              .format(e, train_loss / len(train_data), train_acc / len(train_data),
                      eval_loss / len(test_data), eval_acc / len(test_data)))
        torch.save(net.state_dict(), SAVE_PATH + '/model_epoch' + str(e) + '.pkl')
    return eval_losses, eval_acces
```

下面设置超参数。EPOCHS 指在数据集上训练多少个轮次，而 SAVE_PATH 指中间以及最终模型保存的路径。然后定义损失函数为交叉熵函数以及优化方法为 SGD，初始学习率为 1e−2。接下来，一共有 50 个训练轮次，使用 for 循环实现。在训练过程中记录在训练集以及测试集上 Loss 以及 Acc 的变化情况。需要注意的是，net.train() 是将网络设为训练状态，而 net.eval() 则是预测模式。原因是，类似 Dropout 和 Batch Normalization 这样的操作，在训练和测试的处理过程是不一样的。因此每次进行训练或测试时，要显式地进行设置，防止出现一些意料之外的错误。

在训练集上训练完一个轮次之后，在测试集上进行验证，并记录结果，保存模型参数，并打印数据，方便后续进行调参。训练完成后返回测试集上 Acc 和 Loss 的变化情况。

【小技巧】 在用深度学习方法进行训练时，一定要将中间结果打印出来，因为模型训练往往会比较慢，如果中间感到哪里不对时可以及时停止，节省时间；另外，训练的中间模型一定要保存下来！

训练完成之后，我们可以绘制出 Loss 和 Acc 变化曲线来回顾训练的过程，同时分析参数是否设置合理。曲线绘制的代码如代码清单 19-4 所示。

代码清单 19-4

```
def draw_result(eval_losses, eval_acces):
  x = range(1, EPOCHS + 1)
  fig, left_axis = plt.subplots()
  p1, = left_axis.plot(x, eval_losses, 'ro-')
  right_axis = left_axis.twinx()
  p2, = right_axis.plot(x, eval_acces, 'bo-')
  plt.xticks(x, rotation=0)

  # 设置左坐标轴以及右坐标轴的范围、精度
  left_axis.set_ylim(0, 0.5)
  left_axis.set_yticks(np.arange(0, 0.5, 0.1))
  right_axis.set_ylim(0.9, 1.01)
  right_axis.set_yticks(np.arange(0.9, 1.01, 0.02))

  # 设置坐标及标题的大小、颜色
  left_axis.set_xlabel('Labels')
  left_axis.set_ylabel('Loss', color='r')
  left_axis.tick_params(axis='y', colors='r')
  right_axis.set_ylabel('Accuracy', color='b')
  right_axis.tick_params(axis='y', colors='b')
  plt.show()
```

可以看到绘制的过程相对简单，主要是使用 matplotlib 包来实现两条曲线的绘制。在完成后模型定义、训练过程定义和结果绘制定义之后，就可以调用这些函数对模型进行训练。相关代码如代码清单 19-5 所示。

代码清单 19-5

```
if __name__ == "__main__":
    train_set = mnist.MNIST('./data', train=True, download=True, transform=transforms.
    ToTensor())
    test_set = mnist.MNIST('./data', train=False, download=True, transform=transforms.
    ToTensor())

    train_data = DataLoader(train_set, batch_size=64, shuffle=True)
    test_data = DataLoader(test_set, batch_size=64, shuffle=False)
```

```
a, a_label = next(iter(train_data))
net = ConvNet()
eval_losses, eval_acces = train_net(net, train_data, test_data)
draw_result(eval_losses, eval_acces)
```

然后就可以执行 mnist_program.py 脚本,等待控制台逐渐输出训练过程。从输出的每个 epoch 的结果来看,随着训练的进行,在测试集上分类的正确率不断上升且 Loss 稳步下降,到第 20 轮左右后,正确率基本不再变化,网络收敛。最终分类正确率可达 99.1%。我们可以从图 19-2 中看到这一稳定趋势。这也说明参数设置较为理想。

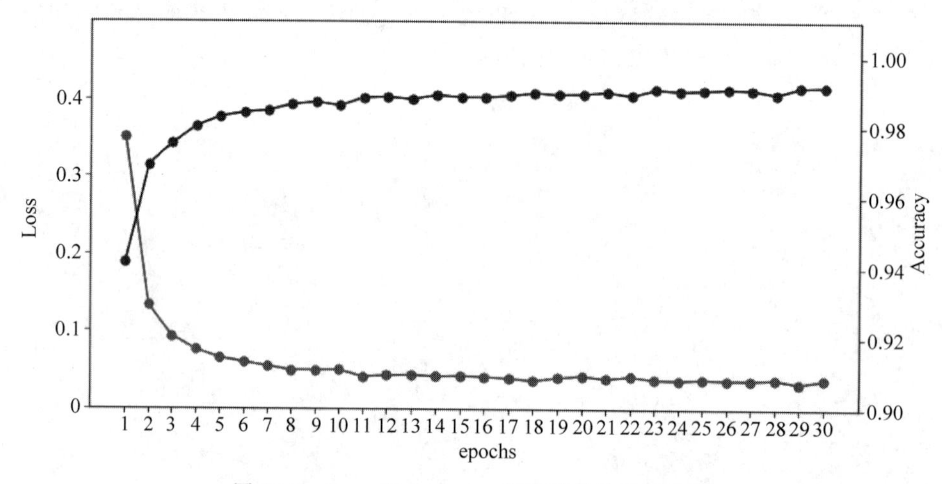

图 19-2 Loss 和 Accuracy 随训练轮次的变化图

除了自定义 CNN 外,我们也可以通过来改变经典的网络来实现手写识别,例如对 AlexNet 进行修改以满足图片尺寸要求。具体实现如代码清单 19-6 所示。

代码清单 19-6

```
class AlexNet(torch.nn.Module):
    def __init__(self, num_classes = 10):
        super(AlexNet, self).__init__()
        self.features = torch.nn.Sequential(
            torch.nn.Conv2d(1, 64, kernel_size = 5, stride = 1, padding = 2),
            torch.nn.ReLU(inplace = True),
            torch.nn.MaxPool2d(kernel_size = 3, stride = 1),
            torch.nn.Conv2d(64, 192, kernel_size = 3, padding = 2),
            torch.nn.ReLU(inplace = True),
            torch.nn.MaxPool2d(kernel_size = 3, stride = 2),
            torch.nn.Conv2d(192, 384, kernel_size = 3, padding = 1),
            torch.nn.ReLU(inplace = True),
            torch.nn.Conv2d(384, 256, kernel_size = 3, padding = 1),
            torch.nn.ReLU(inplace = True),
            torch.nn.Conv2d(256, 256, kernel_size = 3, padding = 1),
            torch.nn.ReLU(inplace = True),
            torch.nn.MaxPool2d(kernel_size = 3, stride = 2),
        )
        self.classifier = torch.nn.Sequential(
```

```
            torch.nn.Dropout(),
            torch.nn.Linear(256 * 6 * 6, 4096),
            torch.nn.ReLU(inplace=True),
            torch.nn.Dropout(),
            torch.nn.Linear(4096, 4096),
            torch.nn.ReLU(inplace=True),
            torch.nn.Linear(4096, num_classes),
        )

    def forward(self, x):
        x = self.features(x)
        x = x.view(x.size(0), 256 * 6 * 6)
        x = self.classifier(x)
        return x
```

这里主要是简化的 AlexNet 的网络结构，同时修改的不同网络层的输入输出尺寸。相对来说，AlexNet 的层数比我们自定义的网络层数要深，但是效果是否更好，这个我们留给读者去进一步对比探究。

参考文献

[1] MITCHELL T. Machine learning[M]. New York：McGraw-Hill Education，1997.

[2] GOODFELLOW I，BENGIO Y，COURVILLE A. Deep learning[M]. Cambridge：MIT Press，2016.

[3] 李航. 统计学习方法[M]. 北京：清华大学出版社，2012.

[4] SUYKENS J，VANDEWALLE J. Least Squares Support Vector Machine Classifiers[M]. The Netherlands：Kluwer Academic Publishers，1999.

[5] ZHOU Z H. Ensemble Learning[M]. Encyclopedia of Biometrics，Boston，MA：Springer US，2009.

[6] FRIEDMAN J H. Greedy Function Approximation：A Gradient Boosting Machine[J]. Annals of Statistics，2001，29(5)：1189-1232.

[7] CHEN T，GUESTRIN C. XGBoost：A Scalable Tree Boosting System[J]. Proceedings of the 22nd ACM SIGKDD International Conference on Knowledge Discovery and Data Mining，2016：785-794.

[8] RUMELHART D E，HINTON G E，WILLIAMS R J. Learning Internal Representations by Error Propagation[J]. Readings in Cognitivence，1988，323(6088)：399-421.

[9] LECUN Y，BOTTOU L. Gradient-based Learning Applied to Document Recognition[J]. Proceedings of the IEEE，1998，86(11)：2278-2324.

[10] HOCHREITER S，SCHMIDHUBER J. Long Short-Term Memory[J]. Neural Computation，1997，9(8)：1735-1780.

[11] GOODFELLOW I J，POUGET-ABADIE J，MIRZA M，et al. Generative Adversarial Networks[J]. Advances in Neural Information Processing Systems，2014，3：2672-2680.

[12] 盛杨燕，周涛. 大数据时代[M]. 杭州：浙江人民出版社，2013.

[13] 周志华. 机器学习[M]. 北京：清华大学出版社，2016.

[14] 彭玉静. 移动互联网业务性能分析[D]. 北京：北京邮电大学，2013.

[15] 刘寅. Hadoop下基于贝叶斯分类的气象数据挖掘研究[D]. 南京：南京信息工程大学，2012.

[16] 林雨婷. 基于多分类器动态组合的甲状腺结节良恶性预测方法研究[D]. 昆明：云南大学，2019.

[17] 唐寿洪，朱焱，杨凡. 基于Bagging-SVM集成分类器的网页作弊检测[J]. 计算机科学，2015，42(1).

[18] 吕鹏滨. 社交网络匹配算法研究与改进[D]. 北京：北京邮电大学，2016.

[19] 李航. 机器学习方法[M]. 北京：清华大学出版社，2022.

[20] 黄佳. 零基础学机器学习[M]. 北京：人民邮电出版社，2020.

[21] 赵建容，顾先明. 机器学习数学基础[M]. 北京：科学出版社，2024.

[22] 胡清华，杨柳. 机器学习[M]. 北京：高等教育出版社，2024.

图书资源支持

感谢您一直以来对清华版图书的支持和爱护。为了配合本书的使用，本书提供配套的资源，有需求的读者请扫描下方的“书圈”微信公众号二维码，在图书专区下载，也可以拨打电话或发送电子邮件咨询。

如果您在使用本书的过程中遇到了什么问题，或者有相关图书出版计划，也请您发邮件告诉我们，以便我们更好地为您服务。

我们的联系方式：

清华大学出版社计算机与信息分社网站：https://www.shuimushuhui.com/

地　　址：北京市海淀区双清路学研大厦 A 座 714

邮　　编：100084

电　　话：010-83470236　010-83470237

客服邮箱：2301891038@qq.com

QQ：2301891038（请写明您的单位和姓名）

资源下载：关注公众号“书圈”下载配套资源。

资源下载、样书申请

书圈

图书案例

清华计算机学堂

观看课程直播

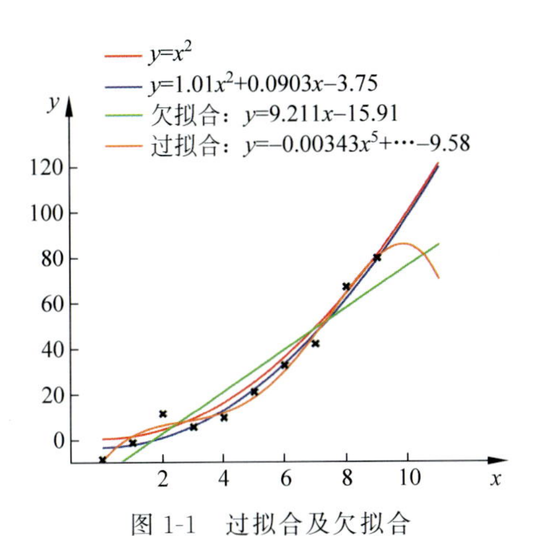

图 1-1　过拟合及欠拟合

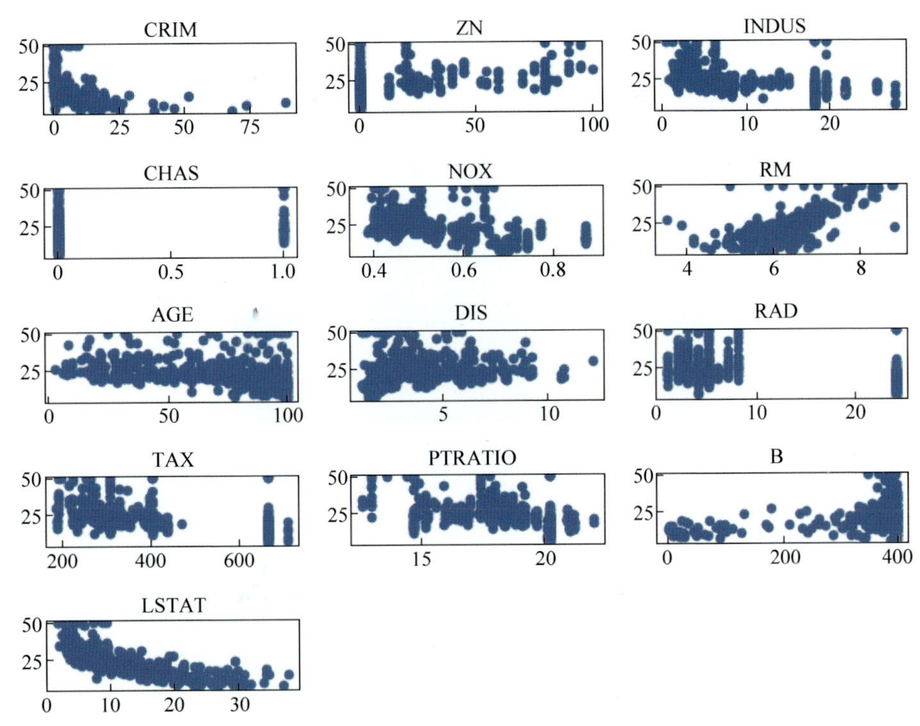

图 1-4　波士顿房价数据集各特征与标签之间的关系

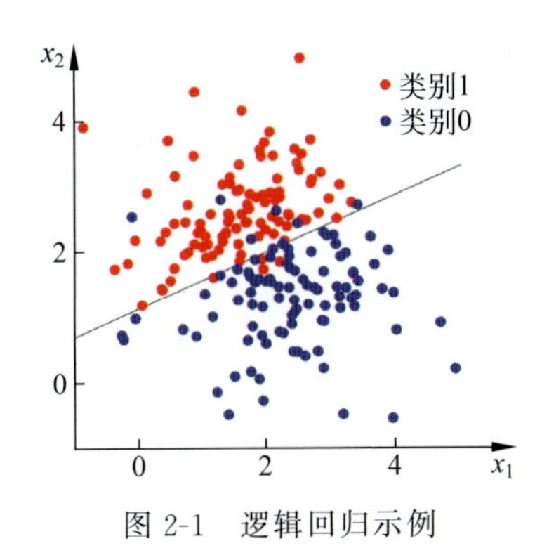

图 2-1　逻辑回归示例

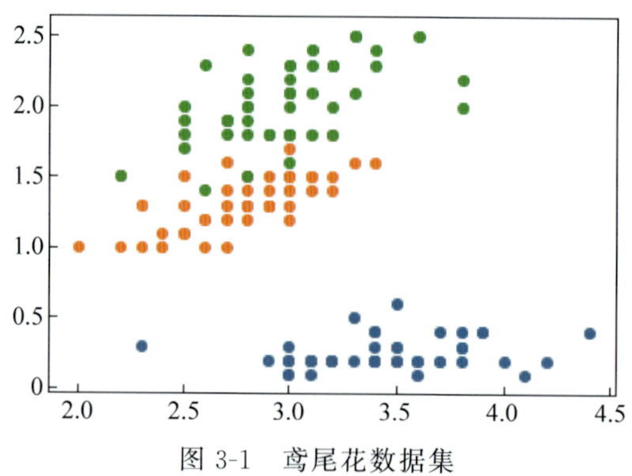

图 3-1　鸢尾花数据集

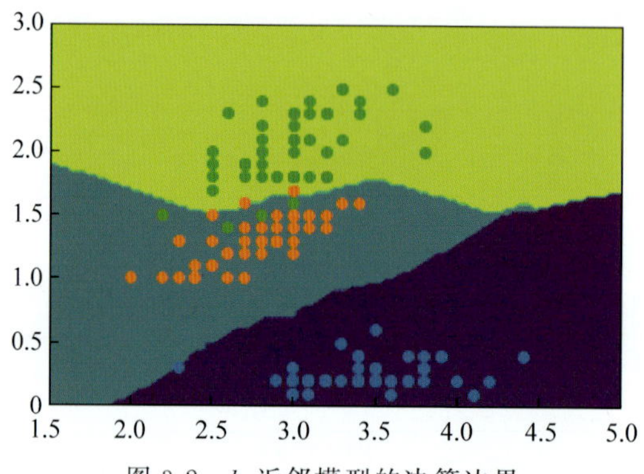

图 3-2　*k*-近邻模型的决策边界

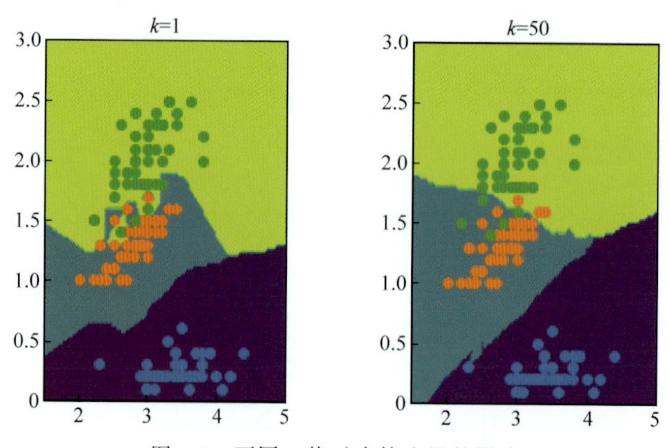

图 3-3　不同 *k* 值对决策边界的影响

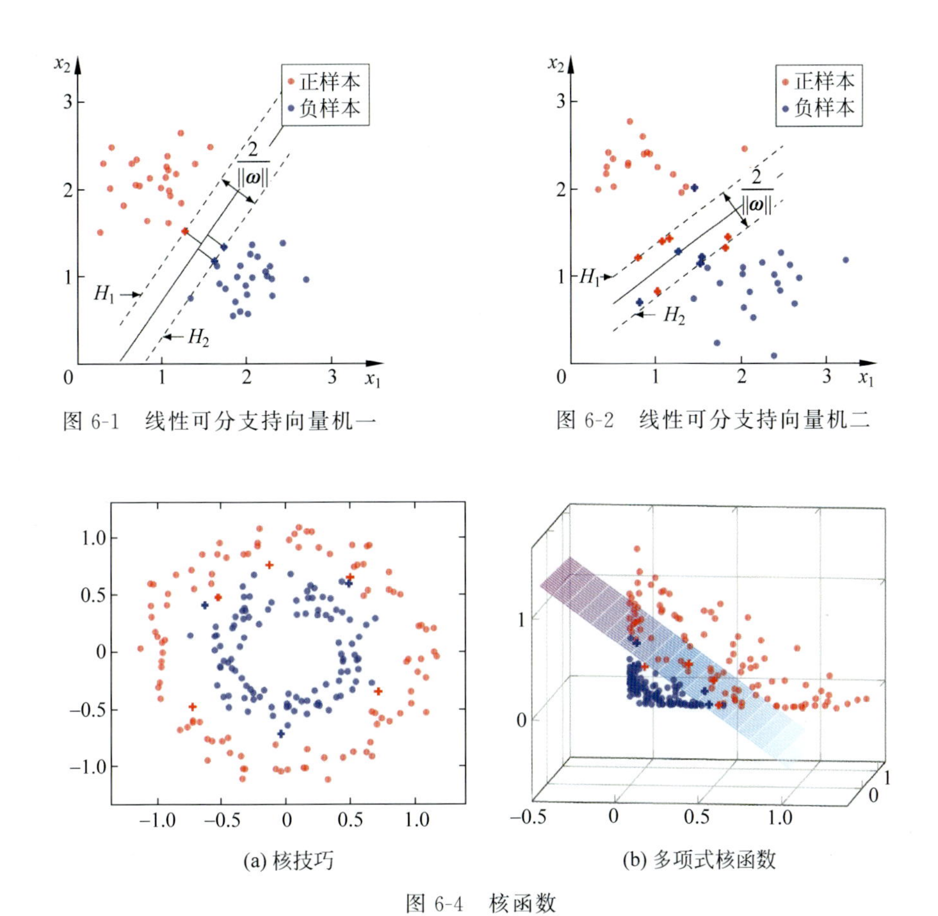

图 6-1 线性可分支持向量机一

图 6-2 线性可分支持向量机二

图 6-4 核函数

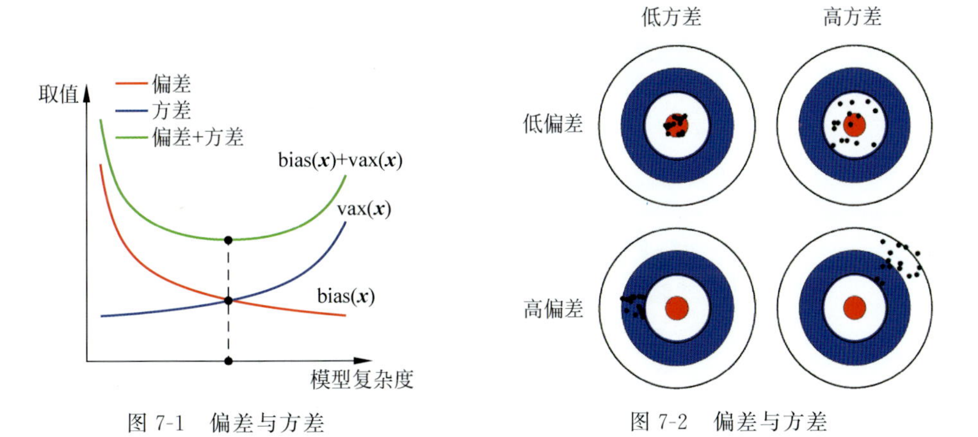

图 7-1 偏差与方差

图 7-2 偏差与方差

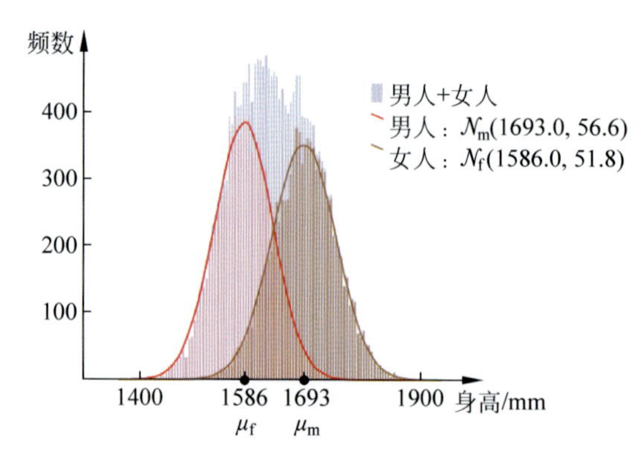

图 8-2　身高频数分布直方图

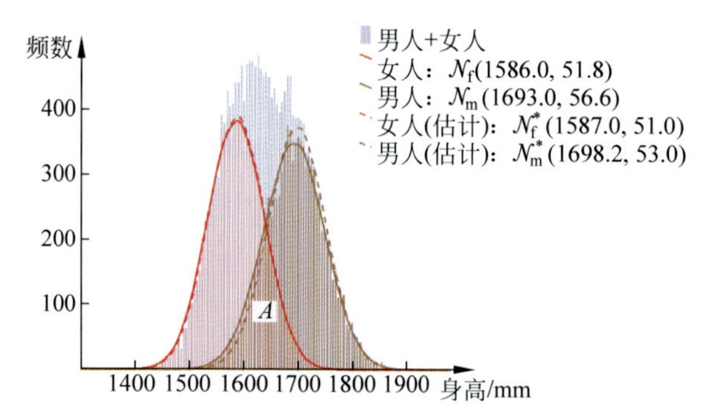

图 8-3　身高频数分布估计直方图

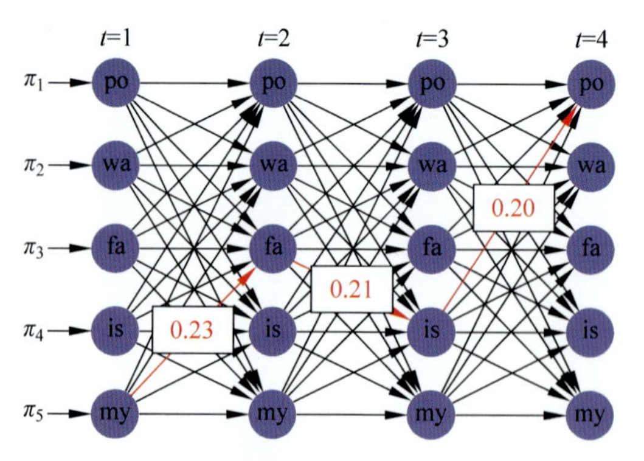

图 8-4　隐马尔可夫链

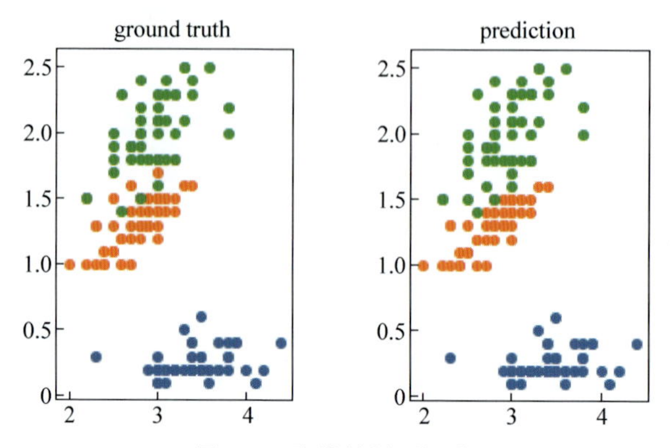

图 8-6　聚类结果可视化

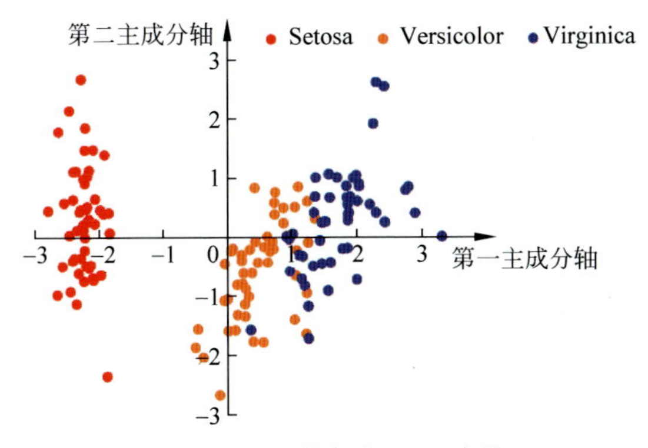

图 9-1 Iris 数据集 PCA 降维

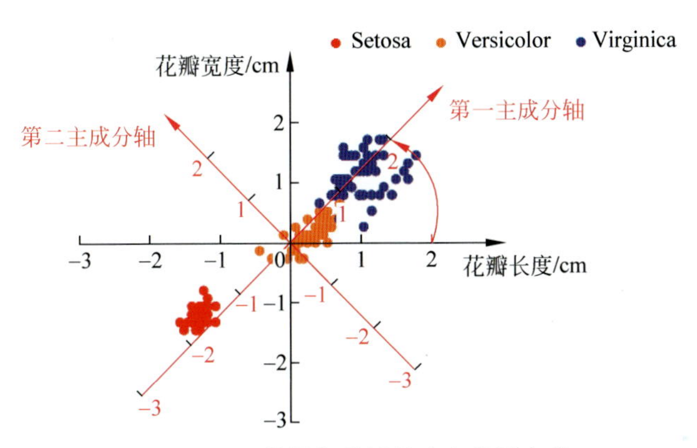

图 9-2 Iris 数据集花瓣长度和花瓣宽度

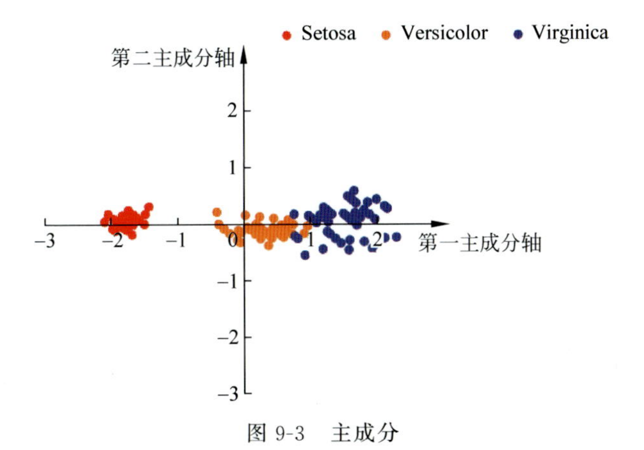

图 9-3 主成分

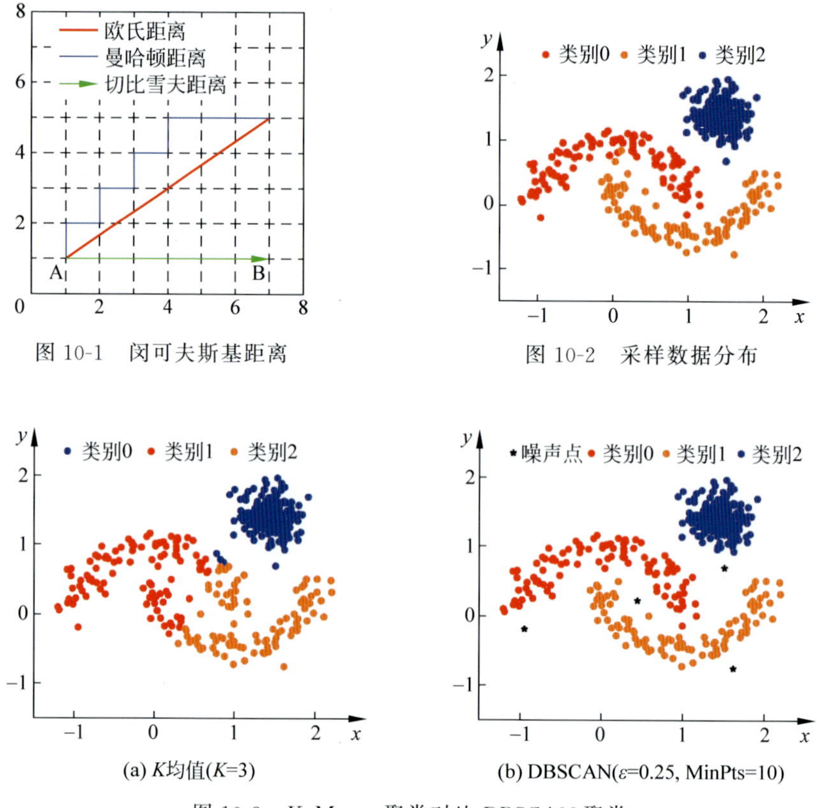

图 10-1　闵可夫斯基距离

图 10-2　采样数据分布

(a) K均值(K=3)

(b) DBSCAN(ε=0.25, MinPts=10)

图 10-3　K-Means 聚类对比 DBSCAN 聚类

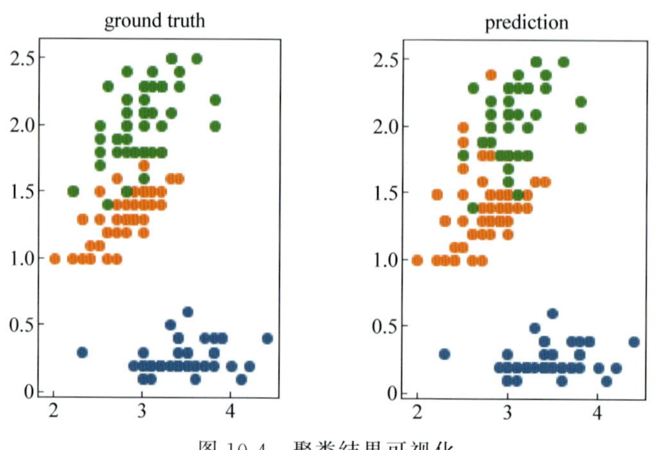

图 10-4　聚类结果可视化

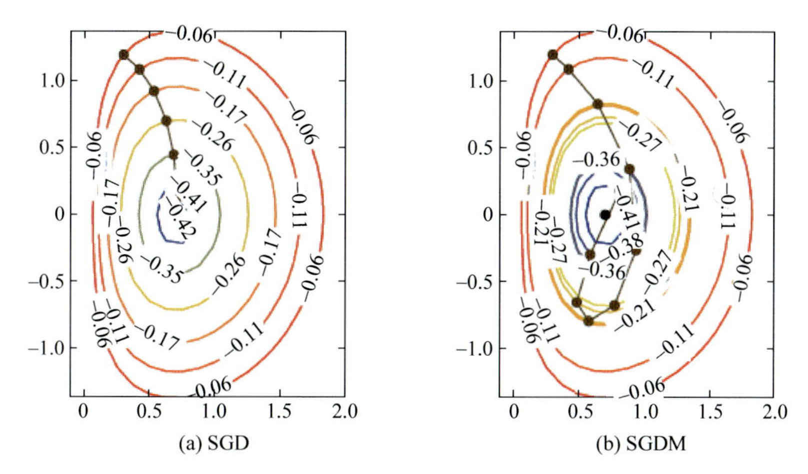

(a) SGD　　(b) SGDM

图 11-6　批梯度下降法和带动量的随机梯度下降法

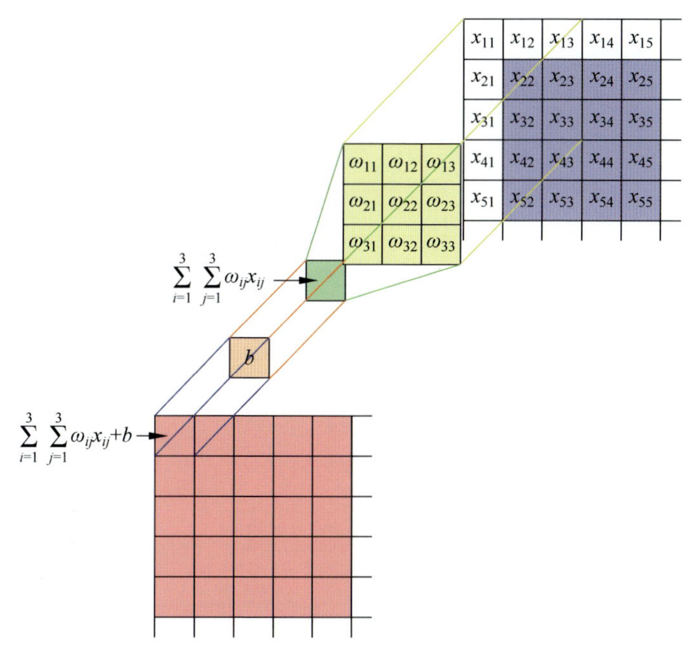

图 11-7　卷积

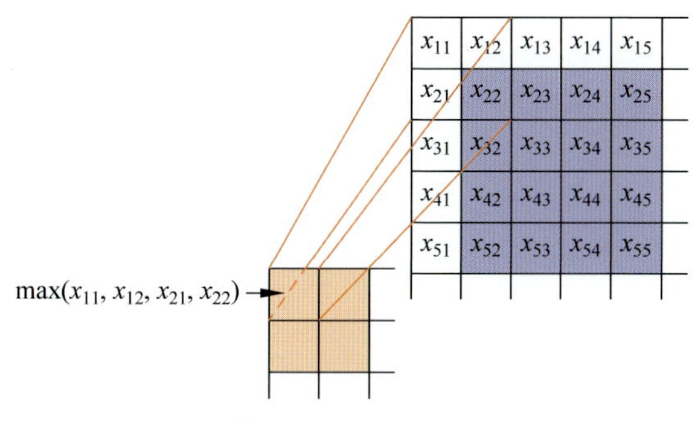

图 11-8　最大池化

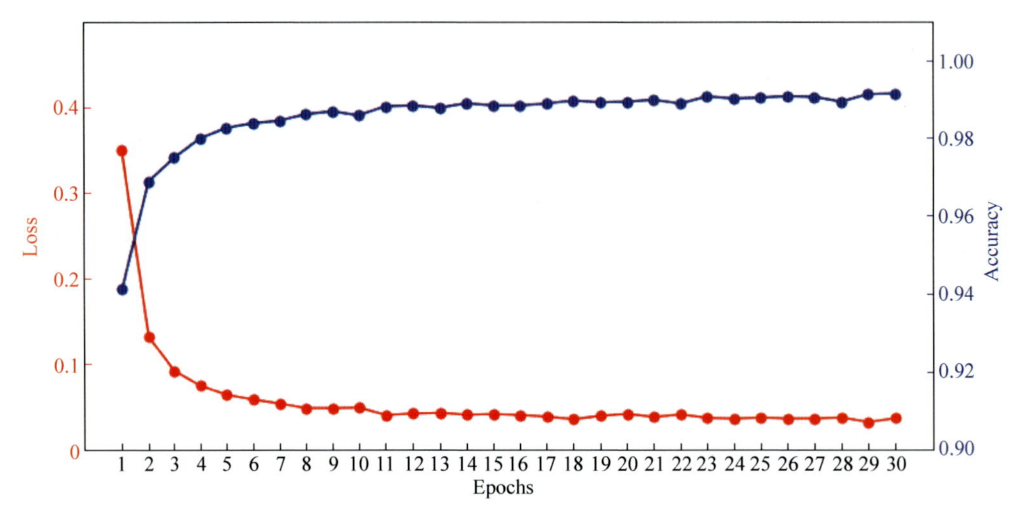

图 11-18　Loss 和 Accuracy 随训练轮次的变化图

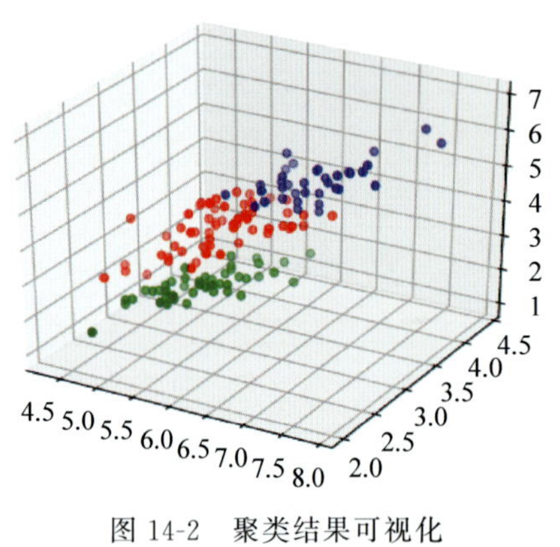

图 14-2　聚类结果可视化

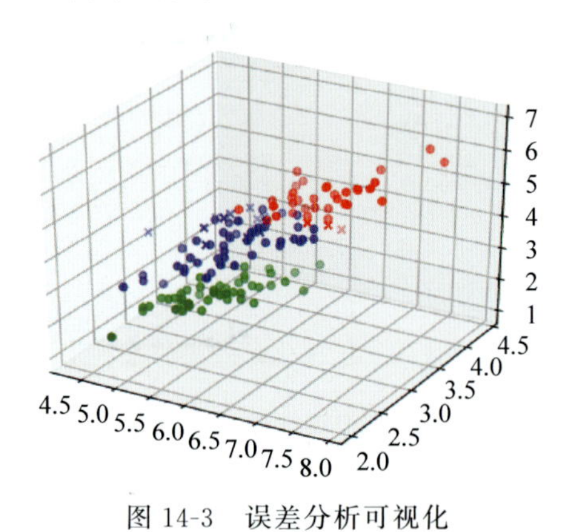

图 14-3　误差分析可视化

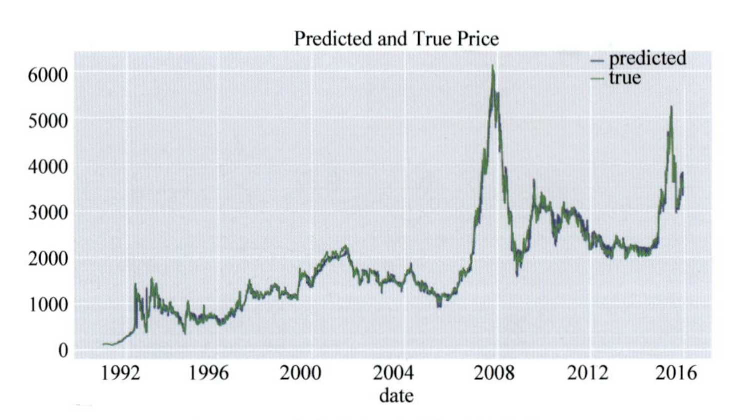

图 16-3　真实值与预测结果趋势线